U0807289

传统村镇
绿色宜居研究
系列丛书

秦岭山地古镇绿色更新

董晓　著

机械工业出版社
CHINA MACHINE PRESS

本书以秦岭古镇街巷和院落为落脚点，以空间演变机理为理论基础，提出各物质实体要素对秦岭山地古镇空间扩张的影响机制，与空间扩展定量预测方法与结果，为国土空间规划提供参考；以街巷物理环境为基础，提出街巷延展模式和街巷空间营造策略，对秦岭地区及同类古村镇的保护、发展及人居环境改善建设具有重要的指导价值。本书从传统院落空间的功能、气候适应性、建筑营建技术等方面进行研究，提取其与所处气候环境适应的空间布局特征，探索传统院落功能合理的布局模式及与新区功能的更新互补机制，使其气候适应性特色在院落更新发展中得以延续，对秦岭山地古镇传统院落空间的舒适度提升、传统街巷院落气候适应性的特色延续、古代民间优秀传统营造技艺的传承，具有重要意义。

本书可供城乡规划学与建筑学本科生、研究生学习参考，也可供城乡规划师、建筑设计师和建设相关管理部门人员借鉴参考。

图书在版编目（CIP）数据

秦岭山地古镇绿色更新 / 董晓著. -- 北京 ：机械工业出版社，2025. 6. --（传统村镇绿色宜居研究系列丛书）. -- ISBN 978-7-111-78172-1

Ⅰ. TU982. 294

中国国家版本馆 CIP 数据核字第 2025J8S730 号

机械工业出版社（北京市百万庄大街 22 号　邮政编码 100037）

策划编辑：赵　荣　　责任编辑：赵　荣　关正美

责任校对：孙明慧　杨　霞　景　飞　　封面设计：鞠　杨

责任印制：张　博

北京建宏印刷有限公司印刷

2025 年 7 月第 1 版第 1 次印刷

184mm×260mm · 16 印张 · 392 千字

标准书号：ISBN 978-7-111-78172-1

定价：118. 00 元

电话服务　　网络服务

客服电话：010-88361066　　机　工　官　网：www. cmpbook. com

010-88379833　　机　工　官　博：weibo. com/cmp1952

010-68326294　　金　书　网：www. golden-book. com

封底无防伪标均为盗版　　机工教育服务网：www. cmpedu. com

序

古镇常指形成于农耕文明时代、迄今保存基本完好、在规模上介于古城和古村落之间的聚落形态。古镇往往位于交通方式转换的节点，如古代的水旱码头、行政分界交口等。大多数古镇内不仅保存有较大规模的古民居建筑，还有较完整的商业建筑遗存。

秦岭山地保存有大量的古镇，以柞水县凤凰古镇、宁强县青木川古镇、山阳县漫川关古镇等最为著名。在近代百余年间，这些古镇不仅记载着当地山民祖祖辈辈与大自然抗争、逐步形成农耕时代商贸文明的历程，还刻画着红色革命家以古镇为根据地、为争取民族解放和新中国建立而艰苦斗争的故事。在秦岭山地经济快速发展、村镇人居环境品质不断提升进程中，研究建立秦岭山地古镇绿色更新的对策与方法，对保护好秦岭山地历史文化遗产和自然生态环境具有重要的理论意义和应用价值。

董晓博士在研究生学习期间倾心于秦岭山地古镇的保护与发展规划探索，参与完成了凤凰、漫川关和青木川等多个秦岭山地古镇的实地调查，在博士论文阶段又逐步扩展到古镇空间保护与更新研究，针对秦岭山地古镇在发展过程中面临的传统与现代、保护与发展、传承与更新等之间的矛盾问题，分别从秦岭山地古镇镇区空间扩张、街巷延展及传统院落适应性更新三个不同层级进行探究，提出了有针对性的更新策略。特别是在古镇镇区空间扩张方面，通过对秦岭山地古镇空间演变特征的模拟分析，揭示了秦岭山地古镇镇区空间扩张机制，提出了秦岭山地古镇镇区空间扩张发展模式及空间发展预测方法，为当地政府在镇区发展决策方面提供了参考；通过对街巷、院落演化特征分析，掌握了秦巴山区传统街巷、民居院落的地域气候适应性规律，提出了传统街巷延展模式和民居院落的气候适应性传承策略。《秦岭山地古镇绿色更新》的著成，是其多年学术研究和工程实践经验的结晶，实属水到渠成之必然。

笔者有幸作为董晓副教授的博士研究生导师，见证了一位年轻学者的成长历程。近年来，董晓博士与我合作，共同承担了国家自然科学基金重点项目研究，正在为长安大学建筑类学科的发展贡献力量。值《秦岭山地古镇绿色更新》专著出版之际，谨表祝贺，以为序。

刘加平

2024 初夏于古城西安

前　言

我国历史悠久，广袤的土地上存在大量文化底蕴深厚的古镇，这些古镇是我国极其珍贵的历史文化遗产。秦岭作为我国的生态屏障，地理环境复杂，文化多元共存，其间分布着众多古村镇，是我国建筑文化的重要载体。但是随着社会发展，新型城镇化政策的实施，秦岭山地古镇面临众多问题：空间肆意扩张，自然生态环境破坏；传统街巷院落空间难以满足现代居民生产与生活需求；新建民居院落忽视特殊环境条件下地理气候适应性特色延续等问题。

本书通过调查及资料汇总，分析秦岭山地古镇空间发展的动力机制及演变特征，提炼秦岭山地古镇空间发展模式。选取典型案例，应用决策树元胞自动机（DT-CA）与神经网络元胞自动机（ANN-CA）方法，进行快速城镇化阶段空间演变规则的提取，通过决策树分析，探索各物质实体要素对秦岭山地古镇街巷延展的影响机制，可为镇区空间未来发展合理确定生态红线、农田保护线及城市建设用地边界线提供科学的方法与参考。

本书针对街巷物理环境较差的问题，应用 Autodesk Simulation CFD 及众智日照分析软件，对街巷风环境和日照环境进行模拟分析，提出了适应秦岭山地物理环境且拥有舒适风环境和日照环境的街巷尺度；应用空间发展理论、环境心理学理论等，从不同人群的需求分析出发，通过对街巷空间特征的解构，提炼出街巷延展构成要素，进而结合秦岭山地的空间演变特点及地理特征，分别从街巷延展特征、保护区划分和功能布局三方面提出了三种街巷延展模式，并从道路分级、延续格局、传承文化、保护界面等方面提出了街巷空间营造方法，为历史街巷保护与镇区建设提供可行的策略。

本书针对传统民居院落问题，通过实地调查测绘和模拟计算分析等方法，对秦岭山地传统院落体现地理气候适应性的空间规划布局及设计手法进行评估、提炼，总结其内在科学规律，提取其地理、气候适应性特色，并提出民居新建过程中对传统民居院落地域适应性特征的传承策略。研究结果对保护传统民居营建文化的多元性，实现乡村人居环境的绿色发展与人、建筑、自然环境的和谐统一具有重要的现实意义和应用价值。

本书可供城乡规划学与建筑学本科生、研究生学习参考，也可供城乡规划师、建筑设计师和建设相关管理部门人员借鉴参考。

本书著者在编写整理过程中得到恩师、团队学生及朋友的帮助，在此一并表示感谢，特别感谢刘加平院士、霍小平教授、陈晓健教授的指导与支持，感谢团队于德海、李婷、童海燕、肖慧彬、高伟铭、缑艺轩等同学的热心帮助。本书出版受国家自然科学基金项目的支持，项目名称及编号为既有城区“通学型”潮汐式拥堵机理与规划调控缓解模式（52108039）、碳中和背景下西北城镇社区宜居更新模式研究（52478040）。

著　者

目　　录

第 1 章
绪论

第1章 绪论

1.1 研究背景及目的

1.1.1 研究背景

我国提出要努力走出一条以人为本、“四化”同步、优化布局、生态文明、文化传承的中国特色新型城镇化道路。新型城镇化建设强调特色小城镇的培育，加快发展具有民俗文化、商贸物流、旅游休闲等特色优势的魅力小镇，带动农业现代化和农民就近城镇化。目前我国正经历着大规模的城镇化进程，城镇化是区域经济发展和社会进步的动力。但是城镇化不可避免地耗费资源，对生态以及文化环境造成一定刺激。在城镇化的进程中，城乡壁垒逐渐被打破，农村向城镇演变，各种生产要素在城乡间跨地区快速流动，导致的直接结果之一就是传统古村镇面临着发展与保护的挑战，尤其是其中具有历史意义和文化价值的名村名镇受到影响和冲击。

一直以来，国家都将历史文化传承、自然生态保护作为规划建设及管理的重要内容。自2013年至2019年，我国已经公布了七批中国历史文化名镇，共计312个。习近平总书记于2014年2月在北京考察时指出，历史文化是城市的灵魂，要像爱惜自己的生命一样保护好城市历史文化遗产，切实做到保护中发展、在发展中保护。2016年4月习近平总书记在对文物工作作出的重要指示中强调，应将文物保护与经济社会发展统筹好，全面贯彻“保护为主、抢救第一、合理利用、加强管理”的工作方针，切实加大文物保护力度，推进文物合理适度利用，使文物保护成果更多惠及人民群众[1]。

作为特色文化乡镇典型代表的古镇，用自身记录着社会经济发展的轨迹，展示着不同地域和时代的建筑艺术、民俗风情及历史文化。这些古镇的发展和演变，以及独具特色的传统院落，可反映一个民族、地区，甚至国家的文明史及文化底蕴，对社会的发展及历史的脉络进行记录和展示，是社会文化及经济发展的活标本。对古镇的保护，就是对历史记忆的保存、对人类文明的弘扬和发展、对民族文化的传承。在城镇化进程中，保护古镇这一人类共同财富，是我们的使命。

古村镇的保护面临着现实的困境，纵观古村镇的发展历程，目前普遍存在着保护意识偏差、保护力量薄弱、历史建筑与现代功能矛盾等问题，历史遗产遭到破坏，随意拆迁、改造、征用古老村镇的情况也时有发生。而与平原型的古镇比较，秦岭山地的古镇拥有良好的自然生态环境，再加之众多旅游资源，相比于其他的古镇可以吸引更多的游客旅游参观，带动当地的社会经济发展，保护与发展的矛盾也更加突出。

秦岭山地古镇的特殊地形地貌，在一定程度上限制了古镇在空间上的发展，当地居民的生活环境和质量也受到一定程度的影响。古镇旅游业的发展，是带动当地经济发展的主导产业，对周边地区具有更强的辐射功能可带动当地经济发展。那么如何在加强保护的同时，还能促进古镇的经济发展，这是当地政府和人民关心的问题。随着社会的发展，人们的生活和生产方式不断改变，人们的生活观念也随之发生着变化，人们对自身的居住条件要求越来越高，秦岭山地古镇的发展也出现了越来越多的问题。

我国学者对古镇更新的研究现已取得了较大进展，但大部分是针对我国新建或改建的城市历史街区，且目前针对镇区及传统街巷院落的更新研究大多偏重于静态分析，在时间维度上的综合研究稍有欠缺，古镇更新研究在适应自然气候和自身发展规律上的绿色更新方面还有进一步研究的空间。

因此，对秦岭山区古镇更新，从时间和空间两个维度上，揭示其镇区自然的空间演变机理，挖掘古镇传统院落的气候适应机制，探讨更好延续传统文化及地方特色的绿色更新发展策略，将是具有重要学术价值和实践意义的课题。

1.1.2　研究目的

根据社会背景及秦岭山地古镇的发展现状，确立研究总体目的在于揭示秦岭山地古镇空间形态演变的内在规律和机理，总结提取古镇传统民居院落特征及气候适应性机制，提出古镇空间发展模式和院落营造策略，以指导镇区空间规划和人居环境品质的提升。

1. 掌握秦岭山地古镇的发展现状，作为剖析发现问题的依据

以秦岭 18 个历史文化名镇为重点，同时包含古村镇、传统村镇开展调查与测试，全面收集第一手基础资料，汇总现存普遍问题，确定重点研究问题。

2. 揭示秦岭山地古镇空间演变机理，作为空间扩展的理论基础

通过总结秦岭山地古镇发展的历史进程，分析其空间演变的特性与影响因素，揭示空间演变的作用机理，探索其空间发展的有利模式。

3. 提出秦岭山地古镇街巷延展模式与策略

秦岭山地古镇整体空间的演变，归根结底体现在街巷的延展上，通过对历史街巷空间要素的提取，研究在伴随镇区空间扩张的街巷延展中，延续独具地方特色的历史文化，提出适合于秦岭山地古镇街巷的保护和发展策略。

4. 提取古镇传统院落气候适应性特征，提出院落绿色更新模式

在对秦岭传统院落的调研测绘基础上，通过软件模拟分析，提取传统院落空间适应气候的特征，将好的适应性特征在新建建筑中进行利用，提出秦岭山地古镇院落的绿色更新模式。

1.2　研究现状综述

1.2.1　国外研究现状

1. 国外古镇保护立法和研究

历史文化村镇是遗产保护体系的重要组成部分。欧洲拥有丰富的历史文化遗产，其古迹保护思想开始得比较早，20 世纪 50 年代以来，古镇及村落的保护便慢慢成为国际社会的聚焦点。许多国家通过国家立法保护古迹和历史建筑，这对历史文化小城镇的保护和研究起了很大的推动作用。

国际上比较有代表性的有三个宪章：1933 年国际现代建筑协会（C. I. A. M）通过的《雅典宪章》，对古建筑保护的具体措施及基本原则进行了初步明确，并阐明对有历史价值的、代表某一时期古建筑的保护，对教育后代人具有重要的意义；1964 年在威尼斯，被第二届历史古迹建筑师及技师国际会议通过的《威尼斯宪章》，该宪章中对历史文物的概念进行扩充，并指出对一定规模环境的保护应纳入历史古迹的保护中；1987 年在华盛顿，《保护历史城镇与城区宪章》由国际古迹遗址理事会（ICOMOS）通过，又称为《华盛顿宪章》，在该宪章中对历史古迹保护的内容及概念，做了进一步扩大，即提出了历史城区和历史地段的概念，并普遍应用于现在的学术界[2]，该宪章对 20 世纪 70 年代各国在保护的实践理论经验进行了总结，明确了包括历史地段、历史城镇以及历史城区在内的保护原则和意义。

除了上述三个比较有代表性的宪章之外，国际古迹遗址理事会（ICOMOS）还于 1975 年通过了关于历史性小城镇保护的国际研讨会的决议，并提出了由于古镇名村也是文化遗产保护体系的重要组成部分，故应加强对其的保护。1999 年，该理事会又通过了《关于乡土建筑遗产的宪章》，明确了对乡土建筑的确定、保护原则以及在实践中的保护方针等问题。此外，联合国教科文组织还陆续将一些历史文化古镇和古村落列入世界文化遗产，中国也有 4 处古镇和村落被列入世界文化遗产名录。这一系列有关古村镇的立法和保护措施，使对历史文化小城镇、村落的相关研究逐渐增多。

各国也有相应的立法和研究。例如法国于 1840 年便成立了法国文物建筑管理委员会，并颁布了《历史性建筑法案》，这是第一部文化遗产保护法，后又于 1913 年和 1930 年先后颁布了《历史古迹法》和《景观地保护法》，后者更是首次将历史文化村镇列入立法保护范围，后又于 1962 年颁布了《马尔罗法》（《历史街区保护法》），提出了将有文化价值的历史街区，划为历史保护区。又如英国，1877 年成立了古建筑保护协会，1882 年、1990 年分别制定并修订了《历史纪念物保护法》，1953 年，制定了《历史建筑与古纪念物法》。再如美国，于 1906 年颁布了《古物保护法》，于 1935 年制定了《历史地段与历史建筑法》，于 1966 年颁布了《国家历史保护法》，其保护的重点是与国家独立、南北战争有关的古迹以及名人故居等，强调历史保护教育，加强相关法规，并在加强管理的基础上采用城市设计，增加了美观控制。

在亚洲，由于日本具有许多别具特色的古镇和村落，其对古镇的保护利用研究较早。日本于 1897 年制定的《古社寺保存法》，保护单体建筑、历史街区、历史城镇，1919 年制定了《古迹名胜天然纪念物保护法》，1950 年出台了《文化财产保护法》，侧重保护和再利用，将与历史建筑及传统风貌的协调，作为城镇建筑规划设计重点考虑的内容，保护对象有了进一步的拓展。1960 年的《保护古都历史风貌特别措施法》强调保护文物连片地区的整体环境。日本在保护实践中对老建筑和周围环境极其重视，强调保存原有风貌的真实性，这体现了 1994 年世界遗产大会通过的《奈良宣言》的精神，强调保护文物的真实性及保护方法的多样性。日本历史文化城镇的保护，除包括宫殿、庙宇等重要建筑物外，还包括民居、商业街等内容，更加注重城镇多样性，在保护与利用中再创造，推动了地区的振兴。

国际相关宪章和法规的推出，有力地推进了国际社会对古村镇保护的进程。而欧美各国及日本等发达国家的相继立法，也在各国历史小城镇、历史村落保护方面取得了较好的成效。在立法逐渐完善的背景下，不少学者将经济社会发展与历史文化村镇的保护联系了起来。

Steinberg[3] 以开罗、孟买、北京等为研究对象，将历史文化城镇遗产保护与发展总结为五方面：经济发展、城镇化、政策制定、社会事业和文化传承，并强调应将文物古迹视为保护区的一部分，并为其注入新的使用概念，以实现它们的保护和可持续性发展。Strange[4] 在探讨历史文化城镇的可持续发展政策中，将遗产保护、休闲娱乐、就业及环境保护相结合。Mohit、Kammeier[5] 认为历史文化城镇的遗产保护应从单一向整体转变，即从分散式的以建筑单体为主，向以社会、经济、建筑为一体的整体式转变。Bindajam、Ahmed 等[6] 剖析了利益相关方对遗产保护区现代介入措施的争议焦点，并系统梳理了地方政府实施保护项目的执行路径。L M Lee 等[7] 则分析了各种公共发展政策对遗产保护的影响和作用。S K Sarvarzadeh、S Z Abidin[8] 采用 SWOT 态势分析法，研究遗产项目的优势、劣势、机遇和威胁的影响，发现了公民参与遗产保护的必要性。SS Koorosh 等[9] 则是对公众参与遗产保护进行了评价。

2. 国外关于山地城镇空间的研究

（1）城镇空间模式相关研究　国外关于山地城镇的空间模式研究并不多，但是有些著名的空间模式研究，也可指导山地城镇的空间发展。较有名的早期城镇空间结构理论有同心圆模式、扇形模式及多核心模式。同心圆模式是伯吉斯（Burgess）于 1923 年通过将城市空间发展与生态学相结合，并以芝加哥市为例对城镇空间进行研究而提出的城市空间结构。1939 年，霍伊特（H. hoyt）提出了放射状运输线路对城市空间结构演变的影响，在同心圆模式的基础上提出了扇形模式。随后在 1945 年，美国学者哈里斯（Harris）和乌尔曼（Ullman）认为城镇空间演变的主要制约因素为扩散和集聚效应、地价房租及区位，在这些因素相互的作用下，除中央商务中心外，在一些支配地域还存在着其他的中心的城镇空间结构模式，因此城市空间多核心模式被提出。

第二次世界大战以后，随着技术的发展和经济的快速增长，城市空间结构均发生了很大变化，传统的发展模式已不再适用新的城市空间，于是大量学者开始对现代城市的理想空间结构进行重新思考。在 1945 年，埃里克森（Erickson）提出了三元结合理论，其实质是将同心圆、扇形和多核心模式理论进行综合。1953 年，哈格斯特朗（T · Hagerstand）首次提出空间扩散理论，其实质就是城市核心区与边缘区的相互促进和相互影响，城市核心区从边缘区吸收经济要素产生大量的创新元素和成果，又不断地扩散向边缘区域，空间系统发展被促进，并且影响了周边区域的权力结构、文化经济活力和聚落类型等的变化。哈格斯特朗和尤伊尔（Yuil）通过数学计量方法，深入模拟和揭示出该理论运行的内在机制。在 1966 年，弗里德曼（Friedmann）提出了空间发展的“核心-边缘”模型，提出空间发展的两种基本要素核心和边缘，核心区是创新变化的中心，周边地域范围组成了边缘区，边缘区由核心区的体制所决定，其空间及经济发展依赖于核心区。随着中心区的扩散作用对边缘区发展的进一步促进，在边缘区便逐渐出现次级核心。

古典城镇规划研究最早的理论基础是以德国斯卢特（Schlter，1899 年）为代表的“形态基因”研究。康泽恩（Conzen，1960 年）在自己的著作中将“形态基因”做了进一步研究，通过对欧洲中世纪城镇的分析，将规划设计元素分为建筑物及其平面布局、街道和由街道组成的交通网络、用地单元及街区[10]。康泽恩针对城市形态结构的变化过程提出了不少代表性概念，如城镇边缘带、形态框架、形态周期、规划单元、地块循环及形态区域等。另外康泽恩将城市物质景观分为三部分，即土地用途、建筑、城市平面格局，而城市平面格局由建筑基底、地块及街道三元素构成，通常城市平面格局从城镇发展来看最稳定[11]。

（2）山地城镇空间演变相关研究　国外城镇形态的研究理论多是由平地城市发展演变做出的，其对山地城镇空间形态发展演变具有可借鉴性，但不具有普遍适用性。从国外城市建设历史中可以推断出，早期的山地城镇发展实则是城堡或卫城的结构布局模式，主要是出于防御的第一考虑要素。例如古希腊的迈锡尼、希腊古典时期的雅典卫城、德国的纽伦堡及意大利著名的山城锡耶纳，将居住区布置在地势低的山坡，并在地段高处进行防御工事修建而成为城市中心，将宽敞的车行道沿山坡的等高线布置，窄小的步行道则垂直于等高线布置通向车行道，形成功能合理的交通网，整体城市空间平面布局顺应山地形势合理布局。随着社会经济的发展，城市考虑的主要因素不再是军事防御，居民聚居地逐渐转向地势平缓的区域，形成了以卫城为中心的空间布局。

苏联 B · P · 克罗基乌斯通过对全世界二百多个著名的山地城镇空间演化进行研究后，总结出了山地城镇空间的演变规律，即大部分城镇发展最初空间平面都较紧凑，在之后的空间发展中向地形简单的地方扩展，顺应河谷或阶状地形呈带状发展，或是由地形决定成分散的组团结构，在靠近市中心用地继续建设的同时，对较远的平坦地区也加强开发。城市用地布局方面，在用地平坦地段优先布置商业中心、对外交通、工业及重要工程项目。选择城市各区交通条件良好的地段布置全市中心，而全市中心区则布置在城市各部分具有最好交通条件的地段。另外，克罗基乌斯在《城市与地形》中对城市与地形的关系进行了阐述，总结出了山地条件下按海陆划分的三种类型城市空间结构：组团、带状及集中[12]。

近年来，国外关于城镇空间演变的研究对山地城镇空间的演变研究也有一定的借鉴意义。从静态角度对城镇空间结构演变的研究，如对城市结构演化的内外动力机制研究[13,14]，对城镇土地利用结构的合理性研究[15,16]，对用地规模与空间形态关系的研究[17]，以及将城镇建设用地作为一个整体[18,19]或是选择某个特定的建设用地类型[20,21]来对城镇的空间结构演化进行研究，该静态类型的城镇空间演变研究不能对城镇建设用地扩展的动态过程进行定量研究。

随着科学技术及计算机水平的提高，关于城镇空间演变的研究逐渐趋于量化，如 Soares-Filho 等利用元胞自动机模型基于 Dinamica 软件平台研究了四种不同情景的建设空间形态：人口高增长、人口低增长、政策情景及管制情景[22]。Almeida 等通过人工网络系统和元胞自动机对城镇增长边界的演化研究[23]，Watkiss 通过 SLEUTH 模型，在元胞自动机原理的基础上，研究管理增长、生态可持续及现状趋势三种情景下的土地利用模型及城镇增长模型[24]。Ahmed 和 Bramley 通过 Dinamica 软件平台，利用元胞自动机模型对城镇空间进行分区研究[25]。这些动态研究城镇边界演变形态的模型方法，在秦岭山地空间演变的研究中值得借鉴。

3. 国外关于古村镇街巷的研究

街巷空间作为古村镇最主要的公共活动空间，容纳了人们人际交往、生活居住、观赏游憩和商业活动等多种行为活动，从而形成了一个具有多重功能的公共空间活动网络，是展现古村镇历史风貌的主要通廊[26]。国际社会对于古村镇街巷空间的保护也很重视，各国都对此进行了大量的理论研究和实践探索。一些代表性的立法和文献为街巷空间的研究提供了理论依据。

在相关法律中并没有将历史街道单独提出，而是将街道作为历史街区所包含的一部分。20 世纪初的《雅典宪章》首先定义了历史街区，并指出应该对具有历史价值的街区及建筑妥善保存，禁止对其破坏。1976 年在内罗毕通过的《内罗毕建议》（《关于历史地区的保护及其当代作用的建议》）[27] 针对历史街区保护提出了若干方法观点，认为历史街区是人们日常生活环境的重要组成部分，对历史街区进行保护，并与现代社会活动相融合，是城市规划的基本因素。1987 年通过的《华盛顿宪章》对历史街区保护有了进一步深化，并给出了历史街区保护应包括的几个方面，提出的第一条便是地段和街道的格局和空间形式。随着《华盛顿宪章》的通过，国际上对历史街区保护的理论框架体系已经比较完整。

有关街道的比较有名的著作如日本芦原义信的《街道的美学》，从街道的视觉秩序出发，从街道的美学规律、人文特色及自然特征三方面，以及街道的空间形式感和街道的构成、人的感受等方面，分别提出了独到见解，该著作在着眼于街道建筑设计的同时，更注重人对街道环境的体验与感知[28]。简·雅各布斯在著作《美国大城市的死与生》中，将街道放在重要的位置，她指出街道作为城市最重要的器官，其功能的混合、通行的高效，是构建特色城市活力不可或缺的。并从行人的体验及对街道是如何使用的方面进行详细阐述，提出了小尺度、功能复杂多样的街道才充满活力，应将这些最有活力的内容在街道改造中进行延续[29]。

国外对古镇街道的研究并不多，但是以上学者专家在街巷空间层面的研究成果，以及相关的理论著作，对街巷的研究有一定的借鉴意义。

1.2.2 国内研究现状

1. 古镇制度体系发展历程

我国古村镇的制度技术体系自 20 世纪 80 年代至今，经历了一个漫长的历史发展过程。自从 1982 年，我国颁布了《中华人民共和国文物保护法》（以下简称《文物保护法》），使我国的文物保护工作进入了法制轨道。其后，对《文物保护法》经历了多次修订，确立了文物保护单位、历史文化街区（村、镇）、历史文化名城的三级保护体系，该法对历史文化村镇的法定保护地位首次进行了明确，将法律适用范围扩大到了历史文化城镇、街道和村庄。

国务院于 1984 年 1 月颁布了《城市规划条例》，将历史文化名城规划单独列出。第七届全国人民代表大会常务委员会于 1989 年 12 月通过了《中华人民共和国城市规划法》，其规定了编制城市规划应加强保护历史文化遗产、城市传统风貌、地方特色和自然景观。2005 年 7 月颁布的《全国重点文物保护单位保护规划编制要求》与《历史文化名城保护规划规范》成为历史文化村镇保护规划编制的主要参照依据。2007 年 10 月通过的《中华人民共和国城乡规划法》（以下简称《城乡规划法》）中，将历史文化遗产保护作为城市总体规划的强制性内容。2018 年发布的《历史文化名城保护规划标准》代替了《历史文化名城保护规划规范》，并对相关要求进行了更新。

随着社会对历史文化村镇保护越来越重视，2008 年《历史文化名城名镇名村保护条例》被国务院颁布，其中强调了古镇名村编制保护规划的重要性，明确了历史文化名城名镇名村的申报、批准、规划、保护等方面的内容。住房和城乡建设部于2014年10月颁布了《历史文化名城名镇名村街区保护规划编制审批办法》，编制办法明确了历史文化名城名镇名村保护规划的编制要求、编制内容、成果要求以及核心保护范围和建设控制地带的划定办法等。此办法对历史文化名村名镇保护规划的编制具有重大意义。

由我国古镇制度体系的发展历程可知，自20世纪80年代以来，我国对古镇的重视程度越来越高，由最初的文物保护单位、历史文化街区、名城的保护，逐渐拓展到名镇名村的保护，制度体系不断完善。

2. 古镇相关研究进展

我国古镇保护可以追溯到20世纪80年代初，阮仪三对江南水乡古镇保护规划的编制[30]，标志着我国古镇保护研究迈开第一步，从此有关古镇的相关研究越来越多。赵勇等将古村镇的已有研究进行分类，主要分为以下五个领域：旅游研究、保护与发展、形成演变研究、特征价值研究和其他专题研究等，同时他提出在古村镇的资源普查鉴定、定量数理评价、学科间交叉融合和非物质文化遗产等方面还有研究空间[31]。巫清华和肖红提出我国的历史文化村镇保护体系正逐渐趋于完整，包括法律法规体系、资源调查与动态监管体系、服务体系和技术支撑等[32]。通过对以上古镇相关研究的查阅发现，近年来对古镇评价体系基础数据收集等方面的内容也在不断增加，研究更趋于理性化。

（1）古镇保护与发展研究　谈到古镇，保护和发展的关系是首先要考虑的问题，如何处理好保护与发展的关系，是古镇规划和研究的重点。保护和发展从古至今便相生相克，保护是将历史人居环境进行延续，发展是先进的技术条件及现代生活方式观念对历史环境的改变或融合，这种改变过程缓慢，但是当处于经济发展产业转型、重大历史转型或重大灾难时，则会发生明显的质变[17]。所以在古镇保护与发展中是存在一定矛盾的。

阳建强等学者研究提出，古镇保护和发展存在的主要问题有三个：一是内部结构问题，表现在人口老龄化并且密度高，有一定比例的工业用地、功能衰退及物质老化、风貌特色消退；二是外部结构问题与环境变化问题，主要包括旅游产业的影响，外部交通环境的变化；三是公共设施缺乏、基础设施差、新建建筑追求高大，整体布局杂乱、建设管理不扎实等问题[33]。吴承照和肖建莉认为，社会使命与经济基础的矛盾，传统物质空间与现代生活的矛盾，空心化、商业化与原真性的矛盾，人口不断膨胀与环境容量有限的矛盾，经济与文化价值观之间的矛盾五方面，是古镇保护与发展的主要矛盾[34]。X Su以丽江为例，从融资体系、权力结构及创业治理策略等方面研究了这几种不同的力量如何影响遗产的保护和发展[35]。

在古镇保护内容方面，比较为广大学者所接受和认可的是阮仪三先生的研究结论，他将保护规划的内容从微观—中观—宏观层面分为三个层次：重点地段整治为微观层次；空间环境整治、历史建筑保护与更新及建筑限高为中观层面；划定保护范围、规划综合交通、调整用地性质等为宏观层面。

在具体的保护与发展研究的方法与对策方面，由于我国古镇空间分布广，各学者研究的角度和方向的差异，导致古镇保护方法与对策各有特色。陈志华提出，要解决发展与保护之间的矛盾，不能对村落进行大规模更新，否则反而失去了保护的目的，最好的方法是另建新村保护旧村。针对旧村的落后设施进行改造提升，吸引部分居民留下来延续原有的生活氛围[17]。孙斐等学者则针对苏南建筑景观保护和水乡传统村镇中的问题，提出了具体保护措施：打造田园化绿色的建筑景观，将村镇的水脉和传统风格进行继承延续[36]。李和平教授针对山地历史城镇，提出需要从山地城镇的特点出发，从城镇历史保护与自然环境保护、经济发展与文化旅游开发、生活环境提升与古镇风貌保护、古城保护与新区发展几方面进行整治保护[37]。方波则在分析了山地城镇街巷空间面临的诸多问题之后，从自然、历史、人文的角度提出山地城镇街巷空间的保护方法[38]。武艳文认为历史文化村镇的保护需借助现代科学技术成果，如地理信息系统、网络技术等，建立其规划保护的数据库技术框架，对历史文化村镇建立动态监测系统[39]。张万玲从一个新角度来思考历史文化村镇保护的方法途径，即从经济途径角度入手，对历史文化村镇增量性保护的意义进行探究[40]。黄家平结合古村镇的特征，经过对历史文化村镇保护的历史发展阶段性分析，确立了古村镇保护规划的技术体系[41]。

（2）古镇的形成及演变研究　在 2002 年以前，具有悠久历史和文化资源的村镇被称为古村落、古镇、传统聚落或传统村镇，直到 2002 年《文物保护法》修订，针对文化遗产的丰富程度提出了历史文化村镇的概念。李小波提出，风水对中国古代村落的形成有不可忽视的影响，主要表现在古人对宗族血缘、安全心理、生殖崇拜的追求，和天人合一的宇宙观等[42]。刘沛林提出古村落的规划思想源于原始聚落，其空间布局和形态受到风水理念、礼制信仰、诗画意境及防御意识等传统理念的影响[43]。彭一刚提出在特定的人类历史发展和自然地理条件的影响下，传统聚落逐渐形成。而影响其形态的因素主要包括社会因素和自然因素两大方面。社会因素主要包括生活交往习俗、风水观念、道德伦理、宗教信仰、血缘关系等。自然因素有地形地貌、气候地理、地质条件等[44]。王娟和王军指出形局、卜居、水龙、水口、构景等传统风水学说，在中国传统聚落选址营宅中起着极其重要的作用，古人追求人与大自然的和谐统一，实质则是对理想生存条件和发展环境的追求[45]。

古镇因所处的地域环境不同，其形成的影响因素也存在一定的不同之处。伍家平在分析了贵州东南部的侗族、苗族两个少数民族聚落的文化背景后，结合这两个聚落的山地地理特征，发现聚落在形态、分布、结构功能方面的差异是由传统文化特征的不同而导致的，并将聚落类型划分为辐聚型和辐散型两种[46]。韩冬青从选址要素、规划思想、乡土建筑类型的更替和自然社会结构演变等因素，对乡村生活模式的影响着手，对皖南和浙江古村落进行研究，并指出村落环境是在不断演变发展过程中形成的[47]。罗德启指出，贵州民族村镇的形成背景，可以总结为以下三方面：军事防御的需要、商业贸易发展的结果和民族歧视[48]。陈伟指出，伴随着徽州两次文化嬗变，引发徽州古村落的形成与演变：第一次文化嬗变指的是具有强制性文化冲突和被动式的文化交流特点的新安文化，形成于汉代至宋代历史上的第一次大规模人口迁移过程中；第二次文化嬗变指的是宋代至明清的主动式文化融合，形成了徽州文化。另外，近代“西风东进”促进了中西文化的交融碰撞[49]。陆林等指出，伴随着至晚清中原人口的三次南迁，徽州古村落经历了从形成—稳定—发展—勃兴鼎盛—衰落五个阶段。徽州古村落以徽商为经济基础达到鼎盛期，形成了不少有影响力的古村落，随着晚清徽商的衰败，徽州古村落也随之衰落[50]。吴勇以西南地区的山地城镇为研究对象，在探索城镇空间结构演变与城镇政治制度、生态环境、技术经济、社会文化等影响因素关系的基础上，得出山地城镇空间结构演变的内在机制，并提出了山地城镇空间结构优化的途径：生态安全、充分开放、高效协调与动态成长[51]。

从 20 世纪末开始，我国也有不少学者从动态视角出发，采用量化的研究方法对城镇的空间扩展演变进行研究。如龙瀛、黎夏和叶嘉安等学者通过对约束性元胞自动机模型的研究来动态模拟不同情景下的城镇空间形态[52,53]。刘勇、张珂等通过建立 SLEUTH 模型，研究不同保护强度下的城市增长和土地利用变化[54,55]。杨建军等通过将生态敏感性和建设用地适宜性评价，研究城市用地增长的刚性边界确定[56]。沙鸥基于人口规模来对建设用地规模进行预测，通过土地适宜性评价和最小阻力模型，分别确定城镇建设用地的刚性增长边界和弹性增长边界[57]。苏伟忠等通过 CA 模型，利用系统动力学方法，研究经济持续增长和发展更多社会事业两个情景下的城市承载力[58]。张星星通过智能体模型（Agent-based Model），研究不同政府角色下的城市增长情景，以及城镇的生态控制刚性边界[59]。

（3）古镇街巷空间的研究　古镇的外部空间，尤其是承载着乡土文化精华的街巷空间，反映了镇域空间的价值特色，还体现了传统的生活脉络。杨盖尔在《交往与空间》中也提到这种时间变化下空间的多样性，事情发生的前提是人和活动在空间和时间上集中，所以为在空间中的人们提供参与社会活动及娱乐的空间是必要的[60]。

国内对街巷空间的保护更新研究已经比较成熟，已经有不少成熟的案例，其中具有代表性的有吴良镛先生主持的北京南锣鼓巷、菊儿胡同、白塔寺街区以及国子监地区的保护整治研究；阮仪三教授主持的上海朱家角古镇历史地段、江苏苏州平江历史地区及周庄、平遥、丽江等的保护研究[61]。关于街巷空间研究的另一个主要方向是对街巷空间尺度的研究。胡月萍对云南传统城镇街巷空间的构成要素特征、各部分的尺度及比例关系、形态类型及其景观构成进行分析，指出传统街巷空间体系在新的外部环境下所面临的问题，并提出保护更新措施[62]。张仲军等主要以阆中古城街道为例分析了街道空间的尺度与比例关系，研究认为街巷空间的高宽比在 1~2 时是最佳的街道空间尺度[63]。史秋实从视觉感受和行为尺度两方面分析适宜的街巷空间设计原则，分析人与人之间的社交行为中距离的重要性及其对街巷距高比的影响[64]。杨聆等基于轴线分析法和视域分析法，运用 DepthMap 软件，对成都市宽窄巷子空间形态进行了量化研究[65]。冯玖华等以传统旅游特色名镇茅台古镇为研究对象，从街巷道路、景观小品、建筑风貌和业态布局等方面对茅台古镇的环境空间改造提出策略[66]。虞志淳通过对街巷的开放度与可达性、尺度与线型、塑造空间层次和柔化边界空间等方面的研究，提出营造充满活力的外部空间和提升街巷公共性的设计方法[67]。另外，田文波、霍珺等分别利用空间句法的分析技术对历史文化古镇街巷空间进行研究，通过街巷空间的量化研究来分析古街巷的空间特点[68,69]。耿大磊等运用物体几何形态的表达方式“三视图”，从街巷空间的几何形态出发，分析多角度下的街巷空间几何形态特征，提出了关于街巷界面几何形态的保护特点，以及历史街巷界面形态特征的保护要素[70]。

1.2.3　研究评述

国内外专家学者对山地古镇的空间演变及街巷研究方法和研究成果已比较成熟，形成了一定的理论体系，给研究打下了坚实的理论基础，但还有进一步研究的空间。

国外关于山地古镇的研究经验可归纳为以下几个方面：从单体文物建筑拓展到对小城镇、古村落整体的保护；强调公众的参与意识，尊重当地居民的权利、习惯和愿望；重视对古村落特色及历史建筑群的保护；注重传统工艺和地方材料的使用及法律的保障实施；研究的角度逐渐从静态分析向动态量化分析转变。国外的研究成果已相对成熟，但是很难结合中国特色，不能完全符合中国当前发展需求，对国外的文献进行研究，目的是将其在城镇空间扩展和街巷的研究方法和理论进行参考借鉴，研究具有与我国古镇相适应的方法和理论。

通过国内研究现状的分析可知，国内对古镇的保护发展在政策规范等方面趋于完善，学者们对古镇空间演变及街巷的研究成果已相当丰富，研究地域范围较广，涉及贵州、安徽、云南等多个地区的古镇，研究方法也更趋于理性化。

但是，对于我国生态屏障秦岭范围内分布的拥有良好自然生态环境，又受制于地形地貌，拥有特殊历史背景的古镇的系统性研究，目前还较欠缺。尤其在对秦岭山地古镇空间演变的规律及空间发展方面的研究不足，多数还停留在静态分析视角，缺乏动态预测和量化研究。

与文物保护单位、历史文化名城和历史文化街区的保护相比，古镇保护不管是在公共政策还是研究起步方面，均相对较晚，且对古村镇的保护，更多强调对单体建筑的保护，但对其街巷的保护有所忽视。对古镇街巷的研究，多数集中在街巷物质要素方面，对山地古镇的街巷物理环境舒适度方面的研究较少。

故通过本次研究，希望强化我国在秦岭山地古镇方面的研究，在研究方法上从空间和时间两个维度上，运用动态、量化的研究方法，对镇区空间演变进行研究，掌握秦岭山地古镇空间演变规律。在街巷延展方面，综合历史文化、现代人需求，从延续文化和街巷物理环境提升等多个方面，研究街巷的延展模式。在传统院落方面，通过对传统民居院落地域气候适应的提取，研究适应秦岭山地古镇的传统院落更新模式。希望本次研究对秦岭山地中的古镇保护和发展，以及其他山地的传统村落或镇的发展和保护有一定的借鉴意义。

1.3　研究对象及意义

1.3.1　地域界定

本研究地域为秦岭山区。广义上的秦岭是贯穿我国中部的东西走向山脉，西起甘肃省白石山，经天水南部麦积山向东进入陕西，在豫陕交界处分为三支，总长约为 1600 多 km，南北宽约 100~150km，海拔为 2000~3000m。狭义上的秦岭为陕西省南部、汉江和渭河之间的地区，西起嘉陵江，东至灞河与丹江河谷。由于秦岭南北两侧的气候、温度、地理、地貌具有较大差异，所以秦岭-淮河成为我国地理上重要的南北分界线，也是黄河水系和长江水系的重要分水岭，其南为狭窄的汉水谷地，北为关中平原。

秦岭山区具有以下几个特点：

（1）拥有丰富的自然资源　秦岭南北坡自然景观差异大，拥有多种珍稀野生动、植物及两个国家级自然保护区，自然生态环境优美。资源丰富、环境优美的秦岭自然环境是分布其间的古镇赖以生存的基础。

（2）多变的气候条件　秦岭为亚热带与暖温带的分界线，岭南为副热带季风气候，冬季温和少雨。岭北为温带季风气候，冬季寒冷干燥。

（3）多样的地理环境　南坡长且缓，沟长且远，有多条近于东西向的山岭和山间盆地，其间分布着多个古镇。而北坡陡且峻，断层深谷密布，河流深切，形成“秦岭七十二峪”。

（4）多彩的人文风情　秦岭以北八百里秦川孕育秦文化，秦岭以南为蜀汉文化的发源地。秦岭南北向的深切河谷自古便是南北交通要道，在古代政治、军事、经济诸方面发挥过重要作用，蕴含丰富的历史积淀，著名古交通要道有陈仓道、子午道、褒斜道，傥骆道和武关道。北旷南秀的文化特点在秦岭古镇中被完美地呈现出来。

1.3.2 对象界定

1. 古镇

秦岭山地古镇因其地域环境、地质条件、人文风情等都具有特殊性，故本书选取为研究对象。古镇，一般是指有着百年以上历史的供人们集中居住的建筑群。

除了百年以上的传统古镇外，还包括历史文化名镇，有国家级和省级两种级别；自2003年起国家文物局与建设部根据保存文物的丰富程度、在历史上的价值意义和民族特色代表性方面，共同开展了国家级历史文化名镇的评定[71]；在国务院于2008年公布的《历史文化名城名镇名村保护条例》中，从文化遗产的量、风貌、在历史上的重要性或区域中的特色等方面，明确了国家级历史文化名镇的申报条件。依据《文物保护法实施条例》及《文物保护法》的有关规定，明确省级历史文化名镇是依据各省的不同申报要求，依据历史价值与风貌特色、原貌保存度、保存现状规模和是否有市（县）以上文物保护单位等内容核定、公布而评定的镇。

秦岭山地古镇包括7个国家级历史文化名镇及11个省级历史文化名镇（图1-1）。

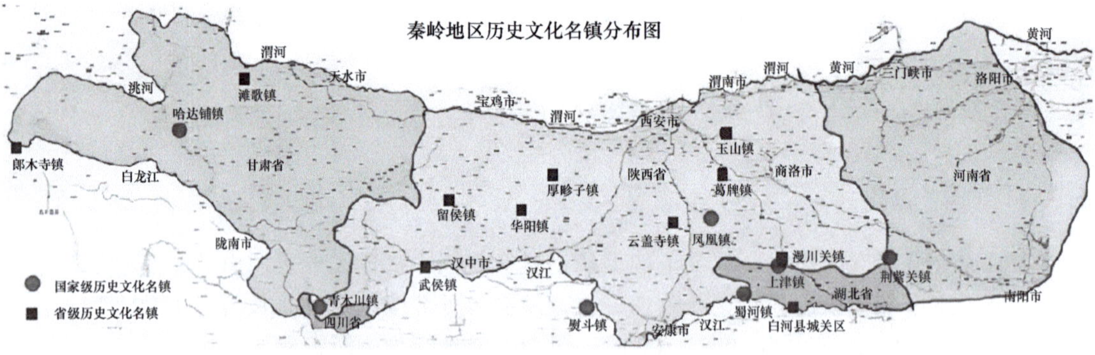

图1-1 秦岭山地历史文化名镇分布图

2. 古镇空间扩展

古镇空间主要指的是镇区的整体空间形态。城镇空间形态一般是指某一时间阶段内，城市各种要素的空间分布特征，可看作城镇实体空间在平面上的几何投影形状[72]，城镇的各部分功能之间、人与自然环境之间的空间关系是城镇空间的客观反映，所以城镇空间是人类改造自然、利用自然的产物[73]。下面从空间演变和街巷延展两方面入手，对秦岭山地古镇空间拓展进行研究。

（1）城镇空间演变研究　城镇空间演变反映了城镇区域在某一发展阶段上空间格局的变化[74]。所以，从历史整体角度出发，通过对秦岭山地特殊环境下名镇整体空间的发展演变历史及特征的分析研究，掌握其镇区空间历史演变规律，是指导预测名镇空间发展的前提。

（2）街巷延展研究　《中国古建筑术语辞典》中提到：“街巷，是指中国古代城镇道路。”《说文解字》中提到：“街，四通道也。”“巷，里中道也。”民间将街巷描述为：“直为街，曲为巷；大者为街，小者为巷”。二者均属于街道范畴，只是尺度大小不同，故“街巷”实际是“大街”和“小巷”的统称[75]。

街巷是城镇空间形态的骨架与支撑，街巷结构决定其整体空间形态，街巷延展引导镇区空间的扩张。另外，街巷是承载人们生活、交往活动的空间载体，是最能反映地域特色的地方，也是使人对一个城镇产生最直观感受的地方。所以，对秦岭山地古镇街巷的整体空间形态、街巷空间特点等进行研究，掌握其街巷空间演变特点，提取街巷空间特色要素，改善街巷空间物理环境舒适度，使镇区空间在未来的拓展中，通过街巷延续优秀的传统文化，创造舒适的人居环境。

3. 传统院落适应性研究

《辞海》对院落的解释为：“四周有墙垣围绕、自成一统的房屋和院子。”《增修互注礼部韵略》写道：“有垣墙者曰院”。四周有墙体围合的空间即可称为院，其中蕴含了光、雨、水、植之间的关系。落，即布局与结构，是建筑形态的物化。院落具有极强的灵活性和适应性，可以通过串联或并联形成建筑群，从而很好地适应我国广大地域上复杂的地形地貌和气候条件，形成我国最为稳定的居住空间类型。我国传统建筑中各个不同的功能分区及建筑单体都是通过院落这个基本单元相联系的，从而组成一个有机整体。院落是人地关系长期演化相互适应的结果，是当地居民生产生活、地域文化特征和人与建筑、环境之间和谐关系的载体。

“院”强调的是整体性与围合性，是围合的各实体要素形成空间组成的整体性空间，构成具有多元化的特点，包括建筑与墙垣、堂前的室外空间、檐下和廊空间等。院落形制完备，围合程度高，封闭性强，不同于开敞的“一”字形、“L”形非完整合院。秦岭山地古镇院落多呈“回”字形，集中布置，位于镇内中心街道两侧，形成前店后宅的合院形式，具有典型性。

1.3.3 研究意义

在现状调查的基础上，汇总分析秦岭山地古镇存在的普遍问题，应用相关理论与科学方法，揭示问题的内在规律与作用机理，提出解决问题的策略。

1. 现状借鉴意义

本书作者通过对秦岭 20 个古镇及 52 座传统民居院落的调查与测试，收集到大量的第一手基础资料，发现秦岭山地古镇普遍存在着核心文化遗产退化、镇区空间无序扩张、街巷空间尺度不能满足现代生活需要及物理环境较差等问题。传统民居院落空间特点明显，但在新建建筑中特色难以延续。现状调研资料对同类学术研究及古镇的保护与发展具有重要的借鉴意义。

2. 学术理论意义

对秦岭山地古镇空间演变进程的阶段划定、演变特征与影响因素的总结，所揭示的演变机理与形式、空间扩展预测以及街巷延展模式，秦岭古镇传统院落特征提取，新建民居模式的探索，均具有一定的理论和学术创新价值。

3. 实践应用价值

本书以空间演变机理为理论基础，提出的土地适宜性评价和空间扩展定量预测方法与结果，是国土空间规划的参考，以街巷物理环境为基础，提出的街巷延展模式和街巷空间营造策略，以及以传统民居的气候适应性特征提取，提出的新建民居模式，对秦岭地区及同类古村镇的绿色更新及人居环境改善具有重要的实用价值。

1.4 研究内容与方法

1.4.1 研究内容

研究内容分为两大部分：第一部分以古镇空间扩展研究为主，第二部分以传统民居院落适应性更新研究为主。

1. 通过调查测试掌握镇区现状情况

通过对秦岭山地古镇的普遍调查及相关文献的查阅整理，掌握目前国内外的研究现状，并初步确定研究内容为山地古镇绿色更新。以秦岭山地古镇为例，从空间演变和街巷延展来研究。通过重点调查测试解秦岭山地古镇在空间发展现实中存在的问题，掌握山地古镇空间历史发展规律。

2. 通过空间演变的历史进程，剖析其基本特征、动力因素和演变机理

通过对秦岭山地古镇空间演变历史及基本特征的研究，分析其空间演变的动力因素，掌握其空间演变的机理，可为镇区未来空间发展决策提供参考。

3. 街巷空间研究

街巷对外决定镇区的空间扩张及形态，古镇街巷骨架结构与镇区空间形态保持高度的一致性，对内连接院落空间，影响居民生活的舒适性和便捷性。研究既具有舒适物理环境，又具有地域文化特色的街巷空间营造模式意义重大。

4. 提出街巷延展模式及空间营造策略

1）物理环境较差是街巷空间拓展的主要问题。秦岭山地古镇街巷物理环境差，主要表现在空气湿度大，街巷通风日照差。高湿度的环境加速了历史建筑老化破坏，潮湿阴冷的环境影响了居住质量。

2）物理环境舒适性是决定街巷空间尺度的重要标准。街巷两侧建筑的高低、街巷的宽度等可决定街巷空间的通风、日照等物理环境是否舒适，所以提高物理环境的舒适性对街巷空间尺度具有一定的决定性作用。

3）改善居住环境质量是空间拓展的根本目标。在研究秦岭山地古镇街巷延展中，对街巷物理环境的改善是需要解决的问题之一，以达到改善居住环境质量的目的，而居住环境的改善是空间发展的根本目标。通过对街巷空间演变及特征的分析，结合不同使用对象的需求分析，并在街巷舒适物理环境分析的基础上，提出决定街巷空间趣味性、实用性、舒适性及文化性的街巷延展模式，以及空间营造策略。

5. 秦岭古镇传统院落研究

（1）秦岭古镇传统院落现状评判　首先，基于秦岭山地古镇传统院落现状调查，根据地理分布及所处文化区特点，总结提取传统院落空间基本类型；其次，通过现场测试、调查、访谈，深入掌握传统院落的现状使用功能与居民的需求关系，对传统院落功能的适应性进行评判；再次，通过对古镇传统街巷及院落空间通风、日照、温湿度等物理环境进行测试，对不同空间类型的传统院落的气候适应性进行评判。

（2）传统院落适应性研究

1）传统院落空间功能适宜性研究。在研究掌握现状使用功能与当地居民需求之间矛盾的基础上，着重从院落宜居功能进行研究。从居民居住舒适度需求、文化保护要求出发，研究既能满足现代人生活生产需求，又能兼顾传统民居保护、维护要求的新旧民居院落宜居功能模式。

2）地理气候适应性研究。秦岭山地古镇传统院落在百余年间经过多次“建设—使用—改进”的过程，在与周围自然环境和谐共生方面具有得天独厚的优势。在地理气候适应性方面的研究内容主要包括街道布局与地形地貌的适应性，街道走向及空间尺度与秦岭山地风、日照等物理环境的关系研究，传统院落空间格局、院落空间尺度等与日照、风环境等的关系，通过传统街巷、院落对秦岭山地自然气候环境的适应性研究，提取其地理气候适应性特征。

（3）宜居品质提升途径及方法研究　通过对传统街巷院落功能及气候适应性特征的提取，将适应性特征与满足现代生产生活的新建民居院落需求模式进行融合，建立模型，结合软件模拟，研究既适应秦岭山地气候环境，又可延续传统风貌的新建民居院落发展的途径及方法。

1.4.2 研究方法

1. 文献资料查阅法

通过相关文献、书籍以及电子资料的收集、查阅，初步掌握秦岭山地古镇有关社会经济、历史文化及民俗民风等的概况基础资料，为后期详细调研打好基础。通过文献查阅总结，了解国内外当前相关的研究现状、研究方法及理论成果，吸取前人的研究经验，以取得事半功倍的效果。

2. 实地调研测试法

对秦岭山地古镇进行普遍调研，通过摄影、问卷、观察、访谈等，了解掌握各镇空间发展及传统院落实际情况，获得第一手资料，进行归纳总结。并选取重点镇进行详细调研，对典型的传统院落进行测量绘制，对历史街巷及传统院落进行物理环境测试分析，为后期研究提供科学详细的基础资料支撑。

3. 模拟分析法

在实地调研测试的基础上，运用规划学、建筑学、社会学、行为心理学及美学等学科知识，对秦岭山地古镇空间及街巷空间特征进行描述、对比和分析，探索符合其空间演变和街巷延展的策略。

利用元胞自动机原理，以秦岭陕西省柞水县凤凰镇为例建立人工神经网络元胞自动机（ANN-CA）模型，动态预测镇区用地空间发展，并通过决策树元胞自动机（DT-CA）模型提取镇区空间演变的用地转换规则。

通过 Autodesk simulation CFD 软件对重点调研街巷现状街巷空间风环境进行模拟验证，并通过软件模拟，确定科学合理的风舒适度较高的街巷尺度。

1.4.3 技术路线

通过研究现状综合评析确定研究对象，通过实地调查发现存在的重点问题；针对问题应用相关理论和分析方法，研究其影响因素、作用机理和内在规律；在理论研究的基础上，提出解决问题的策略和研究结论（图 1-2）。

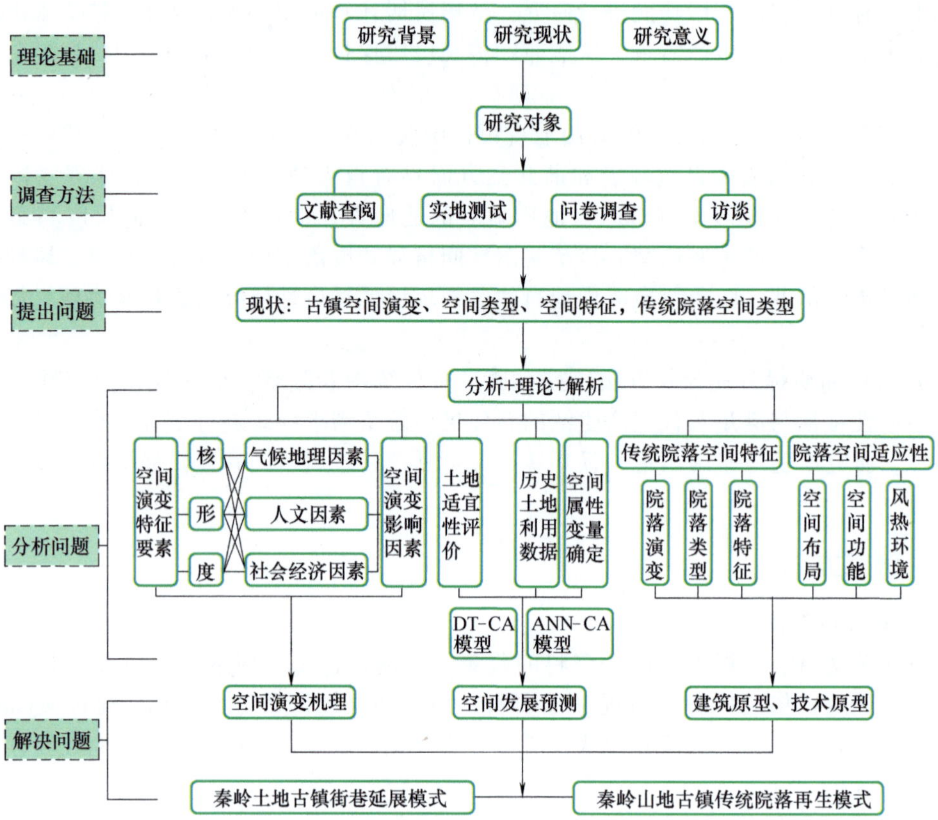

图 1-2　研究技术路线图

1.5　本章小结

本章阐述了研究背景及研究意义和目的，对国内外的相关研究进行梳理，对当前研究进行评述，确定了以秦岭山地古镇为研究对象及范围界定，并确定了研究方法和研究的技术路线。

第2章
秦岭山地古镇现状调查

第2章 秦岭山地古镇现状调查

2.1 调查概况

2.1.1 调查对象

秦岭山地包括7个国家级历史文化名镇、11个省级历史文化名镇及多个古镇，地域分布涵盖陕西省、河南省、甘肃省及湖北省四个省份，地域广阔。7个国家级历史文化名镇：陕西省——青木川镇、凤凰古镇、蜀河镇、熨斗镇，甘肃省——哈达铺镇，河南省——荆紫关镇，湖北省——上津古镇。11个省级历史文化名镇：陕西省——留侯镇、华阳镇、武侯镇、厚畛子镇、云盖寺镇、白河县城关镇、漫川关镇、葛牌镇、玉山镇，甘肃省——郎木寺镇、滩歌镇。各镇概况见表2-1。

调查的主要内容包括秦岭山地古镇的镇区空间形态演变、街巷特征及历史文化遗存，具体如下：

（1）空间演变特征调查　主要为掌握秦岭山地古镇聚落空间形态，在秦岭山地特殊的地理环境下由古至今主要历史阶段的空间演化规律。

（2）街巷特征调查　街巷延展决定空间扩展方向及速度，对秦岭山地古镇的新旧街巷空间走向、尺度、环境、街巷界面特征等进行调查，挖掘历史街巷中应延续和发扬的要素，以及发现新旧街巷不能满足人们现代生活需求之处，为街巷延展策略的提出打好基础。

（3）文化遗存的调查　文化遗存是秦岭山地古镇赖以生存的基础，主要包括物质文化遗产及非物质文化遗产挖掘，历史文化遗产现状保存程度、保护措施以及利用状况。

表2-1　秦岭山地历史文化名镇概况

名称	级别	区位	概况
凤凰古镇	国家级第五批	陕西省商洛市柞水县;社川河、皂河沟、水滴沟三河交汇处,背靠大梁山,面向凤凰山	连接长江水系和黄河水系的商贸古集镇;嘉庆年间有“小上海”之称;有“秦风楚韵”之称
青木川镇	国家级第五批	陕西省汉中市宁强县;地处陕、甘、川三省交界处,有“一脚踏三省”之誉	古街回龙场,明朝成化年间建,后又经清、民国时期的陆续修建,逐渐形成了现在的规模,长800多米,宽50余米。古街近百家的房子都是四合院,二进二出的两层结构

（续）

名称	级别	区位	概况
蜀河镇	国家级 第六批	陕西省安康市旬阳县。北倚巍巍秦岭，南傍依依巴山，挟汉江而携蜀河	古蜀国所在地，兴于明代，繁荣于清中后期，因处于重要中转集散的鄂、陕、川三地交汇区的地域优势，谱写了汉江黄金水道上的传奇，逐渐发展成为汉江上游的商贸重镇，被誉为“汉江小都会”“小汉口”[76]
熨斗镇	国家级 第六批	陕西省安康市石泉县。与汉阴县、西乡县相邻，“鸡鸣四县之地”，该镇三面环山，主体沿老街和河流带状发展	古时为川楚商道上的重要集镇、商旅要道，当时有民谣“白龙下川，黄龙入陕”，白龙是指棉花，黄龙是指黄表纸，陕西的棉花通过熨斗镇运至四川，并将四川的食盐和黄表纸通过熨斗镇运入陕西
荆紫关镇	国家级 第二批	河南省南阳市淅川县。位于豫、鄂、陕三省相交处，有“鸡鸣三省荆紫关”和“一脚踏三省”之称	荆紫关镇为南北交通要塞，自古便水陆并通，古时陆运有商淤古道，水运有丹江通道，明清时期商业繁荣，被称为“小上海”[77]
上津古镇	国家级 第七批	湖北省郧西县。地处鄂西北边陲，南临江汉流域，位于汉江支流金钱河下游，有“朝秦暮楚”之称	现状为清代城址，史上政治、交通、商贸、文化和军事重地
哈达铺镇	国家级 第七批	甘肃省宕昌县。位于宕昌县西北部，国道 212 线纵贯全镇，距县城 37km，地域开阔，交通便利	红军长征途中，曾两次到哈达铺，在这里制定了挥师北上的重大战略决策，被誉为长征“加油站”。毛泽东、周恩来等曾在此做出过重大军事决定[78]
郎木寺镇	省级	地处甘、川二省边界，属两省共同管辖，一条称“白龙江”的小溪从镇中穿过。“金盆养鱼”的地理环境，四面环山	郎木寺镇是从青海至甘肃的要塞，又是甘肃和四川两省交界的枢纽，古时被称为“南番中心”。213 国道便修建在始于唐朝的“茶马互市”的古道上，自唐朝就是藏族人马匹与中原茶叶交易的通道。郎木寺镇当时作为四川通往西北的北大门，是从四川去夏、洮地区要经过的重要驿站
滩歌镇	省级	位于武山县西南部，素有“陇上江南”之称	滩歌镇在北宋时是威远寨，史上是秦陇洮岷一带的边防重地及商贸重镇，其威远寨古堡和明清一条街保存至今
留侯镇	省级	地处秦岭南麓，位于留坝县西北	留侯镇得名于镇内的旅游胜地张良庙。自然风光优美的紫柏山，也是吸引游客的又一景点
武侯镇	省级	位于勉县城西 5km 处，北部为深山区，中部是浅山丘陵，南部为平川地带	镇名由三国时的兵镇发展而来，拥有独特的地理位置和浓厚的“两汉三国”历史文化底蕴，境内有武侯祠、古阳平关城墙、诸葛亮读书台、万寿塔、武侯古城、张鲁城遗址、清真寺、城隍庙、方济众故居、汉江第一坝等
华阳镇	省级	陕西省汉中市洋县，地处秦岭南坡腹地，东、西、北部大片区域为长青国家级自然保护区	华阳古镇位于傥骆古道，史上是有名的政治军事及经济重镇，该镇始于秦繁于唐，被誉为“千年古船城，秦岭第一镇”
厚畛子镇	省级	陕西省西安市周至县，太白山脚下，黑河源头	是唯一兼跨长江、黄河两大水系的景区镇，以太白山自然景观和地质景观资源的保护和老县城（原佛坪厅旧址）的历史文物、古遗址为主要特色
云盖寺镇	省级	东与永乐镇、回龙镇接壤，南与庙沟镇相连，西与东川镇毗邻，北接柞水县下梁镇太山庙	始建于唐初，大中年间已有初具规模的建筑群。据《镇安县志》载，云盖寺于明正统后复建。2012 年起，云盖寺镇启动省级旅游文化名镇建设，修复云盖寺大庙及古街 127 户明清建筑，装修后街 224 户仿古建筑，恢复了财神庙和戏楼，新修了游客服务中心
葛牌镇	省级	位于秦岭北麓，关中平原东南部，是古城西安的东南门户，距西安 45km	葛牌镇是原红二十五军 1932 年在陕西关中建立的最早的红色革命根据地之一，具有非常重要的历史地位。1935 年 7 月，红二十五军主力出终南山北上，转入外线作战，并很快进入陕北，先期到达，迎接中央主力红军。从 1935 年 2 月上旬至此，葛牌镇区苏维埃政府历时 6 个多月

（续）

名称	级别	区位	概况
漫川关镇	省级	位于陕西省商洛市山阳县东南部，地处金钱河支流。西临南宽坪镇，北与法官镇毗邻，东与石佛寺镇，南与湖北郧西上津镇接壤	是山阳县历史悠久的边陲古镇之一，素有陕西“南大门”之称。现遗存的以骡帮会馆为核心的古建筑群，由骡帮会馆及双戏楼、北会馆、武昌会馆三个会馆排列组成，是目前陕西省保留规模最大、最完整的明清古建筑群

2.1.2 整体概况

1. 悠久的历史年代

经调研和文献查阅，虽然秦岭山地古镇的历史渊源最早可追溯至三国时期，但由于历史上战乱频繁，镇区内现状遗存的物质文化遗产，最早为明清时期，还有一部分为民国时期建筑。

明清时期文化遗产，如凤凰古镇的S形老街、青木川镇的回龙场老街和熨斗镇的沿山老街。而荆紫关镇最早在公元前304年属楚国管辖范围，因楚王派太子荆镇守此地，于是被称为“荆子口”，后来演变成荆紫关，但是现状呈“之”字形的全长约2.5km的街道乃明清街。又如蜀河镇古为蜀国所在地，汉时置县，兴于明代，繁华于清中后期，随着汉江黄金水道进入鼎盛时期，各地商户竞相在此地开设商铺，建立商号钱庄，各地商帮纷纷在蜀河镇建立帮会，如武帮武昌馆、黄帮黄州馆、陕帮三义庙、船帮杨泗庙和江西帮万寿宫等，均为明清建筑遗留至今。漫川关镇拥有悠久的历史，战国时期从方城至楚国通过此地，至今还留有秦楚分界碑。漫川关镇在公元533年即北朝西魏废帝二年设为漫川县，于1475年即明成化十二年设为巡检司，清朝为里，民国时为镇。南宋时荆紫关是宋金双方的军事重点[79]。至明清时期商贸发达，兴建的骡帮会馆、湖北会馆、船帮会馆、武昌会馆、武圣宫等明清建筑保留至今。再如留侯镇，因境内的张良庙（汉留侯祠）而得名，据考证也为明清所建。

秦岭山地古镇中民国时期的历史建筑遗产多为红色文化代表，如华阳古镇，除了600多米长的明清时期古街道外，还有被国家发展和改革委员会等联合确定为全国红色文化教育基地的红二十五军司令部旧址。又如被誉为红军长征加油站的哈达铺镇，红军长征途中曾两次到过此地，在哈达铺制定了挥师北上的战略决策。现存哈达铺红军长征旧址，由曾住过周恩来的宅院同善社，毛泽东曾下榻的义和昌药铺，贺龙、任弼时曾落脚的张家大院，红一方面军会议会址关帝庙以及原哈达铺邮政代办所五处组成。

2. 特殊的地理位置

由于横跨我国东西，秦岭山地是我国的南北屏障，为南北通商联系的必经之地，秦岭特殊的地理位置和山地地貌的特殊性，造就了具有独特历史底蕴的秦岭山地古镇。

秦岭山地古镇的地理位置均具有特殊性，或位于秦岭山间河流流经的地方，或处于古代交通要塞上，或位于多省多县交界的地方，依托便利的水运及交通要塞，成为一个个繁荣的历史商贸重镇。

如依托社川河有“小上海”之称的凤凰古镇；金溪河贯穿有“一脚踏三省”之誉的青木川镇；续写汉江黄金水道上的传奇，有“汉江小都会”美誉的蜀河镇；位于“鸡鸣四县之地”古川楚要道上的商贸重镇熨斗镇；“一脚踏三省”占尽水陆优势“丹江通道”和

“商淤古道”的荆紫关镇；历代为交通、政治、文化、商贸、军事之要地，有“朝秦暮楚”之称的上津古镇；被誉为长征“加油站”的哈达铺镇；川、甘两省交界的要塞，有“南番中心”之称的红色、商贸重镇郎木寺镇；历来为秦陇洮岷一带的商贸重镇和边防重地，有“陇上江南”之称的滩歌镇；傥骆古道上的璀璨明珠，拥有“千年古船城，秦岭第一镇”美誉的华阳镇；为秦西南连接的水旱咽喉大通道，有“百艇联樯、千蹄接踵”“南通吴楚、北连秦晋”之称的漫川关镇。

3. 南北融合的文化特征

由于特殊的地理位置，历史上多数秦岭山地古镇为南北经商通道的必经之地，所以南北客商汇集。再加历史上几次大移民及政策的影响，如凤凰古镇自唐以来，先后有 13 个省的移民在这里聚居，另外还有豫、鄂、陕三省生活习俗融合的荆紫关镇，羌汉杂居的青木川镇，以及藏汉文化融合的郎木寺镇等。不同文化背景的人民杂居繁衍，带来了文化民俗、戏剧歌曲、手工艺作、建筑技术、饮食文化等的融合，故秦岭山地古镇呈现出南北文化融合的特点。

南北建筑风格的融合：虽为北方古镇，但是户和户间采用南方的马头墙进行分隔，体现南北文化融合的秦岭山地古镇独有的吻兽式马头墙，即座头的吻兽一般常见于北方建筑之上，而风火墙常用于南方建筑，二者融合产生了坐吻式马头墙。另外，建筑屋架采用北方的抬梁式和南方的穿斗式相结合的屋架形式等（图 2-1）。其次，非物质文化的融合，主要表现在戏曲、节庆及生活习俗的融合，如戏曲融合秦声中掺杂着豫韵、鄂腔和川味的汉调二簧。

图 2-1　秦岭山地古镇抬梁式屋架、抬梁式穿斗式相结合的屋架

2.2 现状调查分析

调查的古镇较多，由于文章篇幅有限，根据调查镇的不同空间类型，选取具有代表性的几种进行调查现状汇总解析，分别为镇区空间为多组团式发展的青木川镇、镇区空间呈带状发展的熨斗镇、老街所在组团在山体上建设的蜀河镇，以及空间呈圈层式发展的凤凰古镇。

2.2.1 普遍调查分析

1. 青木川镇

（1）基本情况　青木川镇位于陕西省汉中市宁强县，处于川、甘、陕三省交汇处，北邻甘肃省，西接四川省，有“一脚踏三省”的美誉[80]。青木川镇森林覆盖率高，树木茂盛。这里气候温和，雨量充沛，动植物种类繁多，相关动植物专家称青木川镇为具有极大研究及观赏的“天然动植物基因库”。凤凰山清泉飞瀑，四季风光变换，有“小九寨沟”之称。青木川镇老街背山面水布局，沿着金溪河和山体蜿蜒伸展，镇区与自然环境浑然一体（图 2-2）。

图 2-2　青木川镇现状图

镇名由来：青木川始建于明，属于羌族、汉族混合区，历经清、民国时期的发展逐渐形成了现在的规模。青木川最早被称为回龙场、草场坝，清同治时期更名为永宁里，民国时期称为凤凰乡，后被命名为青木川。

青木川镇旅游资源丰富，是国家公布的第五批“中国古镇”之一。青木川镇依托明清老街发展旅游产业，在旅游业发展的带动下在金溪河对岸建设了一条仿古新街，并建设了配套的旅游服务设施，如宾馆、餐馆、旅游纪念品商店和沿河酒吧等。

（2）镇区空间形态　青木川古镇背靠龙池山，面对金溪河，金溪河对岸是笔架山和凤凰山。老街选址呈典型的“负阴抱阳，背山面水”的基本格局（图 2-3），同时辅唐老宅选址背靠凤凰山，面对金溪河，是较好的风水宝地。

扫码看彩图

图 2-3　青木川镇空间格局图

回龙场老街所在组团紧邻金溪河，位于龙池山脚下，建设用地空间有限，辅仁中学建设在龙池山半山腰，回龙场老街所在组团在山河间已没有可建设用地。所以镇区空间扩展在回龙场老街的带动下，在金溪河对岸逐渐发展建设起新组团，新组团空间从金溪河开始逐渐向凤凰山脚下的平坦用地扩张。新旧两区通过飞凤桥连接（图 2-4）。而回龙场老街由于南北向受龙池山和金溪河限制，空间顺着金溪河向用地稍充足的西侧发展。镇区整体空间呈多组团发展。

图 2-4　飞凤桥

（3）街巷

1）传统老街。青木川镇始建于清代的一条古街——“回龙场”老街，明清以来便为商贸中心，在民国时期当地霸主魏辅唐把持地方政权，利用地理位置优势，对青木川古街进行整体规划。街道总长度 800 多米，街道两侧古建筑及街道总宽 50 多米，街道宽 4m 左右。沿街有约 108 户保存完好的四合院，古建筑 420 多间，四合院以两出两进的两层结构为主，建筑风格兼具巴蜀及楚汉文化特色，建筑风格还融合了徽派建筑的特点。整条街道为青石板铺路，街道宽高比在 1 左右，街道尺度亲切怡人，建筑门窗柱子以黄木色和深褐木色为主，墙面以青砖墙和白灰墙为主（图 2-5）。

图 2-5　青木川镇回龙场老街现状图

回龙场老街拥有规模庞大的古建筑群，街道两侧错落排布的明清民居院落，建筑风格别致。回龙场老街至今还保留着明清文化特色底蕴丰富的古建筑，如烟馆、旱船屋、辅仁中学及魏辅唐的新老宅院（图 2-6）。其中，烟馆为四合院，精美的雕花门窗，木板吊脚楼。荣盛魁为四合院，史上用来经营从外引进的洋货。乡公所又称洋房子，是中西式相结合的建筑，是魏辅唐办公的场所。洪盛魁是三层雕花的中式风格旱船造型建筑，其各个房间按等级被设计成船舱样式，为往来的商贾提供娱乐服务。辅仁中学为省级保护单位，位于青木川镇回龙场老街南面的一个小山坡上，魏辅唐为首任校长，后来将名字改为青木川中学。其现存大礼堂、大门和宿办楼三座建筑，空间对称，布局合理，房子为西式风格。魏辅唐宅院为国家级保护单位，由相邻的新旧两套天井院落构成，位于距离老街 500m 的魏家坝。旧宅建于 1929 年，占地面积 $1000m^2$，砖木结构，建筑结构上采用传统形式，由前后两进天井院子组成，是典型的中式风格建筑。新宅建于 1932 年，外面有弹药库、警卫室以及榨油坊，是西式风格建筑。

a）烟馆

b）荣盛魁

c）洋房子

d）魏府老宅一

e）魏府老宅二

f）辅仁中学

图 2-6　回龙场老街标志性历史建筑

回龙场老街除上述风格特色明显、保存较好的历史建筑外，有些历史建筑损坏严重（图 2-7），在回龙场老街东侧入口处，后期新建了关帝庙，并在关帝庙对面修建戏台，以满足当地人的精神需求。老街路面以青石板铺设，道路两侧在店铺入口处有些为混凝土台阶。

图 2-7　回龙场老街被损坏历史建筑

2）新建街巷。在回龙场老街东侧延伸段为新建街道，新街以商业和居住功能为主，街道特色为古今结合，建筑采用现代建筑材料和形式，在局部有仿古特色构件，建筑以白灰墙面为主，局部以深红色为装饰，个别建筑为坡屋顶，或在屋顶檐口增加装饰性坡屋檐，但多数建筑为现代建筑。

在回龙场老街金溪河对面，改造建设了新街，整体风格为仿古街道，新建建筑均为坡屋顶、木门窗、木柱子，建筑色彩以深棕红色为主，街道地面采用青石板铺路，建筑风格与老街风格协调一致，在新街建有游客中心（图 2-8）。而针对风格不一致的建筑，当地采用在建筑外表皮加建一层仿古风格的木构架的方式，使所有的建筑风格与历史老街风格统一（图 2-9）。而新街的个别街道，由于街道两侧建筑高度比老街高，层数达到三四层，所以街道宽高比达到 0.5（图 2-10）。

图 2-8　游客服务中心、金溪河

图 2-9　建筑改造

图 2-10　新街比例

2. 熨斗镇

（1）基本情况　熨斗镇位于距离石泉县城南部 50km 的边远山区，西接西乡县高川镇，北连喜河镇和中坝乡，东接汉阴县汉阳镇，南邻西乡县两河口镇。三县交界的地理位置，造就了熨斗镇独特的区位优势。熨斗镇境内植被完整、森林密布、风景秀丽、林业资源丰富。

镇名由来：熨斗镇镇名史上经历多次变更，据相关资料记载，熨斗镇在清嘉庆二十三年前名为永兴场。清道光年间因熨斗镇遍布 60 多架筒车，灌溉着千亩良田，故该地因此更名为筒车坝。因道光二十三年该镇不幸遭遇洪水，筒车悉数被毁，筒车坝便名不副实，故更名为熨斗镇。由于当地有个水田百余亩的苟家坝，其地形好似熨烫衣服的熨斗，故以此而得名。

（2）历史沿革　熨斗镇是石泉县历史上有名的古镇之一，据了解，在古镇街头原立有一个闸子门，门额落款为道光二十年的“川楚通道”四个大字。明清时期，每逢集日熨斗古街上川陕商贾云集，生意兴隆，古戏楼上演的汉剧更是韵味悠长。古时熨斗古街上有多家以旅店和药铺为主的百年老字号。所以当时有句民谣“白龙下川，黄龙入陕”，白龙为棉花，黄龙为黄表纸，通过熨斗镇将陕西关中的棉花运送至四川，将四川的食盐及黄表纸运往陕西，由此可见熨斗镇在史上是重要的商贸要道。

熨斗镇的商贸繁荣与相距 15km 的喜河镇关系密切。喜河镇因位于汉江边，水运便利，早在西魏废帝元年（公元 552 年），便在此设立魏宁县，古有“小汉口”之称。那时川陕的商贾将货物经熨斗镇运至喜河码头，装船走水路运至汉口，同时又将从船上卸下的货物运回四川及陕西汉中，由此可见熨斗镇历史上是依托水运交通而繁荣起来的。后来随着公路交通的发展，繁华了千百年的川楚古道逐渐沉寂了下来。

（3）镇区空间形态　熨斗镇三面环山，河流从镇区中间穿过，老街及镇区主体沿河流呈带状发展，受河流山体限制较大，可用于建设的用地较少。陕南地区的旅游胜地之一，有“西北第一溶洞”之称的燕翔洞风景区位于古街的尽头，古街端头景区外设有游客接待中心，顺着熨斗镇老街东侧发展新街，过境公路喜熨路从镇区外侧通过，对镇区内部影响较小（图 2-11）。

扫码看彩图

图 2-11　熨斗镇空间形态

由于老街南侧紧挨山体，用地向南侧已经没有扩展空间，所以镇区空间沿着东侧道路沿山发展，至东侧跨河继续在山间用地延展，整体镇区空间发展形态完全受制于山体河流，呈枝状发展。镇区贯穿的河流干涸，镇区边山体受镇区建设影响较大，存在一定的安全隐患。

（4）街巷

1）传统老街。经历了历史上的商贸繁荣和秦岭深山内多年的沉寂，熨斗镇的老街面带沧桑地展示在世人面前。由于熨斗镇的繁荣历史及丰富的历史文化遗存，被公布为第六批国家级历史文化名镇。

熨斗镇古街顺着山体走势布局，街道全段宽窄不一，街道宽度从 2.3~4m 不等，但是由于地势的高低变化，老街街道上下起伏，坡度较陡的地方多设置台阶，所以整条老街呈现弯弯曲曲、上上下下的形态，而巷道则较窄，尺度在 1m 以内。

老街街道地面多用青石板铺设，街道两侧古建筑以 1~2 层的坡屋顶为主，屋顶铺设青瓦，屋脊中央有青瓦垒砌的莲花或铜钱等造型，屋脊两头微微起翘，建筑墙面以白色粉刷墙面和青灰色墙面为主。

街道最具特色的建筑为“让出三尺地，多占一份天”的吊脚楼戏台，位于老街中部位置，戏楼屋顶飞檐翘角，屋脊上的龙凤吻兽及垂脊上依次排列的小吻兽，梁柱上的彩绘，戏楼两侧细部雕花的风火墙，使戏楼成为老街的标志性建筑（图 2-12）。

a) 街道

b) 巷道

c) 屋脊

d) 戏楼

图 2-12 熨斗镇老街街巷铺装、屋脊及戏楼

虽然老街上有不少颇具历史文化特色的建筑，但是历史建筑重新修建的较多，历史建筑破坏及被现代建筑代替的比例较大，人工改造痕迹明显，个别建筑新旧难辨，在历史老街上建设的现代风格建筑，严重破坏了老街的历史风貌（图 2-13）。

老街以商业店铺为主，原著民较少，集市及节假日人较多，而平常日子经常出现“空街”现象。另外，老街旅游配套服务设施不足。

2）新建街区。由于熨斗镇镇区空间受山体和河流的影响比较大，所以沿路有些地带只能建设一排建筑，老街东侧的延续段新街，街道机动车为宽度约 6m 的水泥路，机动车道两侧或单侧留有 1m 左右的人行空间，街道两侧基本全部为现代风格建筑，如新街两侧的建筑及距离老街 100m 左右的镇政府。接近老街东侧入口处的建筑增加了一些古建筑元素，如卫生院在一层及入口处增加坡屋檐，在屋顶增加边坡，在老街东侧入口牌楼相邻的建筑也进行

图 2-13　熨斗镇老街建筑破坏改造现状

了坡化处理，建筑墙面色彩采用白色。新建建筑的层数以 3~6 层居多，街道宽高比在 0.3~1.0（图 2-14）。

a) 老街东入口　　b) 新街空间一　　c) 新街空间二

图 2-14　熨斗镇新街及老街东入口

过境路熨喜路沿着河流延伸，车行道为宽度 7m 的水泥路，两侧人行道约 1m，在河流南侧沿河建筑面和熨喜路北侧建筑，均采用了仿古建筑，建筑采用双坡屋顶或局部加边坡，屋顶采用灰瓦铺设，建筑墙面为白色粉刷墙面。

另外，由于建设用地有限，个别新建街道建筑高度较高，街道狭窄，导致街道空间使人感到束缚压抑，日照条件较差（图 2-15）。

图 2-15　熨斗镇新建狭窄的街道

3. 蜀河镇

（1）基本情况及历史沿革　蜀河镇位于旬阳县太极山城以东 53km，汉江和蜀河的交汇处，南倚巴山，北傍秦岭。东接冷水、仙河乡，南临白河县，西交关口镇，北连双河镇。

蜀河镇由于位于汉江、蜀河两水交汇之处，蜀河贯穿而得名。蜀河古为蜀国所在地，汉时置县，兴于明代，繁华于清中后期，叙写着汉江黄金水道上的传奇。因所处的水陆地理优势，便成为陕、鄂、川物流集散的重要商贸之地，各地商人纷纷前来，修建会馆作为各地商贾互通信息的场所，从而造就了文化的交融。加之明末清初湖广移民的大规模迁入，汉江黄金水道进入鼎盛时期，各地商户竞相在此地开设商铺，建立帮会，如武帮武昌馆、黄帮黄州馆、陕帮三义庙、船帮杨泗庙、江西帮万寿宫，另有本地帮的火神庙等，随着商业的繁荣发展造就了汉水边上的又一“商贾云集”的商贸重镇，蜀河被称为“汉江小都会”。又因蜀河镇所处两水相交的特殊位置，形似汉口，而被誉为“小汉口”。

民国末年，群雄四起，逐鹿陕南，对当地商业影响极大，后加之襄渝铁路、316 国道的修建，水运随之衰退，蜀河镇商业开始凋敝，昔日的辉煌慢慢消失在巍巍秦岭中。

（2）镇区空间形态　由于蜀河镇位于汉江、蜀河两水交汇之处，背靠何家山，平坦的建设用地极其有限。历史建筑集中的老镇区几乎完全位于何家山山体上，历史建筑多位于靠近山脚下的位置，随着建设发展，新建建筑逐渐顺着何家山山体往上扩张。另外，在蜀河对岸发展新区，新区建设建筑高度都比较高，而且多数建设在山体上，整个镇区空间除了在平面上的扩张外，镇区的三维立体空间高度也逐渐增加，对山体和自然环境的侵蚀也越来越严重（图 2-16）。

扫码看彩图

图 2-16　蜀河镇空间形态示意图

（3）街巷

1）传统老街。蜀河镇历史悠久，文化积淀深厚，古往今来，商贾往来频繁，给蜀河镇留下了一批宝贵的历史文化遗产。标志性的历史建筑如建于嘉靖年间的伊斯兰建筑清真寺，清代中期建设的供船帮集会、议事、祭祀的会馆杨泗庙，始建于乾隆中叶由黄州籍客商集资兴建的供本帮会集会、娱乐、祭祀的黄州馆，以及城楼入口等明清时期历史建筑，古朴别致的造型尽显蜀河古镇的古风古韵（图 2-17）。

蜀河镇的民居建筑材料以青砖、黄土和木材为主，采用抬梁式和穿斗式相结合的建筑构造形式，屋顶为铺设青瓦的双坡顶。由于建设用地限制，多数民居都在山体上建设，民居院

a) 黄州馆　　b) 鸣盛楼　　c) 城楼

图 2-17　标志性历史建筑

落随着地势的抬高逐渐升高，一般从院落进正屋都需要上十几级台阶，正屋比两侧厢房要高出许多，多数院落正房中间修建台阶，可通向后院（图 2-18）。

图 2-18　传统院落及房屋结构

蜀河镇的传统街巷特点比较明显，由于整个镇区在山体上建设，所以街巷形态顺应地形地势蜿蜒曲折。故据当地人介绍，蜀河镇由于地形的限制和道路的曲折，院落的大门经常偏在院落的一侧，故当地的院落和道路的这种关系被称为“歪门邪道”，成为古镇的一大特点。街巷宽窄不一，宽不超过 2m，窄处不足 1m，由于坡度较大，多数道路都是台阶，道路台阶以就地取材的天然石块铺设为主，独具特色（图 2-19）。

图 2-19　“歪门邪道”及道路铺装

蜀河镇除历史韵味浓厚的古建筑及天然古朴的台阶坡道外，水文石刻是蜀河镇的又一重要标志。这些历史洪水位石刻标识，记录了蜀河镇历史上发生过的重大洪水灾害的水位，在洪水位以下的历史建筑因多次洪水的破坏，毁坏严重，所以多为新建。

有些在老街所在片区遗存的历史建筑老化损坏严重，如蜀河电报局（图 2-20），楼梯及建筑木构件老化严重，存在安全隐患。

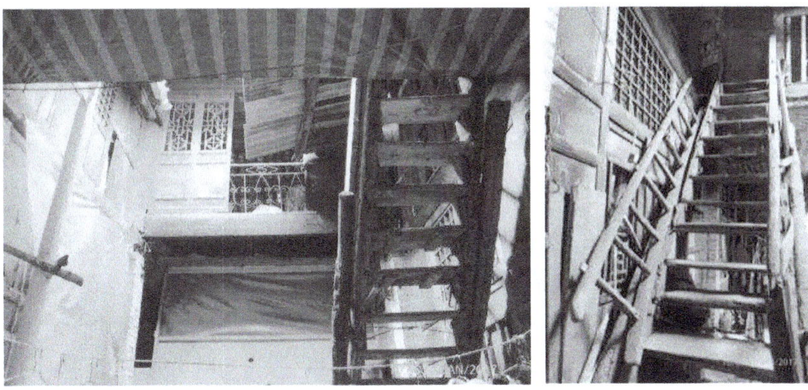

图 2-20　蜀河电报局现状

由于蜀河镇大部分建筑位于山体上，西侧沿河为 304 县道，是镇区内部的主要机动车通行道路，道路两边为零售商业及餐馆，所以集市日交通拥堵现象严重。

2）新街。蜀河以西的老街所在片区新建建筑大多采用多层的平屋顶，有些建筑屋顶和立面增加装饰性坡屋檐，在建筑户和户之间增加装饰性马头墙，街道多采用人工的青石板，个别道路采用水泥地面。在蜀河以东的新建建筑多以 6 层及以上的高层建筑为主，建筑风格以现代风格为主，建筑色彩灰、白、黄均有（图 2-21）。

a）蜀河以西仿古街道　　b）蜀河东西两侧现状

图 2-21　新建街道及建设现状

2.2.2　典型样例选取论证

通过对秦岭山地的多个古镇进行分析，对镇区空间扩展的研究应重点研究自然条件、演变历史及空间特征等方面，而陕西省柞水县凤凰古镇在这几方面具有典型性。

1. 自然条件的典型性

（1）区位　凤凰古镇与研究范围内约70%的古镇一样，位于秦岭南坡，且位于秦岭山地研究范围的中部位置，与研究范围内多数古镇所处的纬度相近，具有代表性。

（2）气候　凤凰古镇位于气候Ⅲ区，位于热工气候分区的夏热冬冷区域，研究范围内的古镇，有60%以上位于秦岭主体南麓的气候Ⅲ区及夏热冬冷区域。所以，凤凰古镇在气候特点上具有代表性。

（3）地理　凤凰古镇背靠大梁山与凤凰山相对，依社川河畔而建，其镇区被秦岭山川河流围绕，镇区空间受秦岭山体及河流限制。凤凰古镇所处的河谷型山地地理条件，与多数秦岭山地古镇的地理自然条件相似，具有代表性。

2. 演变历史的典型性

（1）人口　在历史上由于政府政策及商贸发展的原因，多数秦岭山地古镇的人口由多方移民组成，迁移的人口导致多元文化的融合，而凤凰古镇在历史上受川陕大移民的影响，其人口特征与多元文化特点具有代表性。

（2）交通　研究的古镇位于秦巴山区，自古交通不便，自周至唐的千年间通过各条驿道与关中联系，清中后期因水运发展而产生多个商贸重镇，凤凰古镇便是其中之一，其交通特点及发展具有代表性。

（3）经济　凤凰古镇因古代水运发展而商贸兴盛，经济一度发达，但是随着水运衰落，经济也逐渐萧条，后因国家政策及陆路交通的通达，发展文化旅游，经济逐渐复苏的过程可代表秦岭山地多数古镇。

3. 空间特征的典型性

（1）规模　凤凰古镇与其他秦岭山地古镇相似，由于受山体河流等自然地理条件的限制，镇区空间的规模受限。

（2）形态　凤凰古镇镇区空间南受大梁山限制，北受河流制约，镇区空间跨河扩张，或沿山体河流延伸，整体空间形态与山体河流等地理条件具有高度的吻合性，其空间扩展及形态特征与其他秦岭山地古镇具有一致性。

（3）街巷　凤凰古镇在与历史街道平行的方向，修建对外交通道路皂宽路，从镇区穿过，主要街道走向顺应山谷与镇区空间走向，老街与新街通过巷道联系，其街巷结构与其他古镇具有相似性。

2.2.3　典型样本调查分析

1. 凤凰古镇概况

柞水县位于秦岭南麓，地处陕西南部、商洛西部，是一个“九山半水半分田”的国家扶贫开发重点县。柞水县历史上是西安通往安康的交通要道，为京都长安的重要门户、连通秦楚的天然枢纽，素有“秦楚咽喉”“终南首邑”之称[81]。柞水历史悠久，远在商代初期，先辈就在“郊野之富、号称近蜀”的终南山下从事农业。资源丰富，拥有丰富的矿产资源、自然及人文景观，以及丰裕的中药材，素有“天然药库”之美誉。

凤凰古镇位于柞水县东南部、社川河中游，地处皂河、水滴沟河、社川河交汇处，全镇地形两山夹一川，森林覆盖率达87%。2011年行政区划面积163km^2，人口密度为110.09人/km^2，耕地面积15400亩，下辖12个行政村，43个村民小组，4927户，17401人。

凤凰古镇历史悠久，该镇有一条 760 多米长的古建筑街，以明清徽派风格为主，保存完好。2002 年 12 月，凤凰古镇被列入省级第四批“古建筑群民居”文物保护单位。2010 年，被国家住房和城乡建设部和国家文物局授予“中国历史文化名镇”的称号。

2. 凤凰古镇历史沿革

在清嘉庆之前，因位于社川河、皂河、水滴沟河交汇处，凤凰古镇名为三叉河口。清嘉庆年间因其西南有凤凰山更名为凤凰嘴。

唐武德七年（624 年）朝廷颁布均田制度，至唐武德八年年底（625 年），来三叉河口定居的湖南和湖北人已有 53 户。因这里气候温和，土地肥沃，至武德九年（626 年），居住户数已经增至 121 户。唐万岁通天元年（696 年），由于金钱河水运通杏坪，秦岭内的土产、山货、药材通过金钱河到三叉河口集散。明末李自成起义，经多次战乱房屋多被焚毁。清康熙十四年（1675 年），吴三桂叛乱率兵至三叉河口，街房被焚烧一空。乾隆六年（1741 年），在商州及所属地区召垦政策支持下，始有湖北移民于三叉河口定居。当时因凤凰嘴至西安骡马道的开辟，商贾往来，多于凤凰嘴云集，故定单日为集。

嘉庆十三年（1808 年），由于金钱河水路的疏通，汤峪谷城的骡马驿道被开辟，商业一时繁荣被称为“小上海”。到清末民初，凤凰古镇便商铺、钱庄集聚，逐渐成为秦岭以南连接长江和黄河水系的水运商贸重镇[47]。1857 年，凤凰古镇全景示意图如图 2-22 所示，在凤凰古街上背驮货物的骡马商队和肩挑货物的货郎，展现一派商业繁荣的景象，以及在老街外靠社川河的土地上耕种的农民，真实写照了当时凤凰镇的生产生活景象。

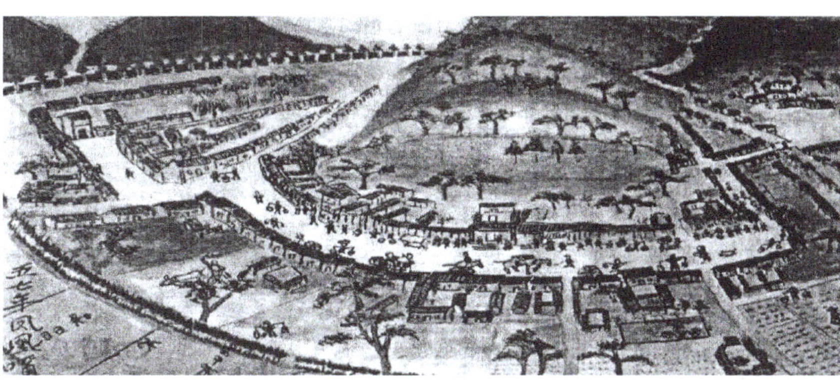

图 2-22　1857 年凤凰古镇全景示意图（来源：柞水网）

骡马巷位于古街的东头，被称为“马巷”。到民国二十二年（1933 年），当地多家兴办骡马店，每日多则近百匹骡马货运穿梭繁荣的社川河畔，构成了一道美丽的商运风景线[82]。当时的骡马线路，以西安市东火巷为起点，中间路经长安汤峪口、柞水丰北河、凤镇、老河口、湖北省上津镇、郧县郧西，直到谷城汉江岸。这条骡马古道南连汉江水运，北接陇海铁路，跨越秦岭屏障，东连通红岩寺、商州，西接镇安安康市。后随着公路通达，汉江水运枯竭，战乱频发，骡马店逐渐销声匿迹。

3. 镇区空间形态

凤凰古镇背靠大梁山，依社川河畔而建，与凤凰山隔河相对（图 2-23）。背靠大山益于抵御寒风，面水益于夏季凉风进入，由凤凰老街的位置可知，最初选址紧邻山脚，与社川河有一定的距离。随着经济发展，镇区空间逐渐以凤凰古街为核心向四周扩展。由于老街南侧离营盘山脚较近，所以空间扩张主要以向北和向东西扩张，向西跨越水滴沟，向北发展至社川河，南侧虽然空间有限，在低坡度的地方仍建有村宅。随着镇区的空间扩张，新建建筑高度逐渐增高。镇区空间现状以集中式组团发展为主。

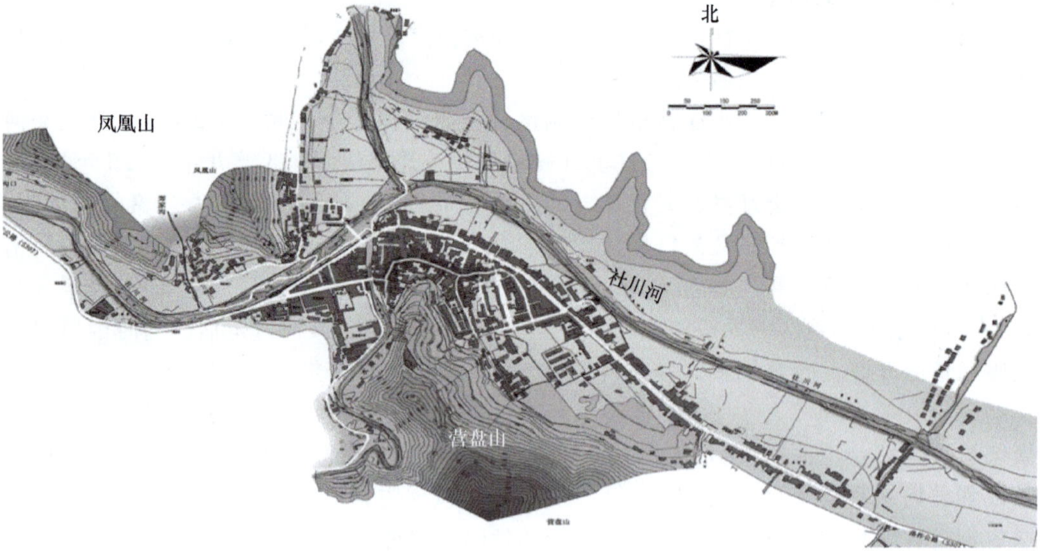

图 2-23　凤凰镇整体平面示意图（来源：陕西省柞水县凤凰镇文化旅游古镇建设规划）

4. 街巷空间特征

（1）街巷空间功能　凤凰镇古街的功能主要有通行、商贸交易及生活交往。通行功能主要是步行，古街内禁止机动车通行，所以古街可以给人们提供安全的步行空间环境。商贸交易功能是凤凰古街的主要功能，而且是从古到今一直持续的最主要功能。街道两侧店铺门面琳琅满目，主要以零售和餐饮为主，零售以地方山货、特产为主。沿街建筑基本是“前店后宅”的形式，沿街商铺用作餐饮，厢房、堂屋为后厨及居住空间。生活交往功能是凤凰古街的又一重要功能，由于古街两侧的大部分古建筑都有人居住，所以古街道空间成为街道两侧居民的主要户外活动空间，大家在屋檐下聊天、晒太阳，小孩在街道上玩耍。

凤凰镇新街主要指的是皂宽路（307 省道），其功能主要有通行和商贸交易。皂宽路的通行功能以机动车通行为主，包括过境的车辆和镇区内部的机动车辆，以及人行通行功能。由于皂宽路两侧建筑建有底商门面，所以皂宽路也具有商贸交易功能，而且在凤凰镇集市日，皂宽路路边还有一些摆地摊的临时交易，经常导致交通拥堵，过境大车会车困难（图 2-24）。

凤凰古镇巷道的功能主要是连通和通行功能，巷道是用来连接凤凰古街和皂宽路之间的通道，或是从街道通向私家宅院的通道，或是从街道通向后山和河边的通道。由于巷道宽窄不一，有些巷道可以通行电动车等小型非机动车，而古街上宽度不足 1m 的巷道只能供人通行，两个人可侧身通过。

（2）街巷尺度　凤凰古镇皂宽路机动车道宽度为 7m，双向两车道，道路总宽度为 10~15m，道路两侧建筑高度以 2~4 层为主，局部有 6、7 层的建筑，街道宽高比为 0.5~2.5。

图 2-24 皂宽路过境交通和集市

凤凰古镇古街全段的宽度宽窄不一，宽度从 2.8~5m 不等，街道两侧建筑高度以 1~2 层为主，两层居多，街道宽高比为 0.6~1.1。凤凰古镇古街的巷道宽度以 1m 左右为主。

（3）街巷空间节点 凤凰古镇古街整条街道在空间上不存在大的开敞空间，所以街巷空间节点并非是以街道空间的大小来确定的，而是以街巷空间的标志性建（构）筑物为主要对象。

1）入口节点。入口节点主要为了进入凤凰古镇东西两头的牌楼，以及水滴河上通往凤凰古街的水滴桥（图 2-25）而设置的。凤凰古镇东西两侧的仿古牌楼，是凤凰古镇的标志性构筑物。牌楼均三门拱立，牌楼上绘龙飞凤舞图，游客经常在牌楼前拍照留念。水滴桥是东侧凤凰古街的起点，在桥上正中间树立着凤凰古镇被列为国家级历史文化名镇的标志性石碑。过了桥是凤凰古街的西侧入口，所以水滴桥起到了空间界定和给人心理暗示的作用，界定了古街的起点，提示游客过了桥就能进入充满历史气息的古街道。

图 2-25 古街东侧入口牌楼及西侧入口水滴桥

2）特色建（构）筑物。凤凰古镇古街的另外一类空间节点便是特色建（构）筑物。凤凰古街上现存一百多座清代古建筑，特色显著的古建筑及院落，构成了凤凰古镇古街道的空间节点，主要有高房子、茹聚兴药铺、康家大院、孟家大院、古钱庄、铁匠铺等。其中，高房子因宅基地高，建筑物也比周边建筑高，成为视觉焦点，是古街道上一个重要节点。其余特色建筑则以其重要的人文、历史价值及独特的江汉古民居特色而成为古街道靓丽的风景。

这些工艺精美的江汉天井式院落古民居的代表性院落格局为三进两天井和二进单天井。三进院落的前堂、中堂、后堂由前至后逐步升高，蕴含“步步高升”之意。三座正堂与四排厢房构成前后两个“四水归堂”的天井院，蕴含着凝聚团结、和睦、和谐之意。天井底面由高而低，地下建设排水沟，通到街道的地下排水管，有利于排水，使院内保持干爽通畅；房基一律用石条砌成，所有墙壁均用青砖垒砌。高房子在正屋墙体上方嵌入莲花形的铁抓钉，地基与墙体极其坚固。

房子用木柱支撑，木柱都用土漆、铁粉、桐油合剂油漆染成，具有很强的防虫、防腐功能。柱子下的石刻柱础有梅、兰、松、竹、菊、牡丹、荷花、猴、蝙蝠等图案，既具有良好的寓意，又非常美观。

各房屋山墙建有高出房面的防火墙，又称为马头墙，以防邻房失火蔓延，既起到安全防范的功能，又具有环保特色。屋脊以瓦片垒砌莲花、铜钱或山形造型，寓意清廉正直、富有和高升。凤凰古镇古建筑细部装饰技术精湛、寓意丰富（图 2-26）。

图 2-26　凤凰古镇马头墙及屋脊装饰

5. 街巷界面特征

（1）建筑位置　指沿街道两侧布局的建筑相对位置关系。凤凰镇古街呈弯曲的 S 形，多数相邻建筑前后错落或成一定夹角的位置关系，增加了街道立面的垂直线条和拐角空间，提升了街道立面的丰富度和趣味性，也决定了街道顶界面的空间变化（图 2-27）。皂宽路两侧的建筑位置关系，延续了古街的建筑布置关系，相邻建筑呈前后错落或成一定的夹角，但是在古街南侧的东西向仿古新街建筑都是平直建设的。

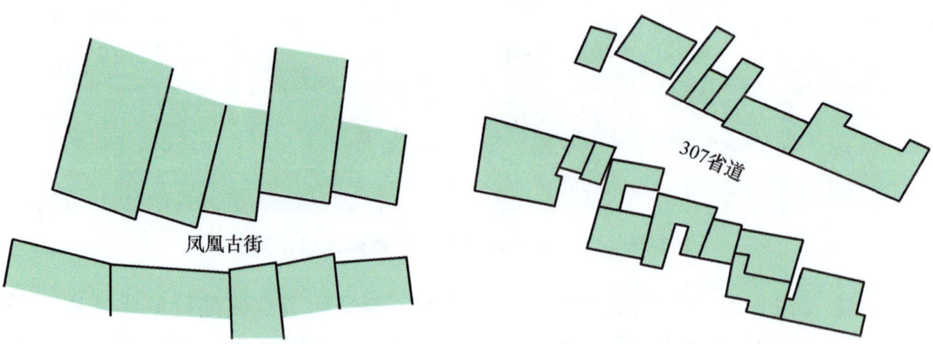

a) 古街局部段建筑位置示意图　　b) 307省道局部段建筑位置示意图

图 2-27　街道建筑位置示意图

（2）建筑高度　凤凰镇古街两侧的建筑高度为 1～2 层，其中两层建筑居多，不同建筑高度就会有不同高度的屋檐，即使是同样层数的建筑，由于地形高低的变化，屋檐高度也有微小差异，从而形成层次丰富的街道立面（图 2-28 和图 2-29）。在古街东头新建建筑高度较高，为 3~4 层。新街皂宽路两侧建筑高度为 2~6 层，在建筑一层和屋顶加有坡屋檐，建筑高度及檐口的高度差距与古街相比变化幅度增大。古街东侧仿古新街两侧建筑高度为 4 层，一层和顶层加檐口，由于建筑高度一致，所以檐口高度基本一致。

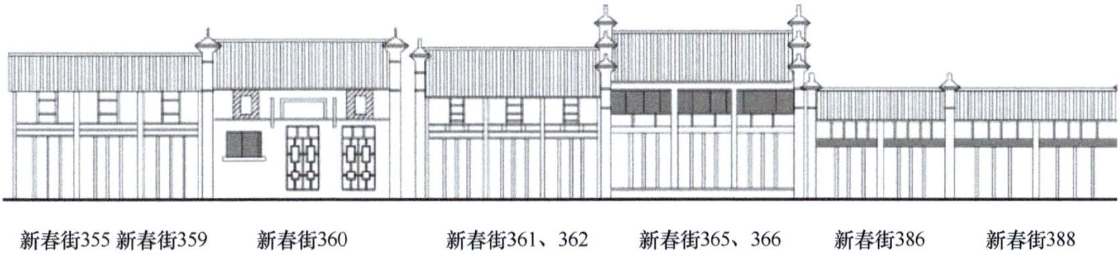

图 2-28　凤凰古镇沿街选段立面示意图（一）（来源：凤凰古镇街巷及民居空间形态特征研究）

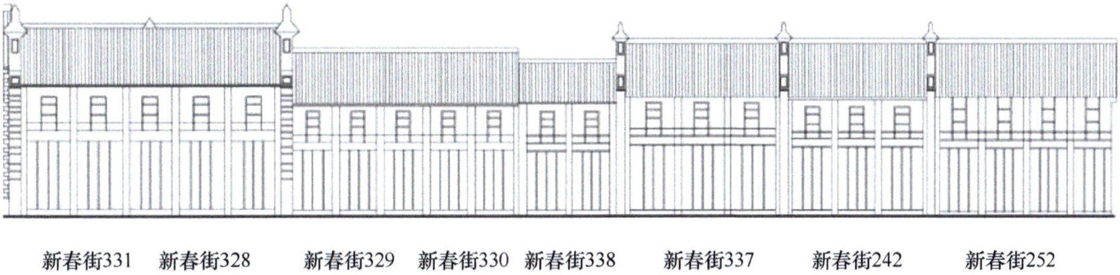

图 2-29　凤凰古镇沿街选段立面示意图（二）（来源：凤凰古镇街巷及民居空间形态特征研究）

（3）建筑门窗　凤凰古镇古街两侧的建筑为木构门窗，多数门是黑色的活动木板门，可灵活拆卸，清晨拆开对外营业，夜晚关闭。沿街窗户一般在二层，多为带雕花的木窗棂，富贵人家窗户上经常有象征吉祥福寿的雕花字样，窗户颜色多为黑色或深红色。古街东头的新建建筑的门窗风格与老街差别较大。皂宽路及凤凰古街南侧仿古新街的建筑门窗，采用现代材料，为仿古风格的玻璃及塑钢门窗，门窗颜色采用深木色及赭石色（图 2-30）。

a) 老街门窗　　b) 新建门窗

图 2-30　凤凰古镇建筑门窗

（4）建筑屋顶、马头墙　凤凰镇古街两侧古建筑沿街全为双坡屋顶，屋顶挑檐约 1m。一般在屋脊正中会有用瓦片垒砌的莲花或葫芦造型，屋脊两侧微微起翘，屋顶铺设小青瓦。凤凰镇古街的风火墙样式几乎全是朝笏式马头墙，风火墙以一阶式居多。在古街东头有几户人家风火墙为土坯墙身，是上覆盖小青瓦的五阶式风火墙，被称为“五岳朝天”（图 2-31）。

在新建街道两侧建筑也建有纯装饰作用的风火墙，在伸出界面的风火墙两侧及正面绘有装饰性图案，屋顶风火墙比例尺度失调，突兀地立在屋顶两侧，显得极其别扭（图 2-32）。

图 2-31　古街马头墙

图 2-32　皂宽路马头墙

（5）建筑色彩　凤凰古街两侧的古建筑屋顶都为青灰色，门窗柱子为黑色或深褐色，墙体为青砖砌筑的青灰色，或是土坯墙外粉刷的白灰墙面。新街两侧建筑屋檐为青灰色，建筑门窗以深褐色为主，有部分为深红色，柱子为深棕木色，建筑墙面以白色墙面居多，部分墙面为青灰色。巷道两侧建筑多以原始的土坯的土黄色、粉刷的白色或水泥抹面的青灰色为主。

（6）街道空间形态及铺装　凤凰古街底界面的空间形态完全是由街道两侧的建筑围合起来的，由于 S 形曲折蜿蜒的街道走向，沿街相邻建筑的相对位置变化，形成了凤凰古街宽窄不一的街巷空间底界面。相邻两侧建筑或成一定夹角，或是前后错落，或是呈直线并排，从而形成了多样的底界面侧边界。皂宽路机动车道宽度基本一致，由于道路沿社川河弯曲延伸，所以沿街建筑相互之间也有前后错落关系，故导致人行道的宽窄变化不一。而古街东侧的仿古新街两侧建筑整齐呈一字排列，所以整条街道平直。

底界面的铺地形式：凤凰镇古街街道铺地主要以青石板为主，巷道铺地有青石板、石片、水泥铺地，或为素泥土没有任何铺设。而新建街道的机动车道为柏油路面，人行道为方形地砖或水泥铺地。

6. 文化资源

（1）物质文化资源　凤凰镇老街充满江南风韵，高低错落、曲曲折折，全长约 760m，呈“S”形东西走向，沿着老街两侧分布着大量明清民居建筑。在结合相关研究的基础上，下面将凤凰古镇的物质文化遗产分为自然景观类、遗址遗迹类及民居古建类三大类。

1）自然景观类。凤凰古镇的自然景观资源主要包括社川河、凤凰山、营盘山及泉水井等。由于凤凰镇身处秦岭深山，多山环绕，所以秀丽的山体风光成为最主要的景观资源之一，加之凤凰镇从唐代至清代最初的选址、形成、发展与周边山体的关系非常密切，凤凰山与营盘山成为凤凰镇优美的自然景观背景，也是可俯瞰整个凤凰古镇风貌的良好据点。据传当年李自成在此扎寨屯兵三年多，营盘山便由此而得名。

社川河在凤凰古镇历史商业繁荣发展上起到了举足轻重的作用，正是因为有了社川河，才有了“水旱码头”、繁荣鼎盛的“小上海”和现在历史文化资源丰富的特色凤凰古镇。

泉水井古为凤凰嘴八景之一“泉映眉”，位于镇区的东南，有两个泉眼，四季泉水水温都保持在 3℃左右。有学者推算该泉建于北宋元丰二年（1079 年），是历经千年的泉水井，随着水位的降低，泉水井已经濒临干涸，也失去了往日的热闹景象。

2）遗址遗迹类。凤凰镇的遗址遗迹类物质文化遗产主要是子房寨革命遗址、二郎庙遗址、石步岭闯王遗址。其中，二郎庙遗址位于凤凰镇老街东段道路南侧，是与凤凰镇老街联系最紧密的一个遗址。

二郎庙是凤凰镇老街中唯一建自明代的文物建筑，二郎庙始建于明天启年间，至明崇祯三年（1631 年）才建设完工。二郎庙用地约 2.5 亩，庙产描述为“一柏担八间”，即二郎庙拥有庙店八间，院内有柏树一棵。整体布局东侧是神像大殿，西侧是香客住房，南侧是灶房。据说院中原有一口大铁钟上面题写着“大明律书”几个字，以及一座化钱炉和焚香炉。据悉，明末李自成驻扎在此地，前来二郎庙敬香朝拜，此后百姓便风潮云涌，香火不断。民国后期，二郎庙曾被国民党镇公所占用并遭到破坏。1954 年二郎庙作为储存粮食的库房，划拨给粮管所。后历经多次转让，二郎庙破坏严重，庙房坍塌，壁画残破，唯有斑驳的壁面、遗留的柱础诉说着历史（图 2-33）。

a) 斑驳的壁面彩绘　　b) 遗留的柱础　　c) 损坏严重的建筑

图 2-33　二郎庙现状图

3）民居古建类。现存的凤凰镇古街历史建筑兴建于清代道光初年，在这条老街上遗留了大量具有重要人文、历史价值的古建筑 140 多座，凤凰镇古街主要历史建筑分布示意图如图 2-34 所示。

① 高房子。高房子是一座砖木结构的清代徽派古建筑，位于凤凰镇古街“三岔街口”处，因宅基地高，建筑物也高，以位居凤凰镇古街西头第一高而得名。

高房子院落原是“三开三进”院，院空间呈“王”字形，围合形成三个天井，为四排座“四合院”，宅院为“上宅下店”的两层楼阁式建筑。在高处俯瞰围墙状如“皇冠”，与

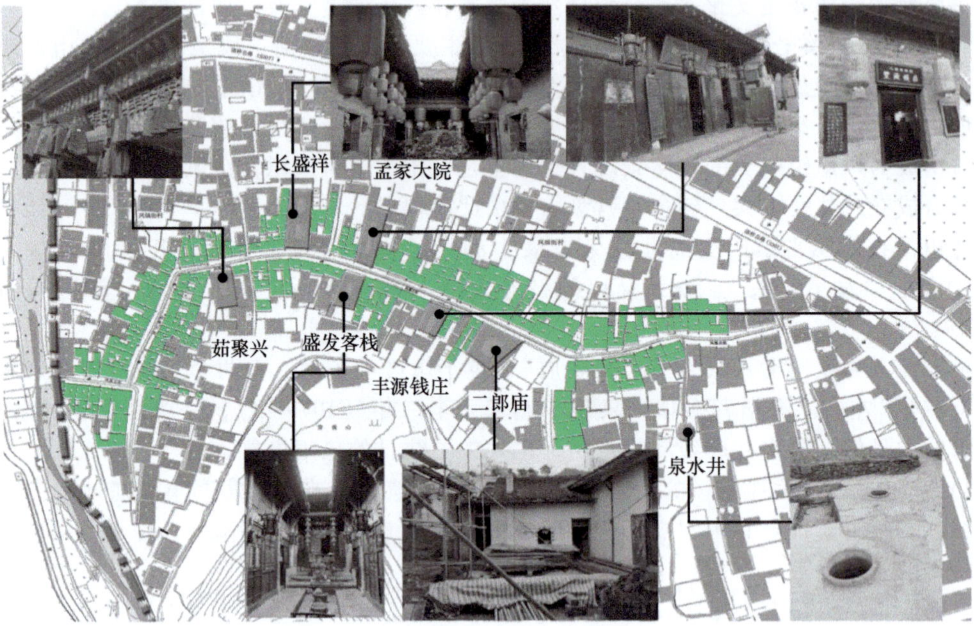

图 2-34　凤凰镇古街主要历史建筑分布示意图

左邻右舍高耸独立，房屋为小青瓦覆盖的两坡式。

由于高房子历经清末、民初的战乱破坏，在新中国成立后也几易其主，四合院及后院已全部被烧毁，现仅存门面房。但是高房子仍保留了原来建筑的一些风貌遗迹，如马头墙高位侧面铁制莲花和残缺平顶的墙垛。

② 茹聚兴药铺。茹聚兴药铺宅院始建于清乾隆五十五年（1790 年），穿斗式徽派砖木建筑结构。光绪二十七年（1897 年），山阳名医茹含苓先生收购创建了“茹聚兴”药铺。

茹聚兴药铺为前店后宅式的两进天井院落建筑（图 2-35）。沿街面阔三间的商业用房与院落的正房，均是铺设青瓦的两坡硬山顶，沿街屋顶两侧为凸出于屋顶的风火墙。天井两侧厢房均为铺设青瓦的单坡屋顶。茹聚兴药铺在 1956 年公私合营时，被作为凤凰镇卫生院。

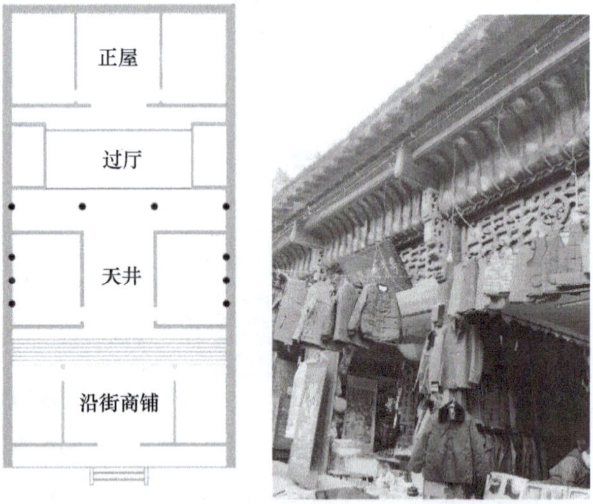

图 2-35　茹聚兴药铺平面示意图及沿街铺面照片

③ 康家大院。康家大院建于清乾隆二十八年（1763 年），建有大小房屋 54 间，四个天井院，现存的康家大院包括长盛祥和盛发客栈。长盛祥为双天井的两进院落，面阔三间，正房为双坡硬山顶，抬梁式屋架，厢房为单坡顶。现状院落保护较好，正房屋脊中央有莲花造型图案，柱子下为雕花柱础。现作为餐饮使用，为了拓展餐饮空间，在最北侧建筑的北墙上开门洞，通向后面新建的现代式下餐上住建筑，破坏了原建筑院落的空间形态（图 2-36）。

a) 平面示意图　b) 一进天井　c) 二进天井　d) 餐饮区　e) 后院新建餐饮

图 2-36　长盛祥平面示意图及现状

盛发客栈位于凤凰镇老街中段南侧，面阔三间，为两进两出的单天井院落，两层的阁楼建筑。沿街门面三开间，各开间尺度均为 3.3m，进深 4.2m。天井两侧各有三间单坡屋顶的厢房，均为面宽 3m，进深 3.3m。靠近南侧门面房的两侧厢房与店面打通。北侧正房均为开间 3.3m，进深 5.4m。中间房间可通往后院（图 2-37）。现为一姓郭的人家居住，并作为餐馆使用。

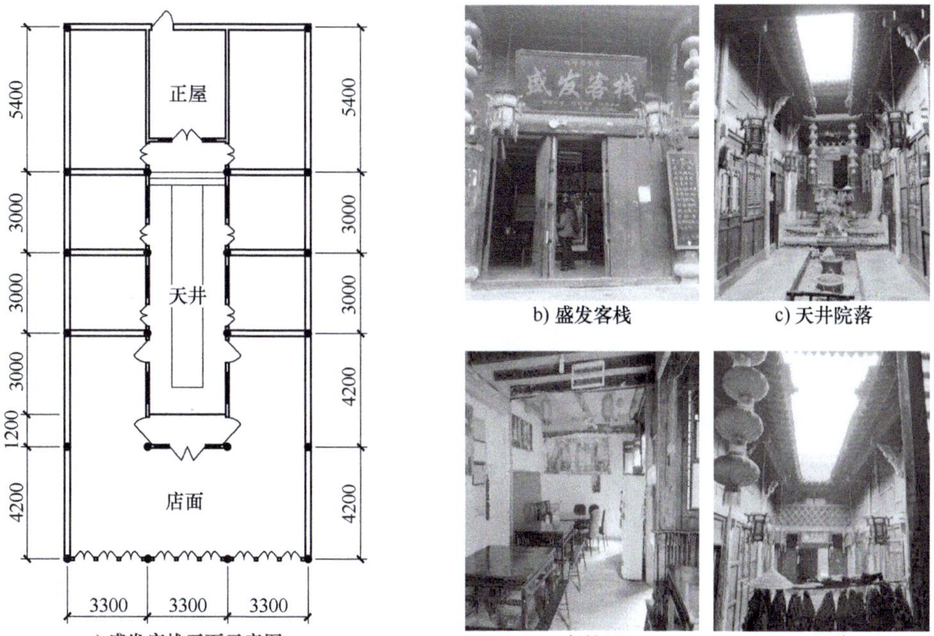

a) 盛发客栈平面示意图　b) 盛发客栈　c) 天井院落　d) 餐饮区　e) 天井

图 2-37　改造前盛发客栈平面示意图及现状

2017年盛发客栈还保留着单个天井院落的形式，可惜在2018年，客栈为了拓展餐饮空间，私自在天井中间加建楼梯，通向厢房两侧的二楼。封闭了天井，将二楼改造为茶牌室。并将建筑颜色由原来的黑色和深褐色改为黄木色，将二楼沿街窗户也进行了拆除替换，破坏了原来历史宅院建筑的空间格局及色彩（图2-38）。

图2-38　改造后的盛发客栈现状图

④ 孟家大院。孟家历史上是当地大家族之一，是自清朝至今170年左右的老字号，建于清道光三十年（1850年）间，孟家旗下经营的“长发祥”轧丝业务遍及关中及湖北。

孟家大院原为沿街面阔三间的双天井院落，每个开间约3.3m，沿街建筑、中间正房及前后两天井两侧厢房进深为6m，北侧正房进深为5.4m，与南侧厢房间有1.2m的走廊。正房为双坡硬山顶，厢房为单坡硬山顶，屋顶铺设小青瓦。由于历史久远，一进天井正房东侧房间坍塌，天井院落被破坏。为了增加沿街餐饮区的面积，主家将第一进天井用塑料薄膜封起来，室内与沿街商业打通，共同作为餐饮区使用（图2-39）。

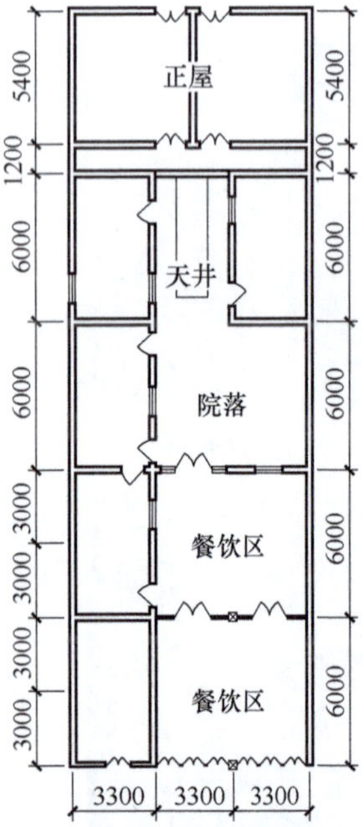

a) 孟家大院平面示意图

b) 孟家大院

c) 封天井做餐饮区

d) 后院天井

e) 院落

图2-39　孟家大院平面示意图

⑤ 丰源钱庄。丰源钱庄始建于清道光二十年（1840 年），为朝廷的货栈银库，现为民居，兼作为餐馆使用（图 2-40）。

a) 丰源钱庄平面示意图　b) 丰源钱庄　c) 餐饮区　d) 抱鼓石　e) 院落

图 2-40　丰源钱庄平面示意图

《古钱庄悠韵》中描述的古钱庄整体布局特色：“前堂后庭中天井，扶手吉庆格扇门；石墩立柱撑龙脊，菩提树下养佛心；挑檐马头拉工墙，下居上库聚粗银；砖石木构金包玉，尖嘴凤舞歌盛世。”

丰源钱庄宅基面积 500m^2，前堂坐南面北，进深 6.6m，面阔三开间，当心间较宽为 3.9m，次间较窄为 3.6m，采用抬梁式构架，为铺设小青瓦的两坡硬山屋顶。屋顶两边有高出屋顶的马头墙，两边风火墙墙前伸高凸。

天井院左右两侧是东西厢房，厢房面阔三开间，厢房的每个开间宽度相同，为 3.3m，进深为 3.5m，屋顶采用单坡硬山顶。位于天井最南端的为正房，正房室内地坪比厢房和前店高 0.45m。正房前台阶两侧保存有两个清代“抱石鼓”。

（2）非物质文化资源

1）戏曲。凤凰古镇的典型戏曲主要包括两种：一种为汉调二簧，另一种为柞水渔鼓。

① 汉调二簧。关于汉调二簧的起源，说法有两种：一种说法是源于湖北的黄冈、黄坡，而于汉江流域流传，故名汉调二簧；另一种说法是由于源于汉代而得名。民国初期，陈忠洪从山阳县到凤凰古镇演出汉调二簧并传艺，凤凰古镇的汉调二簧便保留至今[83]。

汉剧声腔分为二簧和西皮，位于秦岭深处的凤凰古镇，将汉剧与当地小调山歌融合后，形成了独具地方韵味的二簧腔，秦声中掺杂着鄂腔、豫韵和川味，独具一格。汉调二簧于2010年1月1日位列首批国家非物质文化遗产名录。

② 柞水渔鼓。渔鼓历史久远，源于唐代的《九真》《承天》等道士曲，被称为道情。渔鼓戏自古就有用渔鼓、简板演唱的记载。道情中“诗赞体”的一支流传至南方，特征表现以曲白相间的说唱为主，便是柞水渔鼓的前身[84]。渔鼓曲目内容分为三类：一为故事类，二为说教类，三为寓言笑话及赞颂小诗等[85]。

柞水古为“秦楚咽喉，终南首邑”“古之三叉，水旱码头，移民河南山西及湖广”，迁居柞水的诸省移民增多的同时也带来了渔鼓戏。柞水多数以迁居到此的湖广人为主，语言以南部方言为主，有“一里乡音九不同”的说法。柞水渔鼓曲调声腔主要来源于湖广汉江流域，加之从关中及山西、河南迁来的客籍，南北方言贯通交融，形成了独具特色的柞水方言，也形成了如今独具地方特色的柞水渔鼓声腔。柞水渔鼓与南方各类渔鼓的区别在于南北交融，蓄楚融秦，取南北之长，形成了独特的渔鼓内容及唱腔[68]。柞水渔鼓被列为省级非物质文化遗产。

2）手工艺。秦岭深山中的凤凰古镇，保留了自身独特的地方手工艺，形成了独特的文化特征，通过查阅典籍和实地调查，凤凰古镇现状最有特色的手工艺要数铸铁器、酿酒及丝织这三项。

① 铸铁器工艺。古镇张氏始祖为轩辕黄帝之孙名挥，清乾隆元年（1736年），通山县遭天旱，先祖秀元等四位老人，北上逃荒于镇安县东金井河磨沟定居，并创办了“张纪铁匠铺”，已历经四代人。

② 酿酒工艺。酒文化是凤凰古镇不可或缺的非物质文化之一，凤凰古街上随处可见卖酒的摊位及小酒坊。古镇历史上最有名的酒坊要数隆盛和烧酒坊，古称“卢氏酒坊”。

清代嘉庆举人卢学易创建了隆盛和烧酒坊，从嘉庆二十三年（1817年）到民国三十六年（1947年），经历了130年。凤凰古镇清香型白酒酿造历时较长，技艺独特，规模最大，清末民国时期有社川河闻名遐迩的酿酒老作坊。

③ 丝织工艺。众所周知，丝绸之路出自陕西，凤凰古镇便是丝绸的货源供应基地。唐代时，凤凰古镇及其周边地区的养蚕业繁荣，民众广泛从事养蚕、缫丝、织绸等丝织工艺，形成了较为完整的丝织产业链。随着时间的推移，凤凰古镇的丝织工艺不断发展壮大，成为当时陕西省内重要的丝绸生产中心。清代，凤凰古镇及其周边地区的丝绸产量和质量居于陕西乃至西北地区的领先地位，彩绸、彩缎等优质丝织品不仅满足了省内需求，还远销外地，进一步巩固了其作为丝织工艺重镇的地位。

3）民俗节庆。

① 传统节庆。柞水凤凰古镇，保留着中国传统的民间风俗，有诗为证：《凤凰吟》一书在乡节的描述中提到：“元宵舞龙灯，狮子滚绣球，竹马旱船放社火，花月正春风；二月二

龙抬头，赶庙会唱大戏祈丰年，拜天地敬神灵懿善行，天人感应醉恒春；三月三踏青日，上坟祭祖正清明……七月半祭祖先，烧纸为钱扬州赶会作盘缠，八月中秋月儿圆，家家吃月饼，户户正团圆……九月重阳登高处，莫叹双鬓染秋霜……腊月初八煮香粥，五谷杂粮合胃口……”可见，凤凰古镇从年头至年尾，每个阶段都有不同的特色节庆，而其中最具地方特色的节庆当属凤凰古镇的元宵灯会了。

凤镇古镇的灯会内容丰富，有舞狮子、龙灯、划旱船，以及晚间灯会等。灯会时间是正月十三日晚上点灯至十六日晚上收灯，为祈求神灵护佑一年的五谷丰登、风调雨顺，出灯前必须到当地神庙前点灯，收灯则要到神庙敬拜[50]。

② 美食特产。凤凰古镇由于位于秦岭山内，周边山林密布，所以盛产山珍。《凤凰吟》中有诗词为证：山药、百合、五味子，保君安康。板栗、何首乌、木耳和核桃等各种山珍野果，也是琳琅满目。

凤凰古镇除了秦岭地理位置优势、盛产山珍特产外，经历千年历史的古镇也形成了自身独特的饮食文化。例如酒席类，讲究“三点水、四六盘、五荤四素、八大件、十三花、大三台”，还有其他饮食特产，如芋头粉饼、豆腐、豆干、包谷酒和麻花等。

4）传说。凤凰古镇镇名由来：一是因为地形，在营盘山上看凤凰古镇，空间形态像一只凤凰。

营盘山的传说：相传李自成起义军潼关南垣的一仗兵败汉中，于 1639 年率兵进入商洛山中，其中有一支小队伍就驻扎在凤凰镇社川河一带。李自成命令部队驻扎在镇后面的高地上，一来不加重老百姓的负担，二来可以居高临下观察敌情，当年驻扎在镇后面的那块高地，被后人称为“营盘”。

凤凰古镇除了以上两个传说外，还有子房沟、飞星沟和龙颈子等的故事传说，几乎每个地方都有一个内容丰富的神话传说，这里就不再一一叙述了。

2.2.4　镇区空间分布特征

1. 多分布在东西走向山间盆地，空间走向以东西向为主

由于秦岭山地南坡地势较北坡舒缓，所以秦岭山地古镇多数分布在秦岭南坡，只有玉山镇、葛牌镇位于秦岭北坡。由于秦岭南坡沟长水远，山岭多为东西向，所以形成多个东西向山间盆地，故而秦岭山地古镇散布在这些盆地中，镇区的整体空间发展也是东西走向居多。

2. 河流贯穿，用地受限

秦岭山地古镇多位于山间谷地，大多都有河流水体贯穿，所以在山河的影响下，镇区发展经常受限。多数秦岭山地古镇山河间用地宽度在 100m 左右，如凤凰古镇、青木川镇、熨斗镇和漫川关镇等，空间稍微宽裕的荆紫关镇山河间用地宽度也仅为 300 多米，与平原镇相比，镇区建设用地极为有限。而蜀河镇老街所在片区基本全位于山体之上，依山而建，民居院落随着地势的抬高而逐渐升高，一般从院落进正屋都需要上十几级台阶，正屋比两侧厢房要高出许多。

3. 镇区空间扩展跨河、上山

经调查发现，秦岭山地古镇老街一般都位于河流的一侧，随着镇区空间的扩张，镇区空间在沿山间谷地轴向发展的同时，逐渐向河对岸或山体更高的方向扩展。镇区在二维平面扩展的同时，在立体三维空间上也逐渐升高，如历史街道两侧建筑高度以1~2层为主，而在新建区域，建筑高度逐渐增加，出现六七层甚至高层建筑（图2-41和图2-42）。

图2-41　蜀河镇建设现状图

图2-42　凤凰古镇建设现状图

2.2.5　街巷特点

秦岭山地古镇街道可分为历史街道和新建街道两种类型。新建街道又分为两种情况：一种为在历史街道两端延伸出来的新街，另外一种为与历史街道平行发展的新街，街道间通过巷道连接（图2-43）。而老街是秦岭山地古镇历史文化遗产集中最具特色的地方之一。巷道一般垂直于街道或顺应地形与街道呈一定夹角，是连接两街道之间的通道，或是由街道连接生活空间的通道，一般宽度较窄。

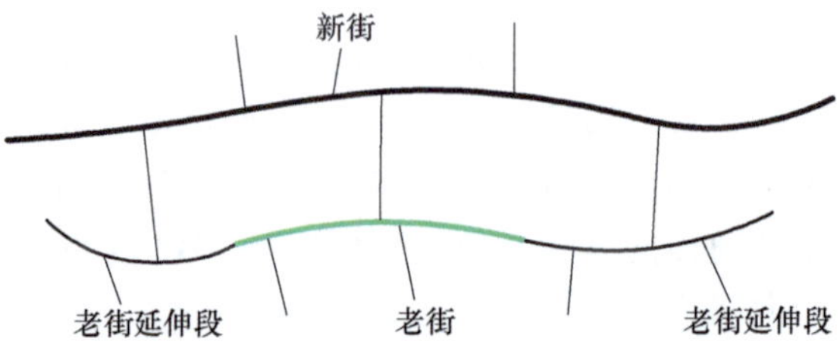

图2-43　秦岭山地古镇新老街巷结构示意图

历史街巷走向顺应地形地貌，沿着山河蜿蜒伸展，因地制宜，历史街道两侧建筑高度以1~2层为主，街道多以青石板或鹅卵石、当地石材铺设。

秦岭山地古镇历史街巷因不同地理条件限制，各街巷尺度不同，同一条街的街巷宽高比*D/H*也有较大差异，见表2-2。柞水凤凰古镇的历史街道，全段历史街道宽度不一，较宽处街道宽5m左右，街道窄处约3m，*D/H*为0.6~1.0，整个历史街道*D/H*在1左右居多。荆紫关镇的历史街道宽度在5~8m，街道两侧建筑以两层为主，历史街道两侧建筑檐口高度4.5~6.0m，街道宽高比在1.0~1.5。青木川镇街道宽3.3~6m，街道两侧建筑檐口高度4.3~6.4m，街道宽高比在0.6~1.4。漫川关镇和熨斗镇的历史街道相对比较窄，街道宽高比在0.4~1.0。

表 2-2　秦岭山地古镇街巷尺度宽高比示意

历史文化名镇	街道高宽比示意图
凤凰古镇	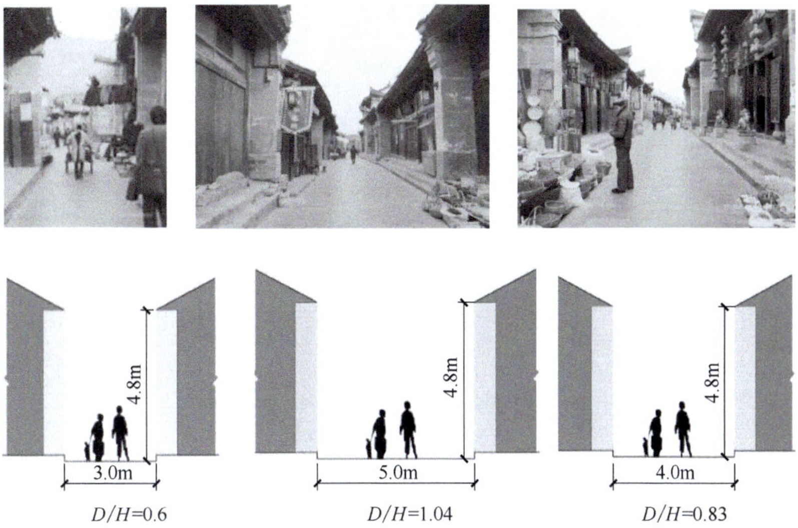
荆紫关镇	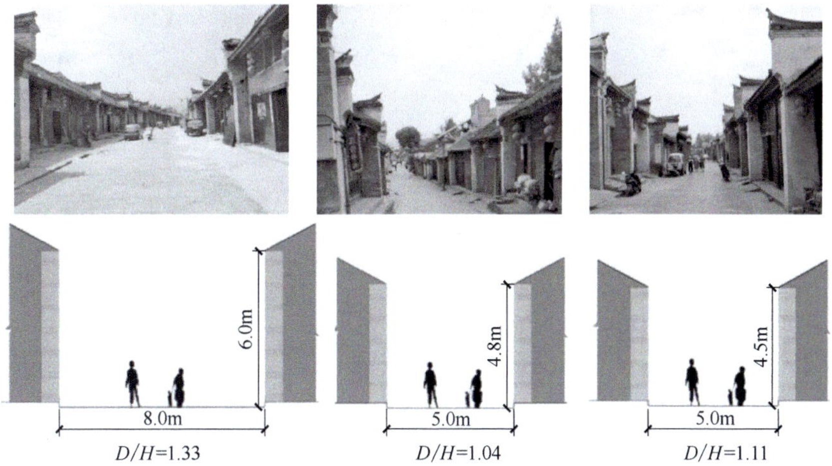
漫川关镇	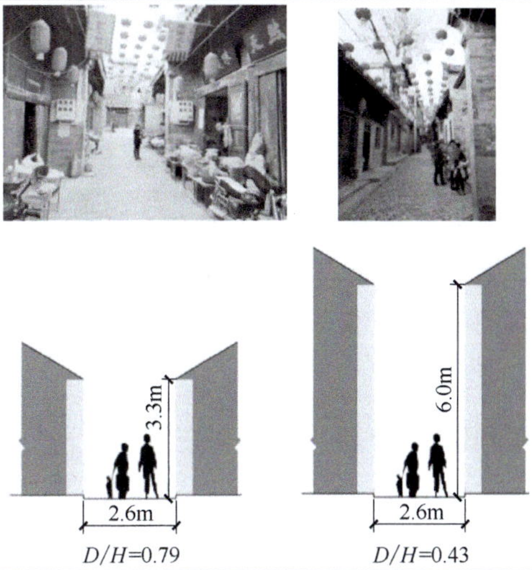

（续）

历史文化名镇	街道高宽比示意图
青木川镇	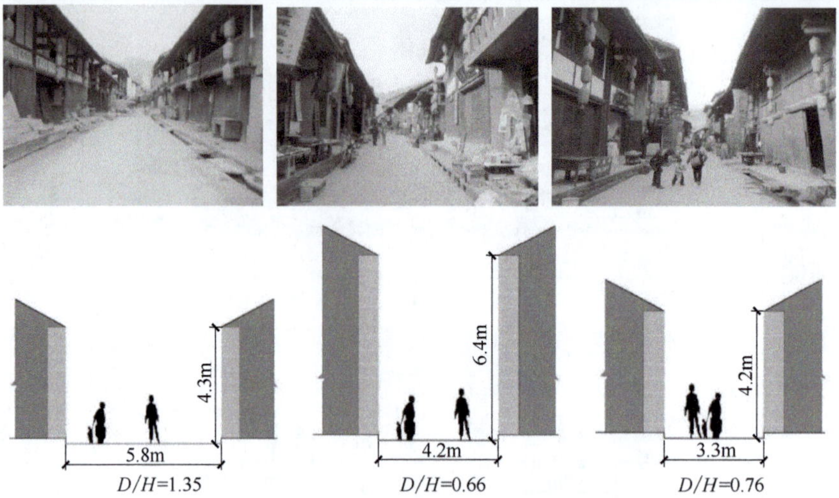
熨斗镇	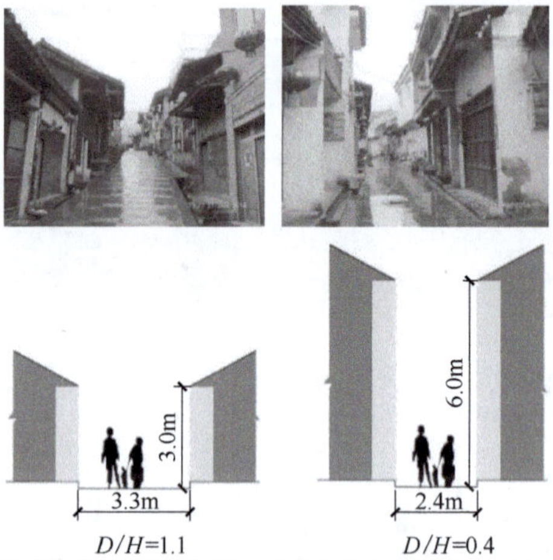

总体来看，整个秦岭山地古镇的历史街道宽高比在0.4~1.5。而巷道的尺度整体比较狭窄，巷道宽度在1m左右。

2.3 物理环境测试

秦岭作为暖温带与亚热带的分界线，其气候条件对居住舒适度有极大影响，不同的街巷格局及街巷空间尺度，直接影响人居物理环境的舒适度。通过对街道及室内外物理环境的测试，掌握在极端气候条件下（最冷月）街道空间的物理环境现状，从而为街巷空间延展过程中提供舒适的人居环境做准备。

2.3.1 街道风环境测试与分析

经过2015年及2016年冬季对凤凰镇古街道及院落天井的温湿度及风速测试发现，街道风环境较差，风速低，而低风速又难以加快湿气扩散。为了更系统地了解凤凰镇古街道风环境，2017 年冬季对整个古街进行定点风速测试。测试仪器为 TES1341，测试时间为 2017 年 1 月 18 日，分别在上午 9 点和下午 3 点，在风凰古街全段上取 9 个点进行测试（图 2-44）。考虑到风速的多变性，每次测试记录多个瞬时风速数据（5 个），测试数据见表 2-3。

图 2-44　测试点位置示意图

表 2-3　测试点风速统计表　（单位：m/s）

测试点	上午 9 点	下午 3 点
1	0.2,0.82,0.93,1.28,1.9	0.46,2.35,1.24,0.98,0.33
2	0.21,0.14,0.1,0.13,0.24	0.26,0.64,0.42,0.06,1.02
3	1.21,1.59,0.32,0.45,0.12	0.98,1.34,0.22,0.06,2.45
4	0.81,0.5,0.26,0.23,0.55	0.38,0.45,0.36,1.41,0.09
5	1.23,0.08,0.45,0.43,0.06	0.32,0.17,0.29,0.11,1.51
6	0.47,1.41,0.35,0.11,0.07	0.04,0.24,1.02,0.17,0.84
7	0.38,0.09,1.73,2.21,0.45	0.48,1.25,0.33,0.21,1.45
8	0.35,0.23,0.84,0.06,1.84	0.05,0.29,0.38,1.56,0.44
9	1.32,0.98,2.1,0.39,0.65	0.87,1.24,2.47,0.46,0.87

由表 2-3 可知，上午 9 点测试的共 45 个风速数据，其中 0.5m/s 以下的风速数据 27 个，占总数比例的 60%。下午 3 点测试的共 45 个风速数据，其中 0.5m/s 以下的风速数据 26 个，占总数比例的 57.8%。即 0.5m/s 以下的静风风速频率占到一半以上。过高的静风频率不利于冬季湿气扩散，影响了冬季街道的舒适度。

通过分析两个时间段各个测试点的平均风速图可知（图 2-45），在凤凰镇古街道两端的风速较高，而街道中间部位的风速相对较低，在古街道上有巷道的位置，风速稍高，如 3 点和 7 点，而街道中间位置则风速较低，如 2 点、4 点、5 点和 6 点。

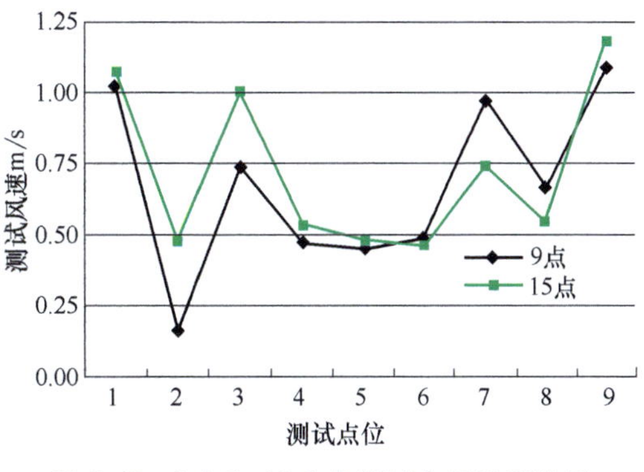

图 2-45　9 点和 15 点各测试点平均风速图

2.3.2　室内外热环境测试与分析

秦岭南北温湿度差距较大，多数古镇分布在秦岭南坡，平均年降水量 800～900mm，远高于其他地区。同时秦岭内城镇的相对湿度高，根据《中国建筑热环境分析专用气象数据集》，陕西安康、汉中地区以及湖北郧西地区典型气象年相对湿度如图 2-46～图 2-48 所示，相对湿度较高，安康汉中地区月平均相对湿度在 70%～86%，郧西月平均相对湿度在 65%～82%。而秦岭山地古镇的历史建筑多数是以木材、土坯和石材为主，建筑支撑结构多为木柱，墙体填充多为土坯，随着时间的增加，在湿度高、降雨量大的气候环境下，加速了木材的腐烂、土墙裂口倾斜和石材风化等。

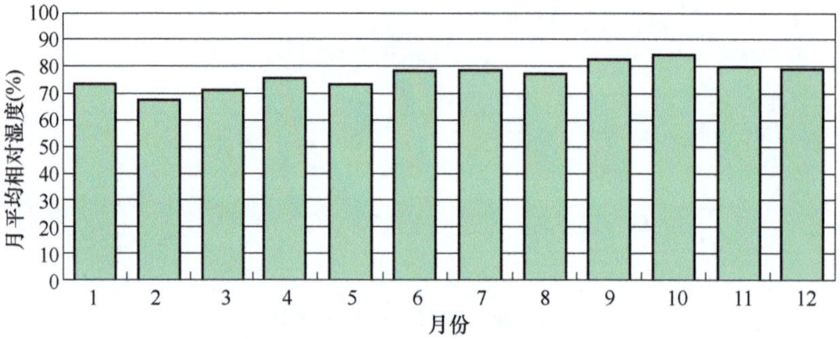

图 2-46　安康月平均湿度

（来源：依据《中国建筑热环境分析专用气象数据集》典型气象年数据绘制）

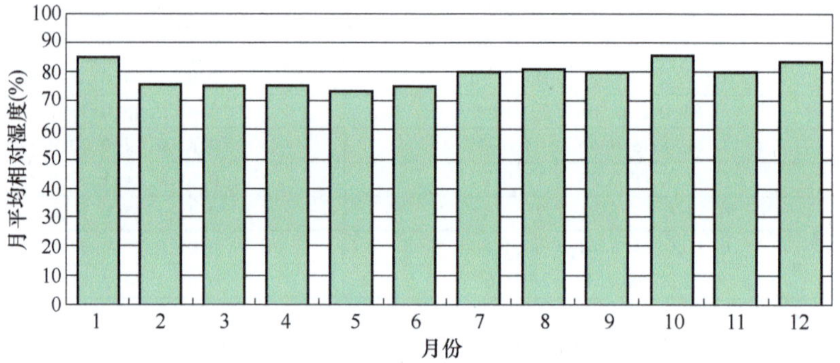

图 2-47　汉中月平均湿度

（来源：依据《中国建筑热环境分析专用气象数据集》典型气象年数据绘制）

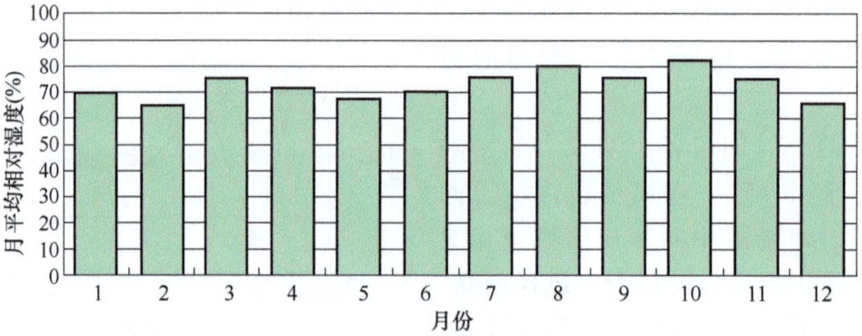

图 2-48　湖北郧西月平均湿度

（来源：依据《中国建筑热环境分析专用气象数据集》典型气象年数据绘制）

为了对秦岭山地古镇传统建筑居住舒适度有比较客观的了解，选取凤凰古镇历史街道的两座传统院落——孟家大院和盛发客栈进行测试，以具体了解秦岭山地传统院落物理环境舒适度。测试地点为孟家大院、盛发客栈。测试时间：孟家大院 2017 年 1 月 17 日～2017 年 1

月 18 日，盛发客栈 2017 年 1 月 18 日~2017 年 1 月 19 日。测试内容：室内外温度、湿度。

温湿度测试结果如图 2-49~图 2-52 所示，测试的室内区域均没有采暖措施，由图可知孟家大院室内温度为 2.8~5℃，盛发客栈为 2.6~5.5℃，室内湿度为 50%~63%，室外湿度比室内还要高，如盛发客栈天井在晚上 6 点以后湿度都在 60%~70%。根据《民用建筑热工设计规范》（GB 50176—2016），冬季室内热工计算参数采暖房间取 18℃，非采暖房间取 12℃，相对湿度一般房间取 30%~60%，可见被测试房间温度较低，而湿度相对较高。

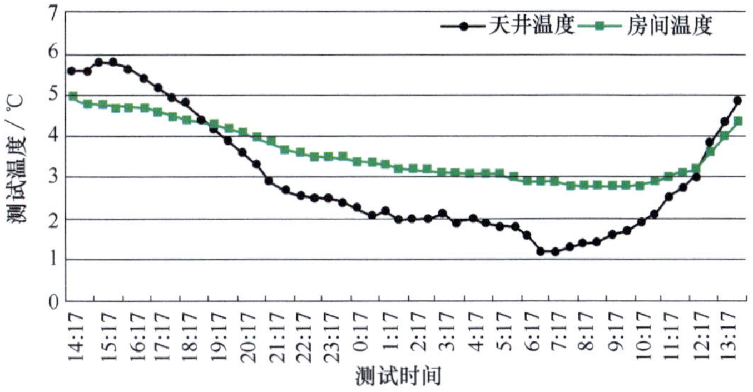

图 2-49　孟家大院温度测试

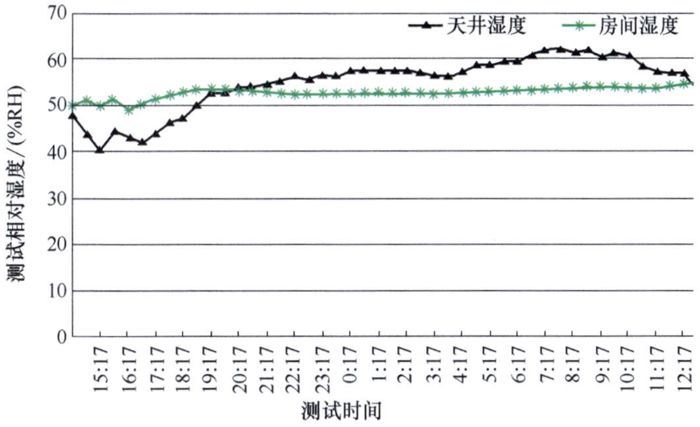

图 2-50　孟家大院湿度测试

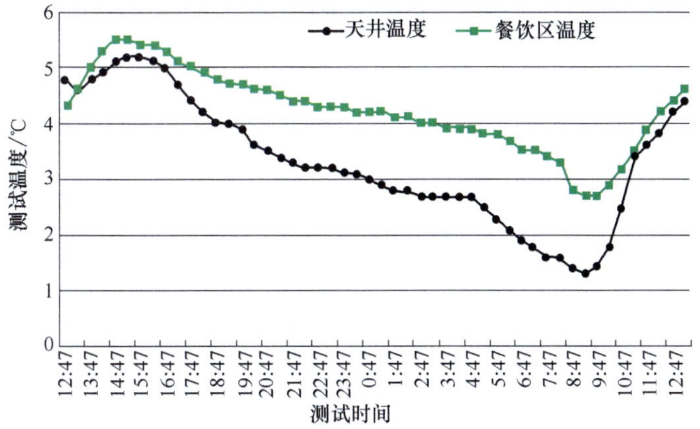

图 2-51　盛发客栈温度测试

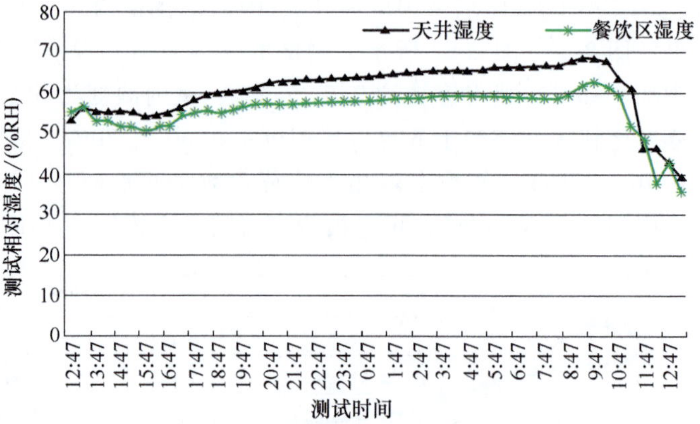

图 2-52　盛发客栈湿度测试

2.3.3　街巷现状日照环境分析

秦岭山地古镇均身处深山，被秦岭山体包围，虽然自然生态环境优良，但是山间湿度大，冬天湿冷，由于经济条件较差，多数镇冬季的主要取暖方式就是炭盆烤火和晒太阳。经过冬季观察调研发现，当地居民的活动主要集中在阳光充足的地方。

但是，由于秦岭山地的特殊地理情况导致建设用地紧缺，加上土地价值的上升，新建建筑越来越高，相对街道越来越窄，一些新建街道已经难以满足日照要求（图 2-53）。

图 2-53　熨斗镇街道

2.4　现状问题

要使秦岭山地古镇空间有序发展，延续其特色风貌，了解秦岭山地古镇空间发展、街巷空间及文化遗产现状所面临的问题是前提，这样才能有的放矢地提出解决对策。

经现状调查、走访及测试发现，秦岭山地古镇在历史长河的演进中，镇区规模逐渐扩大，但是自身独具的自然文化特色在渐渐流失，并在一定程度上对秦岭自然生态环境造成破坏。

2.4.1 普遍存在问题

1. 镇区空间无序扩张

镇区空间的无序扩张破坏了秦岭的自然生态环境：随着城镇化进程的加快，秦岭山地古镇空间存在快速、大规模扩张情况，以及对秦岭山体、河流进行大量的填挖现象（图 2-54 和图 2-55）。这种违背自然规律的过度开发建设，破坏了秦岭山体的原生绿化植被和河流，以及自然生态系统的自我修复功能，从而造成秦岭山地古镇自然生态环境的破坏。

图 2-54　后柳镇滨河大量建设

图 2-55　蜀河镇建在河道的高层建筑

镇区空间快速扩张打破了镇区原有的空间肌理，使古镇新扩张的空间结构与历史传统空间体系结构难以快速协调，从而导致了空间肌理上的断裂。另外，镇区空间快速扩张，增加了自然灾害的发生概率，尤其是滑坡、洪水等自然灾害。对山地地貌的随意改造和填挖，给滑坡灾害埋下了隐患，以及对地被植物的破坏，降低了植物对雨水的储蓄能力，降雨量大的季节很容易引起洪灾、滑坡和泥石流等自然灾害，给当地人民生活安全造成了潜在的威胁。

吴良镛先生曾说过，人类要发展，必然导致不少生态方面的变化，但阻止这种变化是不现实的，我们所需做的是如何引导这种变化。

2. 核心文化遗产退化

秦岭山地古镇历史街道中，许多风格特征明显的老建筑被现代化的盒子建筑所替代，这些建筑采用现代建筑材料和门窗以及光亮的瓷砖贴面，建筑层数也逐渐增高。由于人为肆意建设改造，破坏了历史街道的文化特色（图 2-56）。

a) 凤凰古镇　　b) 荆紫关镇

图 2-56　现代建筑对历史街道风貌的破坏

气候是造成历史街巷物质文化遗产退化的又一主要因素，秦岭山地降雨频繁，湿度较大，昼夜温差大，而古代建筑材料采用就地取材的方式，以木材、石材及土坯为主。木材随时间增加容易生虫、老化，建筑的承重结构能力减弱，如梁、枋、柱等构件在历经长时间的风吹日晒后，造成传统建筑结构上的破损，致使其中居民生活质量下降，危及居民生命安全。而石材则易被风化，地面石板塌陷、损坏。土坯墙体在潮气的影响下，也渐渐失去稳定性，墙体倾斜、开裂，墙面土坯剥落。加之维修费用匮乏，这些历史文化遗产随着时间的推移日趋老化（图 2-57）。

a) 荆紫关镇　　b) 凤凰古镇

图 2-57　老化的历史建筑

3. 街巷空间现状问题

通过现状调研及分析，秦岭山地古镇街巷空间面临的主要问题如下：

1）街巷通风、日照等物理环境较差。

2）新建街道空间尺度比例与历史街道相差较大，且街道空间没有延续历史街巷空间的功能层次感。

3）非物质文化空间载体缺乏，如供当地戏曲表演的舞台，或是节庆活动的场所空间。

4）历史街巷两侧历史建筑，均受到不同程度的损坏或被随意改建，外围新建建筑对历史街巷风貌的破坏，或对秦岭自然山体的遮挡，破坏了秦岭山地古镇的自然及文化氛围。

5）各镇新建仿古街道两侧建筑风貌雷同，缺乏特色。虽然随着国家对古镇名村的重视，各镇也采取了不少保护措施，在新建街道风格方面采取了一定的手段，但新建仿古建筑普遍采用白墙、灰瓦、坡屋顶，而非各古镇自身的独特风貌元素，从而导致“千镇一面”，使各镇的风貌特色逐渐趋同。

2.4.2　重点研究问题

针对现状调研和测试发现秦岭山地古镇存在的现状问题，确定本次重点研究内容如下：

1. 镇区空间扩张机制

通过时间轴线和空间轴线来研究秦岭山地古镇从古至今的发展历程，采用决策树元胞自动机（DT-CA）方法，选取典型案例进行快速城镇化阶段空间演变规则的提取，通过决策树分析，探索各物质实体要素对秦岭山地古镇空间扩展的影响机制，掌握秦岭山地古镇空间演变规律。

2. 镇区空间发展预测

在掌握镇区空间演变机理的基础上，针对现状镇区空间发展与秦岭自然环境矛盾的现象，采用科学量化的研究方法，对镇区未来空间扩展进行控制和预测研究，给镇区空间良性发展提供思路。

3. 街巷物理环境提升

主要针对秦岭山地古镇街巷通风、日照环境差，湿度大的问题，利用测试模拟的方法，探索街巷物理环境与街巷空间尺度之间的关系，研究在空间扩展过程中可提供舒适风环境和日照环境的新建街巷尺度及街巷模式，提升新建街巷的物理环境舒适度。

4. 街巷延展模式

针对秦岭山地古镇历史及新建街巷的现状问题，从人的需求出发，确定既可延续文化特色又可满足现代使用及发展需求的街巷空间。根据秦岭山地古镇的空间演变研究，进一步探索其街巷延展模式。

5. 院落空间适应特征及更新

针对秦岭山地民居院落问题，通过实地调查测绘和模拟计算分析等方法，对秦岭山地传统院落体现地理气候适应性的空间规划布局及设计手法进行评估、提炼，总结其内在科学规律，提取其地理、气候适应性特色，并提出民居在更新及新建过程中，对传统民居院落地域适应性特征的传承策略。

2.5　本章小结

本章对秦岭山地古镇的现状情况进行了详细分析，总结了其在空间演变和街巷延展方面的问题，并确定了重点研究的问题。

从整体角度对秦岭山地的古镇调查对象进行概括论述，确定现状调查的重点，并从其历史建筑年代、特殊的地理位置以及文化特征方面对秦岭山地的古镇进行概述。

选择具有代表性的古镇，从基本概况、空间形态和新旧街巷特征等方面进行详细分析，掌握了秦岭古镇空间分布特征：多分布在秦岭东西走向的山间盆地，空间走向以东西向为主；镇区多被河流贯穿，山体围绕，用地受限；镇区空间扩展跨河、上山。并掌握了秦岭山地古镇新建街巷和历史街巷的扩展特点、街巷结构以及街巷尺度。

选择具有代表性的凤凰古镇对其物理环境进行测试，主要从街巷的风环境、室内外物理环境和现状日照进行观察、记录和测试，发现其街巷存在风环境较差、静风区比例高、室内外空气湿度高和街道日照环境差等问题。

针对现状调查的秦岭山地古镇在镇区空间扩张、核心文化遗产和街巷延展等方面存在的普遍问题，确定重点研究的内容：镇区空间演变机制、镇区空间发展预测、街巷物理环境提升、街巷延展模式及院落空间适应特征及更新。

第3章
秦岭山地古镇空间演变特征

第3章 秦岭山地古镇空间演变特征

通过对秦岭山地古镇空间演变的历史进程、基本特征及演变形式的分析总结，提炼其空间演变的规律和机理，是镇区空间发展预测的基础，同时也决定了未来街巷空间的延展特征与方向。

3.1 空间演变的历史进程

3.1.1 形成期

秦岭山体巍峨，地势险峻，自古便森林密布，人迹罕至。在明代以前就有部分农民在秦岭山里垦荒居住，但是经过明末农民起义及清初吴三桂叛乱，原著人口锐减。明、清之际，陕南连遭兵灾，加上战乱，使“汉沔间几无宁日”[一]，连年兵灾及瘟疫饥荒，人口大量减少和土地大片荒芜，使农业生产无法正常进行，商业流通更无从谈起。清政府为了稳定政权确保财政收入，避免土地荒芜，战后不久便在陕南招收外省流民进山垦荒[二]，汉中知府严如熤在《三省山内风土杂识》中提到：“康熙年间，川陕总督鄂海招募客民，于各边邑开荒种山。邑多设有招徕馆，又饬州县选报绅士、耆民充当乡正，宣讲圣谕，城中朔望、山内场集均为讲演”[三]。

在清政府的政策鼓励下，以及清政府《垦荒令》《垦荒劝惩则例》的颁布，鼓励流民入山垦荒，加之湖广地区灾荒兵乱，灾民成群，在优惠政策的鼓励下，秦岭山地居民日渐增加，到乾隆年间，移民基本填充了汉水谷地和秦巴山地，移民数量巨大，川陕边地的移民已占据了大部分区域，原住居民人口大为减少。据《孝义厅志》记载“境内烟户土著者十之一，楚皖吴三省人十之五，江晋豫蜀桂五省人十之三，幽冀齐鲁浙闽秦凉滇黔各省人十之一。故性情各异，风俗亦不同。”[四]

秦岭山地现存大部分古镇便是自清朝保留发展至今，其在最初选址上都依河而建，除了秦岭自身的资源优势，如丰富的药材、木材及动植物等外，主要源于当时的农耕社会背景，

[一] 引自《汉阴厅志》卷9。

[二] 引自《陕西省志　航运志》。

[三] 引自（清）严如熤《三省山内风土杂识》。——编者注

[四] 引自《孝义厅志》卷3《风俗志》。

河边谷地水资源有利于居民饮用和农耕灌溉，故最初的聚落选址都依山傍水，聚落空间沿河发展。

3.1.2　繁荣期

秦岭自古就是南北屏障，在古代南北通商征收赋税，水运是最佳选择。而汉江干流水运成为最主要的南北通商的水运路线，然后再通过水运支线、茶马古道，实现南北通商和运输国赋。

汉江航道比黄、渭航道的条件好，所以，汉、唐时就有人提出连通渭河与汉江水系间的水陆运道，使关东、江淮、江汉一带的财赋，由长江转汉江，再沿汉江诸支流漕转关中。唐玄宗天宝末年，安禄山叛军占据长安、洛阳期间，商州驿路及丹江水路均受到威胁，江淮、荆襄等地集中于襄州的租赋，改由汉江漕运。唐肃宗收复长安前，租赋经洋州、梁州北转凤翔府以助军；收复长安后，租赋不再运往洋州、梁州，改由郧乡（今湖北郧县）起陆路至上津县（今郧西县上津堡，当时隶属商州），再利用甲水一段水路，陆路转商州至长安，因而上津县一时成为漕陆转换中心。

在明中后期及清初 80 年间，陕南汉江水运事业十分落后，正如康熙《汉南郡志》卷 7《食货》所说："汉南一路，万山环巩，一线崎岖。所产竹木，不能成筏下流；所收粟米，不能登舟出运。内既不出，外亦不入，所谓独坐穷山，食用一尽"。鉴于此乾隆六年（1741 年），朝廷对陕南开荒垦殖政策进行了大规模调整，随后便有百万流民自赣、川、楚、皖等省涌入鄂西及陕南。随着农业的发达，手工业也逐渐快速发展起来，从而促进了汉江水运的发展繁荣[86]。

随着水运的发展，秦岭内不少农耕聚落逐渐发展为商贸集镇，如汉江最大支流丹江流经河南省淅川县形成的荆紫关古镇。流至漫川关后入湖北省郧西县境，经郧西县上津乡南流，在陕西省白河县西侧汇入汉江的金钱河，沿路造就了漫川关古镇、上津古镇及白河县城关镇，以及金钱河支流社川河流经的凤凰古镇等，都为明清时代的商贸重镇。汉江航运的鼎盛时期便集中在从清中后期至抗日战争爆发前后即民国二十六年（1937 年）[87]。另外，水运不太发达但地理位置优越，如依托秦岭、南北通商必经的茶马古道而发展起来的商贸重镇，被誉为"千年古船城，秦岭第一镇"的华阳古镇，历史上乃是傥骆道上有名的古驿站、古军事要冲及经济政治重镇。其次，青木川镇地处陕、甘、川三省交界，明清以来自然形成商业中心。又如，有"南番中心"之称的郎木寺镇，是四川、甘肃两省交界的枢纽，又是从青海至甘肃的要塞。

在贸易交易中，直接参与省际大宗贸易活动的是最高中心地（府、省），而县镇作为府、省与下层经济纽带，手工业品、农产品通过县镇向上进入最高中心地，供县镇居民和农民的消费品由此扩散向各集市村落，县镇成为联系城乡的重要商贸集散地[88]。可见，当时镇在商品贸易中起着承上启下的作用。

随着商贸的发展，越来越多的客栈、钱庄、药铺、当铺、会馆等公共建筑在镇中出现，镇区空间迅速扩大，同时由于水运或茶马古道的发展，不少镇都建设了人们祈求风调雨顺和平安的庙宇类建筑，如杨泗庙、关帝庙、城隍庙等，大型的公共活动场地出现，秦岭山地古镇空间在这一时期迅速发展。

3.1.3　萧条期

汉江干流航运始于秦汉，延续到隋、唐、两宋，元中后期及明前期陷于停滞，清中后期趋于兴盛，一直持续到民国年间。1937 年 7 月 7 日卢沟桥事变，抗日战争爆发，随着民国二十八（1939 年）年日军进犯中原，安康与汉口之间的商贸关系中断，汉江水运开始衰退，随着航程缩短，汉江中下游商船只能到达襄樊或老河口[89]。民国三十三年（1944 年）老河口失守，汉江船舶停航，导致上行货涨价，下行货无出路而跌价，市场萧条。民国三十四年（1945 年）抗战胜利后，市场又有活跃气氛。但时隔不久，解放战争爆发，国民党军队拉兵拉夫，以商号船搭浮桥，使民船无法营运。加之货币不断贬值，通货恶性膨胀，人民陷于水深火热之中，商号纷纷歇业，航运业因之陷于瘫痪状态。20 世纪 60 年代以后，由于闸坝断航公路、铁路迅猛发展，水运逐步衰落㊀。

在抗日战争及解放战争时期，秦岭山地内由于地理位置特殊，出现了不少红色文化古镇，在历史上具有重要的政治意义。如红色革命根据地葛牌镇；抗战时期从四川松潘草地去夏、洮地区的重要驿站，四川连通大西北的北大门郎木寺镇；红军长征途中，曾两次到此镇，并制定了挥师北上的重大战略决策，被誉为长征“加油站”的哈达铺镇。

随着汉江水运的衰落，秦岭山里因水运发展起来的商贸集镇也逐渐萧条，镇的功能逐渐单一化，由水运交通商贸集镇转换为服务镇域的一般镇。由于经济水平落后，地处秦岭深山，几乎所有镇区空间发展变得缓慢起来。

3.1.4 复兴期

1978 年改革开放以后，城市化进程加快，秦岭山地古镇在大的发展浪潮的影响下，镇区空间也开始扩张，在镇区空间扩张的同时，历史上遗留的文化街道、建筑遭到了大量拆除，逐渐被现代风格的建筑所侵蚀。另外，随着人们生活水平的提高及需求的变化，历史建筑逐渐满足不了当代人的生活需求。

从 2003 年国家首批古镇名村的公布开始，古镇的保护拉开帷幕，随着国家对古镇保护和旅游发展的重视，在政策引导和旅游带动的情况下，秦岭山地的古镇镇区空间扩展迅速，而历史文化遗产，如历史建筑街巷的保护也越来越受到重视。秦岭山地古镇发展历程见表 3-1。

表 3-1　秦岭山地古镇发展历程

发展阶段	时间	历史背景	空间发展
形成期	清及以前	南北交通为古道，有自然防御功能；清政府颁发《垦荒令》，实行优惠政策，鼓励流民入山垦荒	聚落形成，背山面水选址
繁荣期	清中后期~民国	水运发达	镇区公建发展，空间迅速扩张
萧条期	1937~1980 年	抗日战争，解放战争，公路、铁路发展，水运衰落	经济萧条，镇区空间发展缓慢
复兴期	1980~2000 年	经济迅速发展、城市化进程加快	镇区空间开始发展，部分历史建筑街区被破坏
	2000 年至今	地方特色发展，历史文化保护	空间进一步发展，遗产保护

秦岭山地古镇从古至今经历的“形成—繁荣—萧条—复兴”，对应的镇整体空间演变经历“选址—成长—停滞—扩展”的过程，而镇历史文化遗产的空间载体演变则经历“选址—扩张—萎缩”的过程。城镇的地域构成并不是一成不变的，在社会经济等变化影响下，

㊀ 引自《陕西省志　航运志》。——编者注

虽然在一段相对的时间内表现为静态的位置关系。但在较长的时间段内，它表现为动态的地域演化过程，而这种演化过程是由于城镇功能的变化，而带动城镇形态的变化导致的[90]。

3.2　空间演变的基本特征

根据各个阶段的特征可将秦岭山地古镇空间演变的过程归纳为以下几个阶段：因地制宜的渐进式演变、由小到大的离散演变、由低到高的竖向演变和由单趋全的多元演变。

3.2.1　因地制宜的渐进演变

1. 秦岭山地间空间大小决定古镇空间规模

自然条件是山地聚落生存的基础，古代在选址上，秦岭山地古镇选址大都在背靠山体、河流环绕的拥有开阔土地的区域，这一方面是由于古代风水理论的影响，如“背山面水以聚气”，另一方面是出于生活生产便利的考虑。

在生产力水平较低的情况下，人们的食物及生活物质资料绝大部分依赖于自然界提供，对自然的改造能力有限。在这种情况下，镇区建设对秦岭山地自然形成的环境条件和地理特征，采取顺应和妥协的态度，所以秦岭山地古镇最初的空间形态与山地地形特征和谐统一，表现为因地制宜，秦岭山地间空间大小决定古镇空间规模。另一方面，秦岭山地古镇的生产方式从最早的采集、狩猎发展至后期较稳定的农业，基本上是完全依赖自然资源的生产生活方式，从而决定了山地聚居空间成长必须依靠其所依赖的自然环境来提供其生活的物质资源，即秦岭山地的物质供应量决定古镇演化的空间规模。

由于秦岭北坡陡峭险峻，秦岭南坡缓和，山间盆地较多，与秦岭北坡相比南坡可拥有更多的耕地及可利用的丰富自然资源，多数古镇临水选址，有利于生产生活。所以秦岭山地古镇早先的选址及空间演变更多表现为“因地制宜，顺应自然”。

2. 秦岭山地地形地貌特征决定古镇的空间形态

清中后期至民国期间，秦岭山地古镇在水运的带动下，经济迅速发展，镇区空间快速扩张，但整体的发展方向还是顺着河流和山体发展。主要由于早期人类与自然环境的共生关系，在生产力及科技水平低下的情况下，人类在对自然的改造中较被动，所以与平原地区相比，顺应地形地貌的空间形态成为当时生产力环境下的必然状态。

早期的镇区随秦岭山地地形地貌的不同特征而形成不同的空间形态，而该空间形态是在原始生产生活方式下，空间受自然地理条件限制的必然结果。如青木川镇的回龙场老街所在组团空间形态完全顺应金溪河，沿山布局，空间形态跟河流和山体的弯曲形态一致。熨斗镇的镇区空间形态，也是由山体和河流决定的。

3.2.2　由小到大的离散演变

从 20 世纪 60 年代至 1978 年，水运衰落，古镇空间发展缓慢，几乎停滞。1978 年改革开放后，城市化速度加快，镇区空间迅速扩张，在用地宽裕的镇区空间以老街为据点，呈圈层式扩展。在科学技术的支持下，部分镇空间向坡度不太大的山体扩展，而受河流山体限制大的镇区空间则沿河流水体继续扩展。但古镇的历史文化遗产空间受到一定的破坏，呈现出萎缩的状态，如云盖寺镇、武侯镇等的历史文化遗产破坏严重。

用地规模的扩张及城镇人口的增加是镇区空间增长的主要表现，便利的交通可达性决定了镇区中的用地及人口最先集聚的区域，所以镇区中各物质要素以交通系统的延展为基础扩散。由于近代机械化交通工具的出现（如火车、汽车等），骡马时代的交通系统结构被改变了，同时也改变了秦岭山地古镇空间拓展的形态特征。

另外，近代秦岭山地古镇空间演变不同程度受西方规划建设思潮的影响，传统农业经济逐渐被解体。镇区作为社会经济文化的物质载体，城镇空间结构必然会随经济形态的转变而转型[91]。秦岭山地古镇的空间形态逐渐从传统的聚集型向跳跃、外扩的离散型演变。秦岭山地古镇空间成长的离散型可分为轴向延展的离散型和多组团跳跃的离散型两种。

1. 轴向延展的离散型

轴向延展的离散主要是指镇区依托历史街区，沿着主要的交通轴线优先发展，使镇区形态在原来的基础上发生明显改变，而主要交通轴线在古代指的是镇区内河流航运码头，在现代主要是对外交通性的主干道。轴向延展的离散型演变的主要特征为镇区的空间不再是团状聚集，而是带状轴向延伸的空间平面形态。

利用城区已有的交通通道和适于建设的山间用地，在经济投资较小的情况下实现便捷交通。各古镇不管是在自发成长时期还是规划阶段，均对可建设用地、对外交通及镇区内部的道路交通条件进行最大限度利用，从而对道路周边用地的发展起到带动作用，进而形成轴向扩展的空间形态。便捷交通吸引路侧高密度建设，增加了道路的公共性，使道路对外交通的基本功能弱化。如熨斗镇的熨喜路、凤凰古镇的皂宽路，以及蜀河镇的滨河路，均为对外交通的主要道路，可随着镇区的发展，道路的对外交通功能逐渐被路侧高度聚集的建筑和人流所干扰，丧失了其对外交通的功能。

2. 多组团跳跃的离散型

改革开放后，经济持续高速发展，在 20 世纪 90 年代以后，秦岭山地古镇随着计划经济向市场经济的转型也进入了快速城镇化的发展阶段。镇区发展的推力也由单一的计划时期国家和地方政府投资，转变为新时期多元化市场经济为主、政府引导调控为辅的共同作用力。

2000 年后，随着古镇地位的提高和旅游的发展，镇区整体空间有了空前的发展，镇区跨河发展或跳跃式发展明显，古镇的历史文化遗产受到法律保护，但是同时古镇发展需求与遗产保护的矛盾也越来越明显。

在多种因素的影响下，秦岭山地古镇空间演变表现出如下特征：首先，在聚集效应的作用下，居住空间与产业空间从原来的离散状态转变为集聚状态；其次，镇区空间从缓慢单一的演变转变至迅速多元的演变，在短时间内镇区规模快速扩张。镇区空间演变内部聚集与外部跳跃共存，整体以跳跃式扩展为主，形成与秦岭山地地貌特点匹配的外部空间形态；另外，镇区用地功能变化频繁，随着空间的扩张，原镇区中心周边的居住用地，边缘的居住或产业用地，逐渐成为空间扩张后的镇区的中心区或中心边缘区。

同时，镇区土地利用结构随着镇区产业结构的变化而演变；为了集约利用山地有限的土地资源和适应产业结构变化的客观规律，再加上人们需求的变化，原来旧区中心或历史街道的居住功能、工业产业逐渐外迁，为商业、服务业用地等对区位条件要求高并能支付较贵地租的产业让出发展空间。而由于物质条件较差、配套设施不完善等原因，使得在历史街道的原著民逐渐外迁，而在旅游发展的带动下，逐渐发展起为旅游服务的餐饮、商业等配套产业。

3.2.3　由低到高的竖向演变

随着建筑科技、施工技术等的提高，带来材料、结构、工艺等的进步，促使秦岭山地古镇的建筑层数逐渐增高，镇区的三维空间极速增长，地面上建筑天际线逐渐变得丰富起来，部分镇对地下空间也有部分利用。这种垂直空间的演变特征，正是由于城镇化加速，秦岭山地古镇经济发展与山地建设用地稀缺的情况相互作用导致的。

在古代，秦岭山地古镇的历史老街及周边的建筑以一两层为主，建筑高度比较单一，天际轮廓线整体较平直。随着经济技术水平的提高及文化保护的要求，以历史街道为中心往外围地区建筑高度逐渐增高，形成“凹”字形的形态，建筑天际轮廓线更加丰富。

3.2.4　由单趋全的多元演变

自改革开放尤其 20 世纪 90 年代以来，随着城镇化的推进及经济的发展，秦岭古镇进入了迅速发展的阶段，从而推动了镇区建设用地的快速增长，镇区外部形态及内部功能剧烈演变，镇区建设用地持续快速扩张。

镇区空间演变方式渐进式、跳跃式共存，互相补充。渐进式演变最初以历史街道或老区为中心，圈层式向外扩张，在建设用地受限时，则以轴向伸展为主，在轴向延伸依托的轴基础之上，同时横向扩充；跳跃式演变以新区、开发区等多组团建设为主，在新组团建设发展的同时，历史街道所在组团空间内部继续充实，开发强度也在增加。随着镇区空间的整体扩张，历史文化建筑集中的区域受到的影响越来越大，历史文化区域逐渐萎缩。

由秦岭山地古镇的空间演变特征可知，其空间演变模式并不是独立存在的，而是互相影响、互相关联的。镇区空间发展过程，并不是只遵循一种模式，而是在不同的发展阶段有着不同的空间演变模式。即便在同一阶段，也可能遵循多种演变模式，共同造就了秦岭山地古镇的空间形态。

以柞水县凤凰古镇的空间发展演变为例，如图 3-1 所示，自唐朝至民国期间镇区空间因地制宜沿着山体呈带状发展，距离河流有段距离，以便于农耕和避免水患。随着汉水水运发展，镇区空间扩展在原址基础上呈圈层式向四周扩张，表现为沿凤凰古街的东西向轴向延展，同时在轴的两侧也表现出横向扩展，整体以轴向扩展为主。当南北方向上扩张至河流山体后，凤凰古镇镇区空间主要沿社川河向东西方向发展。根据凤凰古镇文化旅游古镇建设规划，凤凰古镇的未来发展空间将跨河发展。凤凰古镇的主体空间演变呈现类圈层式的扩展模式，但是空间扩张的过程中也存在轴向发展的阶段。另外，凤凰古镇的历史文化遗存现状部分与民国时期相比，明显缩小（图 3-2）。

宁强县青木川镇的空间演变如图 3-3 所示，空间按照时间顺序从 1～4，“1”为明清至民国时期建设的青木川的历史文化核心区域，以回龙场老街为核心，沿着金溪河和山体布局，回龙场老街空间形态与山河和谐共处。随着经济的发展，镇区空间通过飞凤桥跨河发展，随后镇区空间沿着金溪河呈轴向向西扩展的同时，河对岸组团内的空间也在逐渐被填充。其中，在“4”阶段，镇区在原有“2”“3”的基础上呈圈层式向外扩展，并在西侧跳跃至用地宽广的河对岸发展。整体空间在轴向延展的同时，逐渐呈多组团式的空间形态。

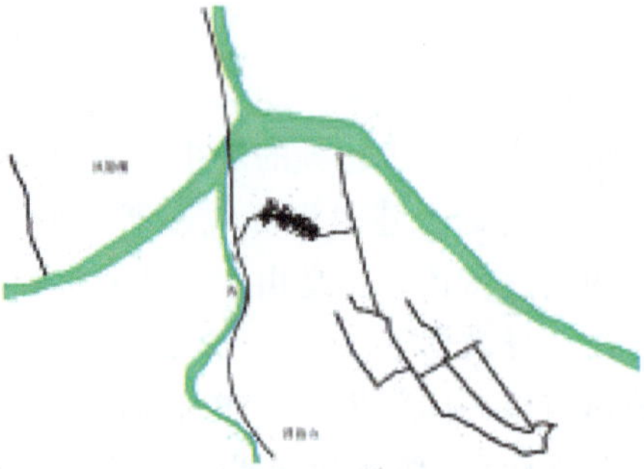

a) 唐代—三岔河口

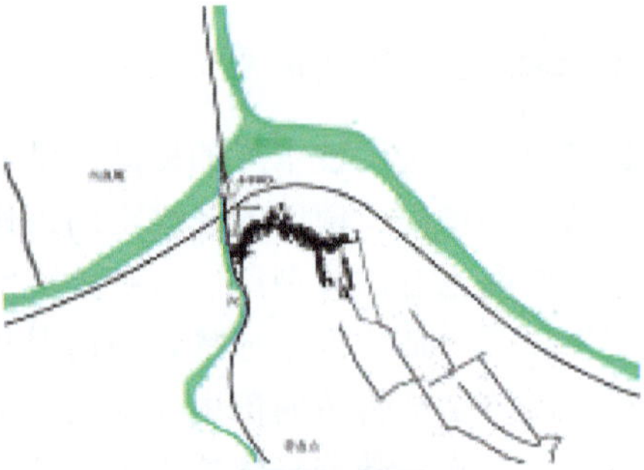

b) 明清—凤凰嘴

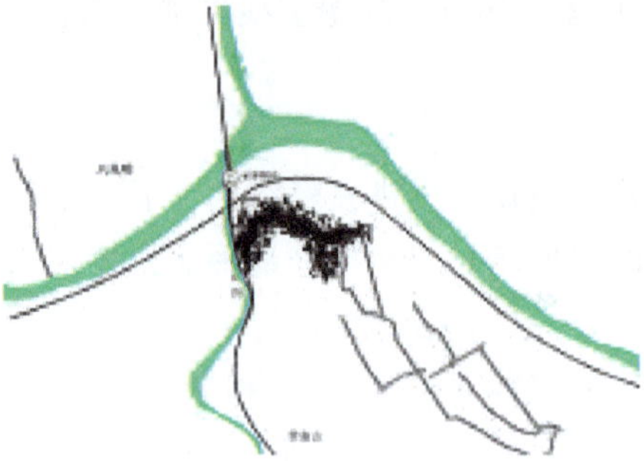

c) 民国—凤凰古镇

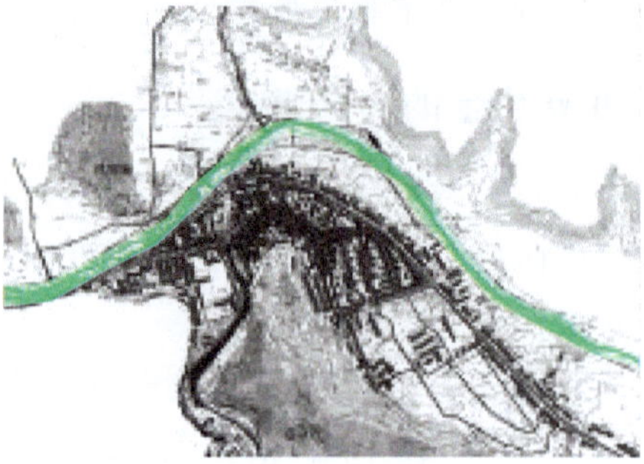

d) 现状—凤凰古镇

图 3-1　凤凰古镇空间发展演变

（来源：凤凰街民居文物保护规划）

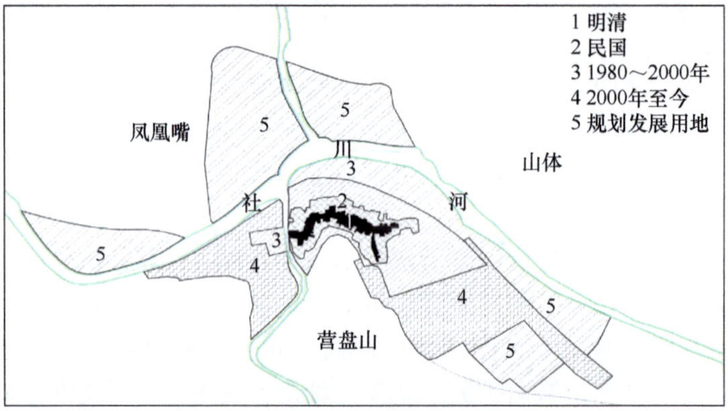

图 3-2　凤凰古镇空间发展示意图

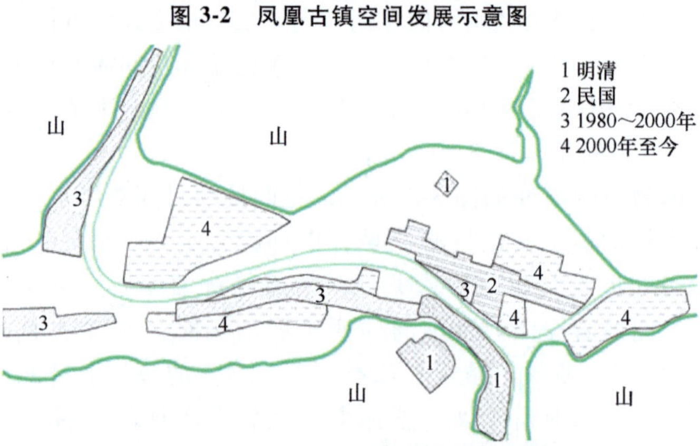

图 3-3　青木川镇空间演变发展示意图

经过上述分析可知，秦岭山地古镇从古至今的整体空间演变客观规律为用地充裕时镇区空间呈圈层式递进发展，当受山河水体限制时会沿山顺河呈带状发展，再到跨越式发展，镇区空间整体随着时间呈现从小到大不断扩张。而镇区历史文化遗产空间呈现出由清中后期到民国期间的快速发展，再到改革开放后的逐渐萎缩，甚至消亡。

3.3　空间演变的动力因素

由于秦岭山地古镇特殊的地理位置及自然环境，以及其本身的历史文化属性，决定了此类文化名镇的空间演变影响因素相比其他的镇要多，可将空间演变因素归纳为自然、人文和社会三大类，并分为气候、地理、交通、人口、文化、经济和体制等特征因素。

3.3.1　交界区气候

秦岭作为暖温带与亚热带的分界线，山体对气流具有阻隔作用，冬季阻隔寒潮及冷空气向南侵袭汉中盆地，夏季阻挡湿润的海洋气流，导致北方的气候干燥。秦岭以北为黄土高原，冬季气候寒冷，河流冻结，以阔叶落叶植物为主，土壤富含钙质。秦岭以南四季河流不冻，以常绿阔叶植被为主，土壤多偏酸性。

气候因素主要包括温湿度、风、降水和太阳辐射等，影响居民点的选址及住宅的朝向等，对居民生活的舒适度影响较大。秦岭—淮河一线作为中国地理上最重要的分界线，其南北的温度、气候、地形均呈现差异性变化。秦岭主体北麓为气候Ⅱ区，秦岭主体南麓为气候Ⅲ区，西秦岭段为气候Ⅵ区，如图 3-4 所示。

不同的气候特征，影响着人居聚落的布局方式与建筑形态（表 3-2）。

表 3-2　不同气候区镇空间及建筑特征

	气候区划	热工分区	镇区空间及建筑特征
凤凰古镇	ⅢC	夏热冬冷	镇区空间扩展多考虑用地是否充裕或受限 民居院落空间相对较窄 住宅建筑朝向顺应道路走向 并不严格按照南北朝向布局
青木川镇	ⅢC	夏热冬冷	
蜀河镇	ⅢC	夏热冬冷	
熨斗镇	ⅢC	夏热冬冷	
荆紫关镇	ⅢC	夏热冬冷	
上津镇	ⅢC	夏热冬冷	
留侯镇	ⅢC	夏热冬冷	
武侯镇	ⅢC	夏热冬冷	
华阳镇	ⅢC	夏热冬冷	
云盖寺镇	ⅢC	夏热冬冷	
漫川关镇	ⅢC	夏热冬冷	
厚畛子镇	ⅡA	寒冷地区	镇区空间多向山体南坡发展 院落空间较宽敞 住宅建筑以南北朝向为主
滩歌镇	ⅡB	寒冷地区	
葛牌镇	ⅡA	寒冷地区	
哈达铺镇	ⅥA	严寒地区	镇区空间在山间宽敞日照充足的地方布局 院落空间宽敞，住宅建筑严格考虑朝向问题
郎木寺镇	ⅥA	严寒地区	

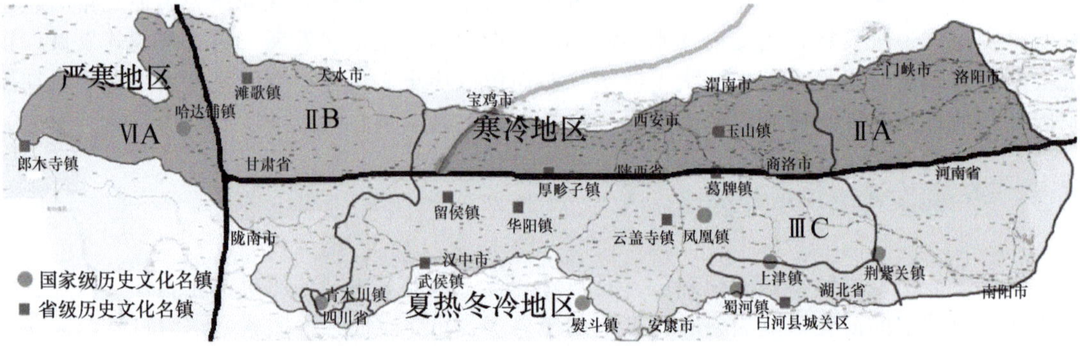

图 3-4　秦岭地区气候分区

根据建筑热工分区，秦岭古镇分别处于夏热冬冷、寒冷和严寒地区，在新建建筑设计中应该按各自热工分区的要求设计。但由于秦岭处于热工分区的交界区域，即属于夏热冬冷区的最冷区和寒冷地区的最暖区，南北麓实际气候差异并不太大。经汉中、安康与西安的典型年气象参数对比（图 3-5）可见：

1）处于夏热冬冷地区的汉中与安康，最热月温度为 25～27℃，最冷月温度为 2～4℃，全年最大月温差为 23℃。

2）处于寒冷地区的西安，最热月温度为 26℃，最冷月温度为 1℃，全年最大月温差为 25℃。

两个分区最热月温差为 1℃，最冷月温度为 1～3℃，全年最大月温差为 2℃。这也充分表明了气候交界区温度连续性特征，近分界线两边城市温度变化规律一致，变化幅度差异很小。

由此可见，秦岭区域内各镇的建筑热工设计可采用相同的标准和要求。

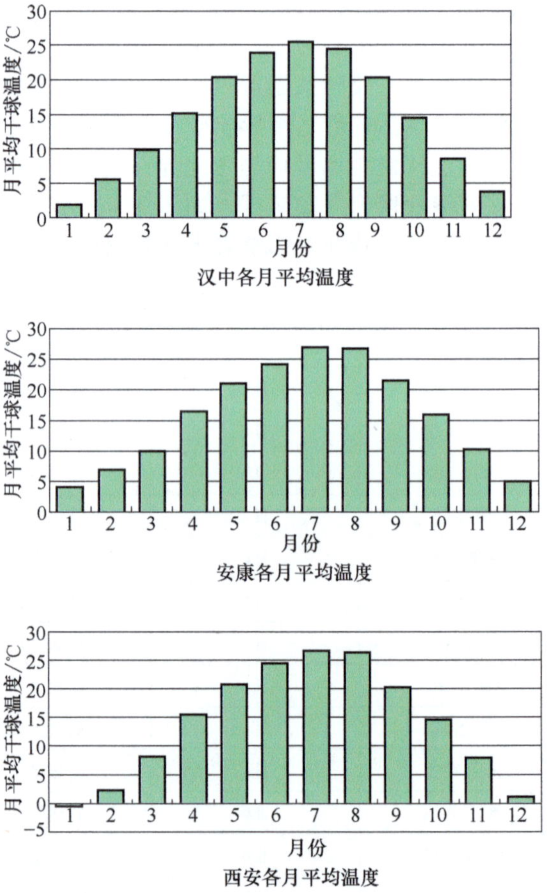

图 3-5　汉中、安康与西安气象参数对比

（来源：《中国建筑热环境分析专用气象数据集》典型气象年数据）

3.3.2　河谷型山地

秦岭由东往西逐渐升高，陕西秦岭山脊海拔高约 2km，峰高处 2～3km，比渭河河谷和汉水高出 3000 多米。秦岭南坡坡势缓和，河流多横向斜切，在河流中上游多峡谷，秦岭北坡陡峭短急多峡谷。秦岭山脉入陇南境内后，为西北-东南走向，山间多有小盆地，主脉海拔均在 2km 以上（图 3-6）。

地理因素主要包括地形、地貌、水文等，秦岭山地古镇都是依山傍水，城镇空

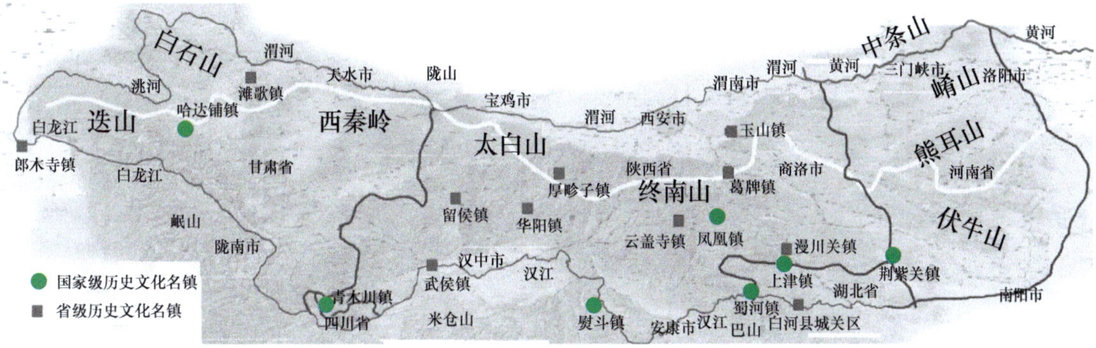

图 3-6　秦岭地形与山脉分布图

间发展受地形、地貌、水文影响比较大。秦岭山地特殊的地理条件，一方面给各镇提供了赖以生存的物质环境和优美的生态景观；另一方面由于山体河流的影响，可用于建设的用地有限，限制了镇区的空间拓展，使镇区在空间发展上存在明显的“门槛”，同时影响着镇区的空间平面形状和建筑的空间立体分布。

河谷型地形具有“山—河—路—镇—川”的特征，具体如下：

（1）山　为自然山体，秦岭多为石山，有良好的植被和较丰富的水源，是基本的生态保障。但也是空间的限定，制约着镇区的发展规模及延伸方向。

（2）河　多为季节性自然河流，提供生活与生产水源，但有潜在洪灾危险。

（3）路　路是指过境道路，是镇区的对外交通，也是镇区空间发展的导向。

（4）镇　镇包括历史古镇核心区与现状建设区，其功能与空间应满足居民生活需要。

（5）川　川是指沿河流的平坦川道，是农业或四荒之地，也是镇区空间发展的储备。

河谷型山地制约着镇区发展规模和扩展方向。

河谷型山地容易受到洪水、滑坡及地震等自然灾害的影响，会给古镇造成严重破坏甚至毁灭性灾难。

秦岭山地古镇由于受山体河流的影响，镇区空间形态大都受制于山川河流，空间形态呈现出三种类型：组团状、带状和枝状，各类型代表古镇见表 3-3。

表 3-3　秦岭山地古镇空间类型

镇	山、河、镇关系平面示意	空间特点
凤凰古镇	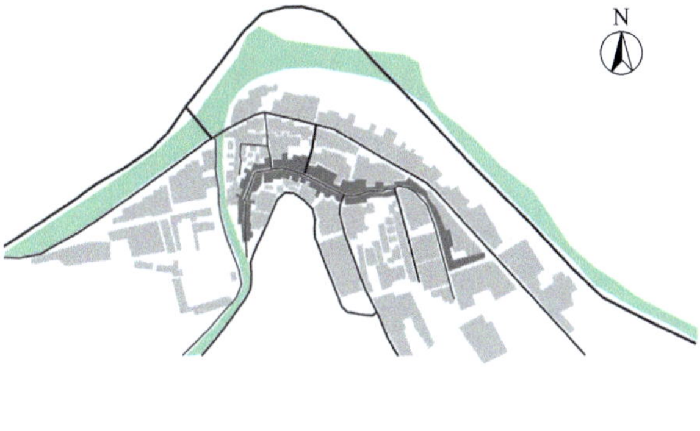	山川河流间用地比较充足，镇区空间以老街为中心，圈层式发展空间形态呈组团状

（续）

镇	山、河、镇关系平面示意	空间特点
青木川镇		镇区空间沿山顺河呈带状发展，新镇区跨金溪河呈独立组团，整个镇区呈现多组团状
熨斗镇		整个镇区空间沿山体河流呈带状发展，未来镇区空间形态会由带状演变为枝状，以填充山间谷地

3.3.3 闭塞的交通

秦岭山地古镇位于秦巴山区，自古受高山阻隔，交通艰难。商朝以前，秦岭山间便有沟通南北的古栈道出现，在周—秦—汉—唐的千余年间，古都长安联系南方各地战略通道的秦岭驿道在古代军事政治及经济等方面具有举足轻重的作用，其间保留着丰富的历史积淀。

同时，利用河流的水路航运也是促进古镇发展的重要因素。

1. 古代陆路交通

秦巴古道为古镇提供了与关中平原和成都平原的交通联系，包括陈仓道、褒斜道、傥骆道、子午道、义谷道、武关道、金牛道、米仓道和荔枝道等古道，如图 3-7 所示。这些古栈道多为古代连接秦岭南北的重要军事、商贸通道，带动了所经古镇的发展。秦岭历史古道见表 3-4。

扫码看彩图

图 3-7 秦巴古道分布图

表 3-4　秦岭历史古道

古道名称	起始地区	沿途古镇	交通意义
陈仓道	宝鸡—勉县	武侯镇	古代连接关中、汉中的通道
连云道	凤州—留坝	留侯镇	古为川陕通道
褒斜道	褒城—斜峪	留侯镇	古代巴蜀通秦川主干道路
傥骆道	周至—洋县	厚畛子镇、华阳镇	古代连接汉中、周至的通道
子午道	沣峪—石泉	熨斗镇	长安通巴蜀汉中及南方各地重要通道
义谷道	大峪—旬阳	云盖寺镇、凤凰古镇	古长安通金州(安康)的通道
蓝武道	蓝田—武关	玉山镇、荆紫关镇	古长安通往南阳以至江南、岭南的驿道

2. 古代水路交通

丰富的河流在古代具有较大的水量，北可连接渭河与黄河，南可连接汉江与长江，为古镇水运提供了便利，极大地促进了古镇的对外联系，如图 3-8 所示。秦岭内各条水路经过，带动颇多古镇的繁荣，见表 3-5。

表 3-5　秦岭河流水运（来源：自制）

河流名称	流入干流	沿途古镇	交通意义
白龙江	郎木寺—广元—嘉陵江	郎木寺镇	历史商贸通道
岷　江	八力—两河口—白龙江	哈达铺镇	长征加油站
褒　河	鳌山—武关驿—汉江	留侯镇	历史商贸通道
黑　河	鳌山—厚畛子—渭河	厚畛子镇	历史商贸通道
乾佑河	秦岭—小河镇—旬河	云盖寺镇	历史商贸通道
金钱河	四方山—漫川关—汉江	凤凰古镇、漫川关镇	历史商贸通道
丹　江	黑龙潭—商洛—汉江	荆紫关镇	历史商贸通道
渭　河	黄河		联系秦岭北麓河流到黄河
汉　江	长江		联系秦岭南麓河流到长江

图 3-8　秦岭河流分布图

3. 现代快速交通

随着经济社会的发展，秦岭古道与河运已完全失去交通功能。铁路、高速及各等级公路日益发达，货运、旅游等对外联系更便捷，极大促进了古镇的发展。

1）直通铁路的镇：蜀河镇。

2）直通高速的镇：凤凰古镇、葛牌镇。

3）直通国道的镇：蜀河镇、哈达铺镇、郎木寺镇、武侯镇、厚畛子镇。

4）直通省道的镇：留侯镇、上津镇、漫川关镇。

5）只有县道的镇：青木川镇、熨斗镇、荆紫关镇、华阳镇、滩歌镇、云盖寺镇。

3.3.4 迁移的人口

在秦岭山地的古镇中，多数有着移民的历史。川陕楚交汇的秦巴山区即陕南地区，历史上是迁移人口主要的集聚地之一。

明末，由于李自成与张献忠的农民起义，陕南人口几近消亡，其地域文化也遭到严重破坏。为了重新振兴陕南区域，清政府成立不久，便颁布移民的相关政策。

导致移民的一个原因是湖广一带人口增长带来的生存压力，川、湖、两广生齿日繁、人稠地窄。另外一个原因是饥荒即自然灾害的影响，据相关记载在陕南地区的移民中，有很大比例是灾荒迁移者。

基于以上原因，清政府随即发布了移民垦荒的政策，即史上的“川陕大移民”，范围涵盖十多个省的移民迁移至四川、陕南定居，其中湖北、湖南省人数比例达一半之多，该次移民持续时间长达百年，移民人数一百多万。随着全国各地大量移民的流入，为陕南带来先进的技术以及不同地域的风土民情和民间艺术，积极促进了川陕地区的发展，同时对秦岭当地居民的生活也产生了极大的影响。

3.3.5 多元化生活

对秦岭山地古镇空间演变影响最重要的人文因素可以归纳为传统理论、人的需求以及科学技术水平三方面。

1. 生活习俗的多样化

人的需求是镇区空间演变的内在动因，主要表现在以下两方面。一是当地居民需求，在古代聚落选址上，居民选择便于农业发展和生活的地方，故山谷内地势平坦宽阔又有河流的地方成为首选。随着水运发展，镇区在空间上不断扩大的同时，出现了不少祭祀祈福的寺庙及朝拜空间，来作为古代人们对自然灾害恐惧的精神寄托；随着现代社会的发展，人们对生活条件的改善和经济发展的需求越来越强烈，生活条件的改善需求加速了历史街道、建筑的破坏，经济发展的需求加速了镇区空间的扩张。二是游客需求，随着人们生活水平的提高，越来越多的城市居民喜欢旅游，尤其偏爱自然环境良好或是具有浓厚文化气息的地方，而秦岭山地的古镇很好地兼具了生态和文化特征，这一方面促进了镇区的经济发展，为历史文化遗产发展提供了一定的经济基础，但同时也导致部分镇区空间过度扩张，历史文化遗产遭到破坏，如过度商业化导致传统生活习俗的消失。

2. 周边文化的多元性

秦岭山区包括陕南、陇南、川北、鄂西北和豫西等省区，是古代联系黄河流域和长江流域的枢纽，其周边各省较大的差异性文化以及迁移的居民使得当地文化出现丰富的多元化特征（图 3-9）。

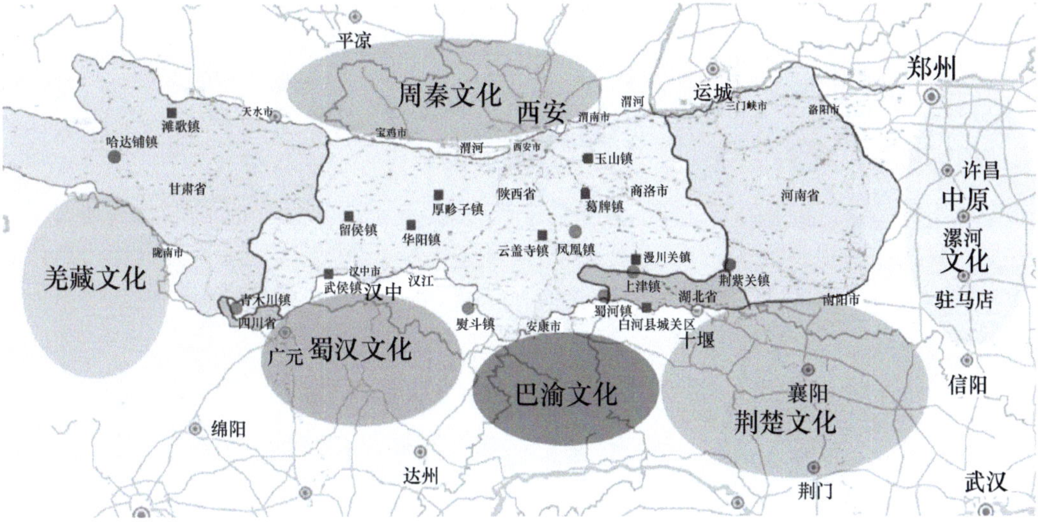

图 3-9　秦岭文化区分布图

3. 聚落营建的风水观

传统理论分为古代规划理论和风水理论两个方面。古代规划理论主要是《管子·乘马篇》关于聚落选址的论述，即“立国凡立国都，非于大山之下，必于广川之上。高毋近阜而水用足；下毋近水，而沟防省；因天材，就地利，故城郭不必中规矩，道路不必中准绳”。秦岭山地古镇的选址及老街形态布局都在一定程度上受到此理论的影响，如青木川镇、凤凰古镇、熨斗镇等老街均是因地制宜沿山顺河布局，而蜀河镇由于河流洪水的影响，大部分历史建筑都位于山体上。

风水即堪舆术，对秦岭山地古镇的影响主要表现在选址上，古代风水角度最佳的城市村庄住宅选址为“背山面水、负阴抱阳、玉带环抱”以聚气。《阳宅十书》中对明堂、来龙、案砂、流水均提出了具体要求，“阳宅来龙原无异，居处须用宽平势。明堂须当容万马……，前后有水环抱贵，左右有路亦如然……。更须水口收拾紧，不宜太迫成小器。星辰近案明堂宽，案近明堂非窄势。”即选址要求南有远近呼应的小山围绕，北有连绵的群山峻岭依靠，左右有护山相守，中部曲水环抱，地势宽敞[92]。整个区域形成两侧有屏障护卫，背有靠山，前方开敞但封闭的风水环境[93]（图 3-10）。秦岭自古就是我国的龙脉，从风水

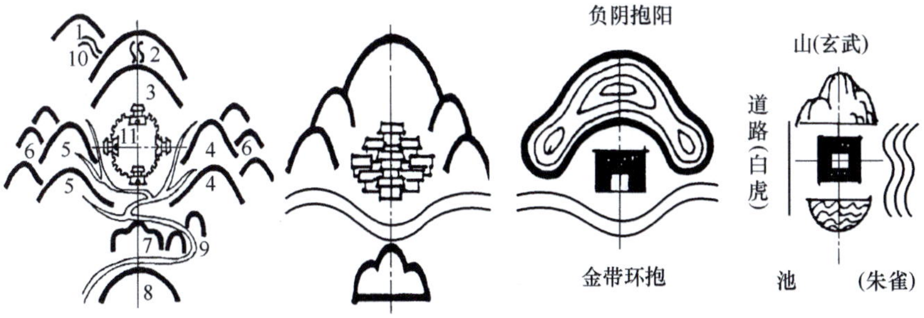

a) 最佳城市选址　b) 最佳村址选择　c) 最佳宅址选择一　d) 最佳宅址选择二

图 3-10　城市、村庄和住宅最佳选址

理论的寻龙、觅砂、观水、点穴等角度来看，拥有很多适合人们定居的风水宝地。

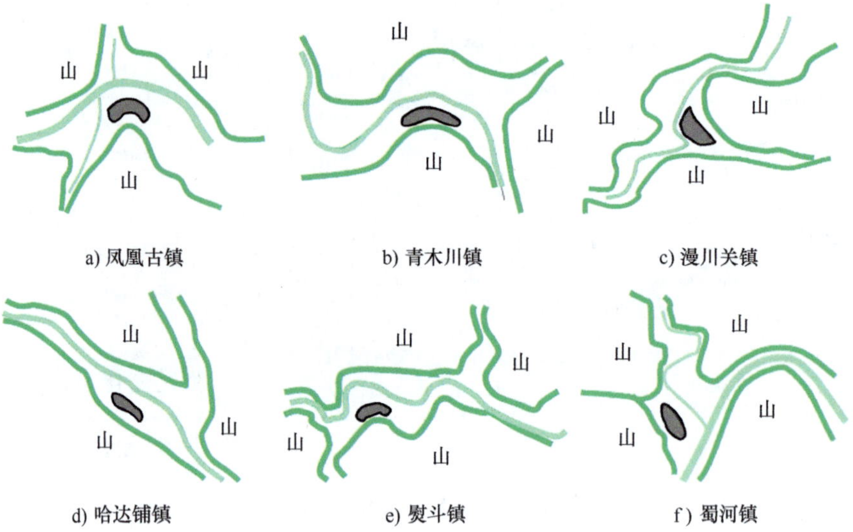

图 3-11　秦岭古镇山水关系示意图

如图 3-11 所示为秦岭部分古镇的山水关系示意图，这些镇在最初选址的时候均是背靠大山曲水环抱，符合风水角度的最佳选址。

扫码看彩图

科学技术水平给古镇空间演变提供了必要的技术支撑，在古代科学技术水平低下，城镇发展一般都因地制宜，不会对地形地貌进行大幅度的改造，镇区发展基本都顺应山体和河流走向，更能体现“天人合一”的自然观。而随着科学技术水平的提高，使得修桥铺路、开山填水等变得越来越容易，镇区的空间一步步突破河流和山体的影响限制，城镇在立体空间发展上也由低层向高层快速发展。

3.3.6　山林式经济

秦岭古镇地处山区，缺少高效的农业生产用地，经济来源只能依靠山林，主要产品有三种类型：一是木耳、香菇、核桃、板栗等山货；二是原木、果品、苗木、药材等林产品；三是腊肉、杂粮食品、手工艺等加工产品。

山林产品需要对外交易，促进运输交通，吸引外来游客。

经济水平对秦岭古镇的影响也是显而易见的，对镇区空间发展和扩张起到明显的正作用，但是在历史文化遗产保护方面则是有利有弊，20 世纪 80 年代的高速经济发展加速了镇区空间拓展，但是同时也加速了对镇区历史文化遗产的破坏，随着古镇旅游的发展，经济水平的提高，又给历史文化遗产保护提供了一定的资金支持。

3.3.7　社会政策更替

1. 社会变革

社会变革是指特定社会阶段内，不同阶级之间通过政治、经济、军事和文化等不同手段的调整进行的大规模利益分配变化方式。而社会变革的每次朝代更替、技术革新或新政颁布，均对秦岭山地古镇的镇区空间发展产生重大影响。

如历史上的每次更朝换代便会对当时的山镇有一定程度的破坏；外来思潮如现代建筑的大规模建设等，对镇区历史文化街区产生破坏；科学技术的进步，使镇区空间快速扩张，建筑高度增高、体量增大。所以，每次社会变革，都会给镇区空间发展带来一定程度的影响。

2. 政策法规

从历史上政府鼓励移民开荒到水路古道发展成商贸重镇，镇区空间迅速扩大，再到公路建设古镇没落，空间扩展缓慢，至改革开放后的大拆大建，镇区空间扩张而文化遗产遭到大量破坏，最后自 21 世纪以来的注重文化生态旅游，特色小镇发展，秦岭古镇兴衰的每个重要环节，国家政策法规都起到了举足轻重的作用。

3.3.8　综合影响分析

通过对秦岭山地古镇在各因素影响下的空间演变分析，总结主要的空间影响要素，通过研究团队教授及研究生、规划专家及规划设计研究院的专业人士评分，来确定影响要素对镇区空间特征要素的影响度。将影响度评分分为五级，一级 1 分，二级 2 分，以此类推，五级 5 分，影响度越大分值越高。本次共发放 100 份统计问卷，回收有效问卷 89 份，各项统计结果取平均值，统计结果见表 3-6。

表 3-6　影响要素对古镇空间特征要素影响度

影响因素		历史街区	边界形状	规模尺度	合计
自然环境	气候	2.50	2.75	2.35	7.6
	地理	3.50	4.25	3.70	11.45
	交通	2.81	2.81	3.45	9.07
人文因素	人口	3.50	3.75	3.43	10.5
	文化	3.53	2.95	2.21	8.69
社会经济	经济	3.40	3.55	4.50	11.45
	体制	3.00	2.38	3.24	8.62

由表 3-6 可知，对秦岭山地古镇历史街区的影响度最大的是传统理论，对镇区边界形状的影响度最大的是地理因素，对镇区扩张规模尺度的影响度最大的是经济水平。对秦岭镇区空间演变综合影响最大的是地理因素和经济水平，其次是人的因素，再次是交通条件。

3.4　空间形态的演变形式

通过对秦岭山地多个古镇的空间演变调查分析研究，总结出秦岭山地古镇空间扩展具有三种基本类型：集中式演变、条带式演变和分散式演变，见表 3-7。

表 3-7　古镇主要形态汇总表

类型	形态图示	古镇	数量	比例
集中式	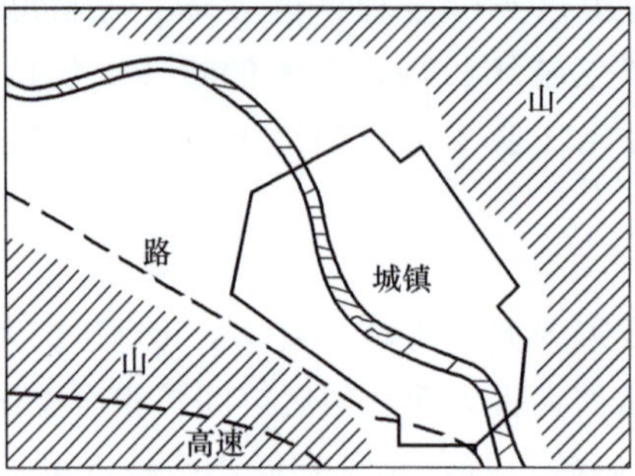	凤凰古镇、上津镇、滩歌镇、留侯镇、玉山镇	5	27.8%
条带式	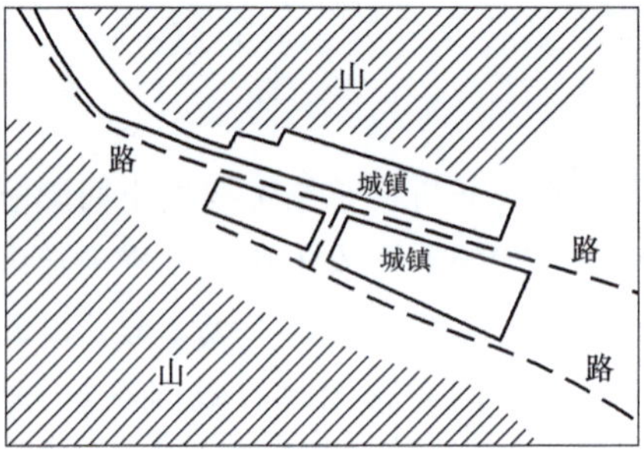	荆紫关镇、熨斗镇、哈达铺镇、郎木寺镇、武侯镇、华阳镇、厚畛子镇、云盖寺镇、葛牌镇、漫川关镇	10	55.5%
分散式	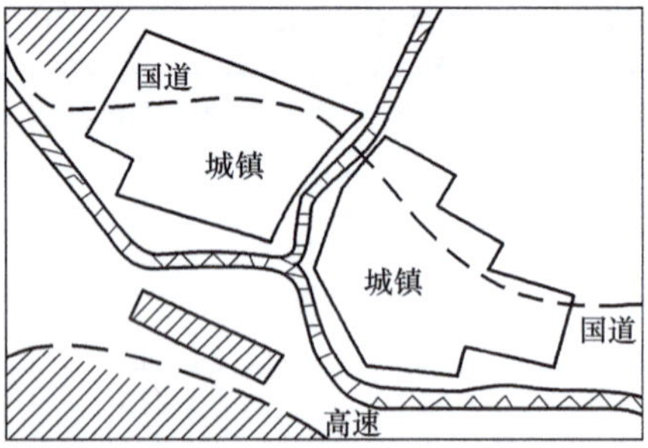	青木川镇、蜀河镇、白河县城关镇	3	16.7%

3.4.1　集中式演变

集中式演变，是镇区空间发展以历史老街为核心向外扩展的空间演变模式，这种模式适用于用地空间相对宽裕的镇，在山体与河流之间有一定的宽敞用地。该模式适用于镇区发展初期，最终形成的镇区空间形态是异形年轮式的，呈现出变异的椭圆形、偏心圆、梯形或矩形等，在各种山地地形条件下均可形成。

集中式演变模式镇区内部结构相对紧凑，是秦岭山地古镇发展初期常见的一种形态。在镇区发展初期，建设规模较小，人地关系处在和谐阶段，矛盾并不突出，紧凑集中的空间模式，有利于镇区生产和生活的有效组织，节约有限的建设用地和减少建设投资及运营费用。但随着镇区空间的不断扩展，在秦岭山地地理条件限制下，这种模式发展所形成的镇区空间形态便难以维持，逐渐向条带式或分散式演变。

集中式演变模式形成的镇区多为单中心的内聚形态结构，历史街道或老镇区基本位于镇区平面的中心位置。该模式是秦岭山地古镇最基本的发展模式之一，同时也是镇区空间演变为其他模式的基本类型之一。集中式演变模式的镇区在不同山地地形条件下，具有差异化的适应性特征，一般多在秦岭山间谷地地形下。

3.4.2 条带式演变

条带式演变模式是指当镇区空间以集中式发展到一定程度，镇区边界遭到河流和山体阻碍的时候，镇区空间将沿着河流和山体走势，朝建设用地充足的方向呈轴向式发展，而镇区空间发展所依托的“轴”，可以是河流、山体走向、公路，最终形成的空间形态是带状或枝状的演变模式。随着镇区空间的轴向扩展，镇区的中心也逐渐转移，历史街道所在的区域逐渐偏于一隅。

条带式发展镇区所形成的空间形态，表现为镇区空间平面主体轮廓长轴与短轴比大于 2：1，所表现的镇区形态呈线性发展。秦岭山地古镇条带式延展模式所形成的镇区空间有线形、树枝形和放射形三种，其中线形居多，如葛牌镇、哈达铺镇、华阳镇及上津镇；树枝形为带形镇区在一定的节点上延展出新的带形的形态空间，如熨斗镇；而放射形则是由于周边好几个部位在复杂地形的制约下，或镇区用地沿着数条交通道路发展而形成的，如郎木寺镇。

秦岭山地中由于条带式演变形成的古镇，多数分布在带状山谷及江河边的山坡等地形上，多数是从集中式空间受地形地貌影响而进一步演化而来的。秦岭山间的河谷地貌空间平坦开阔，用水方便，土地肥美，并且多有过境的对外交通穿越，建设用地在河谷中呈带状分布于河流单侧或两侧，伸展上百米甚至数千米，给秦岭山地古镇的发展提供了良好的基础条件。

3.4.3 分散式演变

分散式演变模式，是继集中式模式或条带式模式之后，当镇区用地空间在以历史遗产为核心的用地上再无发展空间，或是市政基础设施轴线延伸过长，投资额度要大幅度提升，需要跨越“门槛”的一种发展模式，镇区会跨河发展，也可能会跳跃到远离老镇区的宽敞用地成立新区，而新旧区以公路连接，最终形成的镇区空间形态将是多组团型。秦岭山地古镇的多组团空间，一般组团数量为两个或两个以上。

分散式演变模式形成的镇区由若干片适于建设但相互分隔的用地组成，多为数个独立小地形、复合地形。与集中紧凑的单中心组团型相比，为分散型空间布局。既紧密联系又彼此分离的多组团空间，由于较大环境差异，组团彼此间拥有更多的独立自由性，尤其是秦岭山地古镇的特殊性，独立于历史街道所在组团的新组团，在受老区辐射的同时，在建设强度及风貌控制上拥有更多的自由度。另外，由于各组团的相对独立性，均可形成各自的中心，一般历史街道所在组团以历史街道为中心，新组团一般以服务设施为中心。

在空间形态上，由于各个独立组团的建设地块，在秦岭山地的影响下，均会形成与山地空间相适应的组团空间形态，所以分散式演变模式下，形成的组团形态可能是空间集中的团块、带形或是放射形的任何一种。

3.4.4 综合式演变

1. 镇区空间初始演变

基于对秦岭山地古镇空间演变的历史考察分析，将其空间演变归类为集中式演变、条带式演变和分散式演变三种形式。但是从其空间演变扩张的历程看，镇区的空间形态均是由初始空间原型的不同类型，经过多次演变而形成的。以上演变形式，可以是某个时期特定的空间形态，也可以是形成最终镇区空间形态所经历的演变阶段。各种形式并不是独立存在，而是互相影响关联的。

（1）集中式演变　镇区空间发展在历史街道或老区紧凑形态基础上朝各个方向发展，在平原城镇形成同心圆圈层发展形态，而秦岭山地古镇，由于受秦岭山体或河流的限制，通常依据地势呈不规则的团块形态，如扇形的圈层、不规则偏心圈层或不规则椭圆圈层。秦岭山地古镇只有在山河间用地条件较好的谷地，或初期规模较小的情况下出现。

（2）条带式演变　镇区空间在历史街道或老区紧凑形态基础上向外发展的过程中，镇区两侧受秦岭山体或河流的限制难以扩展，镇区空间可沿着山谷的走向延伸，从而形成带形镇区形态，空间形态呈“一”字形、“S”形和“Y”形等。

（3）分散式演变　当镇区空间达到一定规模，且达到秦岭山地环境在此区域的最大承载容量时，产业或持续增加的人口将自发地从老区分散出去，在距离老城一定距离的用地空间开阔的地方发展，形成相对独立的组团及多组团的形态。

2. 镇区空间进一步演变

在以上镇区空间初步演变的基础上，镇区空间若进一步扩张，随着限制条件的变化，任何一种镇区空间形态类型都可能演变为团块状、带状或多组团状。例如，团块状的镇区空间形态，在镇区进一步扩张中，在用地限制小的情况下，会以类圈层模式扩展，形成扩大的团块状空间形态。若镇区两侧受山体地形条件限制，镇区空间便会向限制小的轴向方向发展，形成带状空间形态，也可能是跳跃式发展，形成多组团的镇区空间形态。其他两种镇区空间形态演变亦然（图 3-12）。

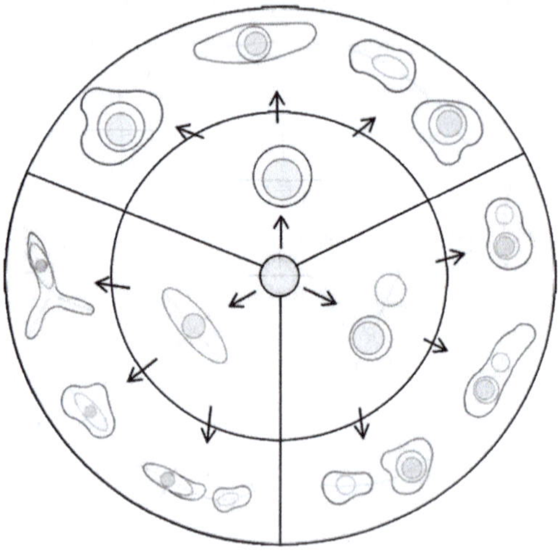

图 3-12　空间综合演变模式示意图

3.5　空间演变的作用机理

3.5.1　空间形态演变规律

1. 受制于地理条件的形态

通过秦岭山地古镇的发展演变分析，在多种因素影响下，镇区空间随社会经济发展而不断扩张。但山体、河流等条件决定着可发展用地的面积，更制约着镇区的空间形态，根据山体围合与河流走向，演变出集中式、条带式和分散式等镇区形态，如图 3-13 所示。

（1）两山环抱的集中式空间　当两山环抱而间距较大时，历史街区多沿河流布局，镇区空间以历史街区为核心呈双向圈层扩展，但各方向的扩展尺度因用地而定。

（2）两山平行的条带式空间　当两山平行、间距较小且呈河谷地形时，历史街区沿河

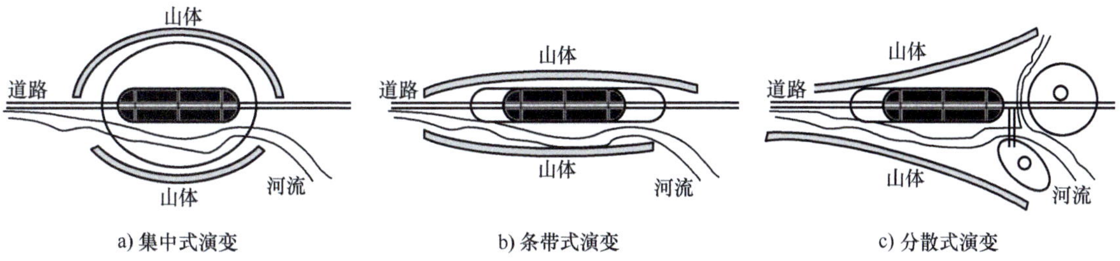

图 3-13　受制于地理条件的形态

流布局，镇区空间以历史街区为核心沿河谷条带式扩展，扩展的尺度取决于河谷地形的变化。

（3）两河交汇的分散式空间　当有两条河流交汇且周围山体环抱时，历史街区多沿主河道布局，镇区空间只能向河流三叉口的另外一个或两个区域扩展，形成分散式空间形态。

2. 满足发展需要的三区空间

从秦岭山地古镇空间形态演变的过程可见，镇区空间均以历史街区为核心而渐进式扩展，逐步形成了多种形态的现状镇区，并将随着镇区规模的扩大而出现发展新区。

历史街区是古镇的核心，多为带状形态，由直线、曲线或折线的街巷作为联系。

现状镇区是后来发展起来的居民生活区，由历史街巷以不同方式的延展且因地形而呈多种形态。其街巷建筑有仿古改造和现代形式两种。

发展新区是满足镇区未来的可扩展空间，与历史街区距离较远，主要功能是满足居民现代生活的需要（图 3-14）。

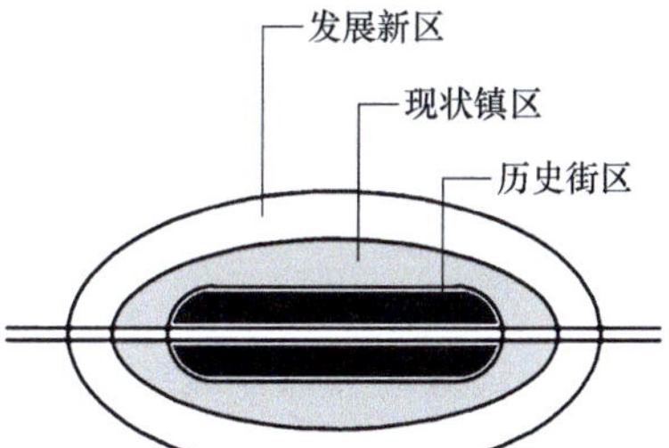

图 3-14　形态演变的三区空间

3.5.2　空间形态特征要素

秦岭山地古镇的空间，具有以历史街区为核心，镇区扩展方向及边界形状受地理条件制约，由人口规模和经济水平决定其扩展尺度与速度的特征。因此，可将镇区空间形态特征要素提炼为空间的“核”“形”“度”三个。其中，“核”为历史街区的核心，“形”为镇区边界的形状，“度”为空间扩展的尺度，如图 3-15 所示。

1. 空间之“核”

（1）核的内涵　“核”即秦岭山地古镇的历史文化遗存，包括物质文化遗产和非物质文化遗产。

物质文化遗产包括秦岭山地古镇的山水田野、古树名木等自然景观，镇区传统街巷格局及寺庙、民居等历史建筑。

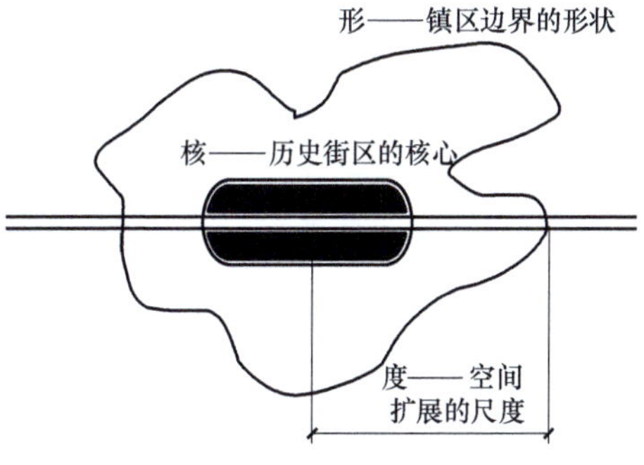

图 3-15　空间形态特征要素

非物质文化遗产主要包括历史影响和文化民

俗两方面。历史影响是指名人遗迹、重大的历史事件及文字记载、历史地名等。文化民俗是指当地的生产生活方式、口头作品、表演艺术、民间习俗、节庆、美食等。

（2）核的特点　“核”决定秦岭山地古镇的类型，秦岭山地古镇是属于红色古镇还是历史商贸型古镇，取决于镇的历史文化遗产（核）的性质。

“核”是有聚集力的增长极：秦岭山地古镇地处深山，经济较落后，由于历史文化遗产，逐渐吸引游客而带动镇区的经济发展。

“核”空间的逆向演变性：虽然秦岭山地的古镇空间整体上呈现逐渐扩张的态势，但是由于土木建筑材质易腐蚀的原因，再加之历时久远，历史文化遗产的物质实体逐渐萎缩，表现为空间的逆向演变。

（3）核的形变　总结秦岭山地古镇传统街区的平面形态发现，主要有直线形、弧线形、折线形、S 形及其他双街网格等，可将直线形作为核的基本形，其他各种形态则认为是基本形的变化，见表 3-8。

表 3-8　秦岭地区古镇传统街区形状统计

街区形状	镇区名称	所占比例
直线形	华阳镇、漫川关镇、哈达铺镇、云盖寺镇、留侯镇、滩歌镇、葛牌镇	46.7%
弧线形	青木川镇、熨斗镇	13.3%
折线形	荆紫关镇、郎木寺镇	13.3%
S 形	凤凰古镇	0.07%
复杂形	蜀河镇、上津镇、武侯镇	0.20%

2. 空间之“形”

（1）形的内涵　形是指镇区空间的边界形态，包括镇区的平面形状和立体形态。平面形状是指镇区的空间发展在受山川或河流等自然、人文、社会等各方面因素的影响下，所形成的镇区用地平面轮廓，平面形状有块状、带状（枝状）和分散状等。而立体形态则是指在各种因素的影响下，镇区空间在竖向上所呈现的高低变化。镇区立体形态自历史文化老街至镇区新建区域，建筑高度呈逐渐升高趋势。

（2）形的特征　秦岭山地古镇的“形”反映自然地理特点，山环水绕的地理特征决定了镇区空间的形态，所以通过秦岭山地古镇的“形”就反映了该镇所处的自然地理环境。

“形”可以展现镇区空间扩展的方向和边界，在受道路、河流、山体或建成区等不同因素的影响下，空间扩展的特征均反映在镇区的空间形状中。

（3）形的评价　各镇区的边界形状变化多样，有规则的形，更多的是不规则的形。规则的边界形态代表着镇区比较紧凑，交通距离短，联系方便，具有较好的可达性。公共服务半径小，基础设施投资低。

因此，对空间的边界可用形状紧凑度进行评价：

$$c=\frac{2\sqrt{\pi A}}{P} \tag{3-1}$$

式中　c——镇区紧凑度，其值为 0~1；

A——镇区面积；

P——镇区形状的周长。

紧凑度 c 值越大，表明形状越规则，圆形 $c=1$；正方形 $c=0.886$。c 值越小则形状越复杂，长短边比为 10∶1 的带形 $c=0.51$。由此可以评价镇区形状，并选择合适的发展空间。

3. 空间之“度”

“度”即空间量度，包括空间尺度和发展速度。“度”主要反映的是镇区在历史上的各时期受外界因素影响发展速度的快慢，体现在空间尺度的扩张上。“度”是从时间和空间两个维度反映镇区的空间演变的，反映镇区在时间轴线上的空间尺度变化（图 3-16）。

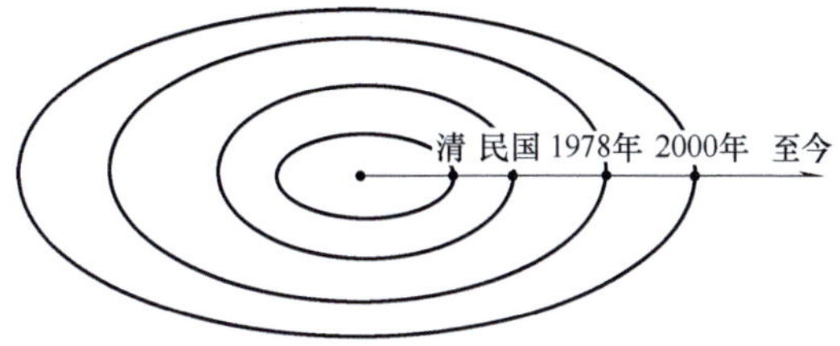

图 3-16　“度”的时间空间示意图

3.5.3　空间演变动力机制

1. 动力因子的影响

通过分析影响秦岭山地古镇空间演变的过程，发现其动力因子主要有自然环境、人文因素和经济政策等方面，其动力特征主要有以下几个：

（1）历史遗存是根本　镇区的历史文化遗存相当于树木年轮的髓，髓决定树木的种类，而历史文化遗存决定镇的性质，也是其赖以发展的根本。

（2）自然地理是条件　自然地理条件在空间上限制镇区的发展，在很大程度上决定镇区的空间形态。

（3）交通条件是保障　由古道、河运至现代铁路、公路，交通条件保障着古镇的经济繁荣与发展。

（4）人的需求是动因　当地居民生活条件改善的需求，经济发展的需求，以及游客的需求是镇区空间发展和扩张的内在动因。

（5）特色文化是核心　多元的地域文化既是历史演变的特色，也是促进现代旅游和经济社会全面发展的核心。

（6）经济技术是支撑　秦岭山地古镇空间扩张需要一定的经济基础，而人居环境改善、历史建筑保护和维修都需要经济技术的支撑。

（7）政策体制是导向　通过研究秦岭山地古镇每个重要阶段的发展史发现，国家的政策是从宏观上引导镇区空间发展的导向，具有举足轻重的作用。

2. 动力机制的形成

秦岭山地古镇在自然条件、人文环境和经济政策等因素的影响下，通过气候、地理、交通、人口、文化、经济和政策等动力因子，作用于空间的核、形、度等特征要素，驱动着镇区的扩展和空间的演变。分析其作用关系可知，空间的“核”的形成、发展、内涵、形态等是各因子综合驱动的结果。空间的“形”主要受地理、交通、政策等因子的驱动。空间的“度”主要受地理、交通、人口和经济的驱动。

3.5.4　类年轮演变机理

通过研究分析发现，秦岭山地古镇空间的形成演进、空间增长、历史记忆，以及通过影响因素的改变而调整空间的增长等特征，与树木年轮的增长和特征有极大的相似性（并不是拘泥于形上的相似），简称为类年轮演变机理。年轮形态特征如图 3-17 所示。

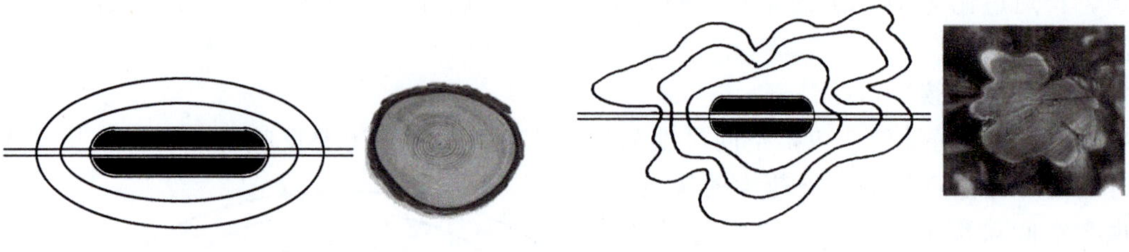

a) 规则年轮一　　b) 规则年轮二

图 3-17　年轮形态特征

1. 树木年轮的特征

树木的年轮反映树的年龄。年轮是树木受季节的影响在生长过程中形成的，一年产生一个年轮。

年轮的疏密反映气候特征：每年春季雨水充沛、气候温和，树木产生的细胞数量多、体积大，细胞壁薄，所以材质疏松，颜色浅，被称为春材；秋季雨量少、气温降低，树木生长缓慢，生成的细胞量少、体积小，细胞壁厚，材质密实，被称为秋材。同年的春材和秋材合称为年轮。

树木年轮记录自然现象：美国科学家道格拉斯的“树木年代学”认为，可通过树木年轮来研究历史气象类型。年轮的形成受外界环境影响明显，树木在自然条件良好、水分阳光充足的时候生长较快，相反则生长较慢，所以通过树木年轮的形状和疏密就可以判断南北方向，也可推断过去每年的自然气候特征。通过对比相同地区的树木年轮，可推断出每圈年轮的准确日期及生长年代。道格拉斯等科学家还发现，过去年代的火山、地震等都会在树木年轮上有所反映，通过年轮疤痕可以判断火山爆发的时间。

2. 镇区类年轮演变的特点

树的年轮记录着树木的历史信息、树木的年龄和树木生长的自然气候条件，同时也记录着重大自然灾害，是历史活档案。秦岭山地古镇空间演变过程中，对历史的记录，对不同时代影响因素下的空间扩张程度，以及空间扩展朝有利方向发展等现象，与树木的年轮生长记录信息等极为相似，故将秦岭山地古镇空间演变规律称为“类年轮演变机理”，如图 3-18 所示。

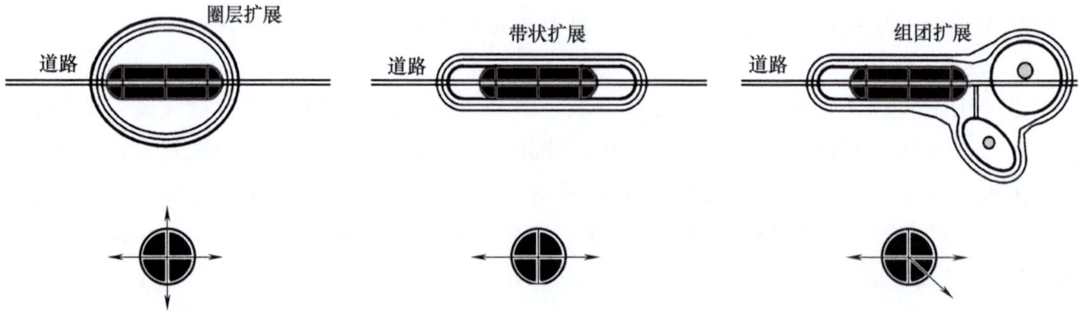

a) 双轴年轮　　b) 单轴年轮　　c) 多轴年轮

图 3-18　类年轮演变机理

秦岭山地古镇的类年轮演变特点主要表现在以下几点：

（1）记录历史信息　秦岭山地古镇的“核”及“形”，即镇区所呈现的空间形态及历史、新建的街巷建筑的情况，记录了镇区的空间演变历程，从镇区的空间格局、历史街巷、建筑风格等可以推测镇区发展各个历史时期的特点。通过镇区的空间布局特征，可了解在各个因素的影响下，镇区在各时期空间上的扩展速度，即了解镇区空间历史演变的“度”。通过深入解析，也可侧面获取不同历史时期人们的生活和生产特点。

（2）因素影响扩张　与树木年轮的生长相似，秦岭山地古镇的空间扩张受各个因素的影响，不同的地理气候条件、人的不同需求，以及不同的社会经济条件，决定镇区空间向不同的方向扩张，同时也决定了镇区空间在平面及立体方向上的扩张速度。秦岭山地特殊的气候地理条件，决定了“核”的选址，是背山面水还是“金带环抱”，决定镇区空间的“形”，是圈层状、枝状还是多组团状，不同的社会经济条件又决定了镇区空间发展的速度，即“度”。

（3）趋利方向发展　秦岭山地古镇镇区空间扩展方向，类似于树木年轮生长，总是向着有利于自身发展的方向扩展。主要表现在“核”的择优而居，历史街道选择最有利的地势或最有利生产和生活的地点。镇区空间形态的演变总是向阻力最小的方向发展。镇区空间扩张的“度”在阻力大的方向扩张慢，相反则扩张速度快。

3. 类年轮演变特征

通过以上分析，秦岭山地古镇空间类年轮演变特征总结为时空的渐进性、方向的不均衡性和形态的不均匀性。

（1）时空的渐进性　镇区空间由古至今的发展演变，使得镇区现状物质空间反映了不同时代的特点，各个时代的建筑材料、历史建筑、道路和空间格局等，都反映了各个时代的特点，镇的空间物质形态及特点诉说着镇区空间随着时间的渐变性。

（2）方向的不均衡性　由于秦岭自然地理条件的限制，使镇区空间扩张明显受山河的影响，顺着自然地理条件，朝用地充裕的方向呈自由形发展，所以说秦岭山地古镇空间演变的方向具有明显的不均衡性。

（3）形态的不均匀性　主要表现在三个方面：第一个方面是空间平面形态受自然地形地貌影响，平面形态外轮廓呈现的不均匀性；第二个方面是内部空间不同时代呈现疏密有别的空间肌理的差别性，古代建筑肌理较密实，而近现代建筑肌理较疏松，呈现出不均匀性；第三个方面是立体空间形态的不均匀性，随着时间的演进，秦岭山地古镇建筑高度逐渐增加，以老街为中心向外逐渐升高。

3.6　本章小结

以研究秦岭山地古镇的空间演变机理为重点，首先对秦岭山地古镇从古至今的历史发展过程进行分析研究，发现古镇从古至今经历的“形成—繁荣—萧条—复兴”，对应其整体空间演变经历“选址—成长—停滞—扩展”的过程，历史文化遗产的空间载体演变则经历“选址—扩张—萎缩”的过程。根据各阶段的空间发展特征，将秦岭山地古镇镇区空间演变的过程归纳为因地制宜的渐进式演变、由小到大的离散演变、由低到高的竖向演变、由单趋全的多元演变。

通过对秦岭山地古镇的空间演变特征分析，将其影响因素总结为三大类和七小类。三大类：自然条件、人文环境和经济政策；七小类：交接区气候，河谷型山地、闭塞的交通、迁移的人口、多元化生活、山林式经济和革命性社会。通过分析研究发现，影响镇区空间演变的影响因素有以下特征：历史遗存是根本，人的需求是动因，政策法规是导向，自然地理是条件。

通过秦岭山地古镇从古至今的空间发展演变分析，其镇区间形态特征要素可提炼为“核”“形”和“度”。通过对“核”“形”和“度”三个特征要素的发展分析，提出秦岭山地古镇空间演变的类年轮演变机理，其演变特点表现在记录历史信息、因素影响扩张和向有利方向发展三方面。并将镇区空间类年轮演变特征总结为时空的渐进性、方向的不均衡性和形态的不均匀性。

通过对秦岭山地多个古镇的空间演变调查分析研究，总结出其镇区空间演变的三种基本形式：集中式演变、条带式演变和分散式演变。空间的发展模式决定了街巷延展的不同模式，本章在挖掘镇区空间演变机理的同时，对空间模式的研究也为本书后面介绍街巷延展模式做基础。

第4章
秦岭山地古镇空间扩展机制

第 4 章 秦岭山地古镇空间扩展机制

秦岭山地的众多古镇在实施乡村振兴战略中，常常面临自然生态红线、古镇文化保护和经济发展之间的尖锐矛盾。如何在满足自然、文化保护的前提下，合理扩张古镇建设用地，一直是古镇发展面临的重大问题。本章以秦岭山地古镇为例，采用决策树元胞自动机（DT—CA）方法，选取典型案例，进行快速城镇化阶段空间演变规则的提取，通过决策树分析，探索各物质实体要素对秦岭山地古镇空间扩展的影响机制。并采用人工网络元胞自动机（ANN—CA），对典型古镇未来空间发展进行预测。

古镇空间绿色发展，在遵循镇区空间历史的演变规律基础上，对不合理的发展因素进行控制和调控，引导镇区健康发展。

4.1 城镇空间扩展研究现状

改革开放以来，中国城镇化进入快速发展阶段，引起耕地锐减、生态环境破坏和人地矛盾升级等一系列问题。掌握城镇建设用地的演变机制，可有效抑制建设用地的无序扩张，对城镇化过程中出现各种问题的解决意义重大。

城镇建设用地扩张机制及影响因素的研究，一直是学术界研究的热点。而建设用地的扩张演变是多种因素综合影响的结果，国内外诸多学者探究了社会、政策、经济、自然地理、交通和人口等诸多因子的影响[94]。在最初国内学者的研究中，大都认为政治因素是影响城市空间扩张的最大因素[95]。另有不少学者认为经济发展会促进建设用地的增长[96,97]，有基于县级层面研究发现 GDP 每增加 10%，将会引起建设用地扩张 3%，经济结构变化也在一定程度上影响建设用地扩张[98]，而有学者针对山区城镇建设用地扩张研究显示，GDP 变化对建设用地扩张没有明显的影响[99]。人口也被认为是影响城市建设用地扩张的重要因素[100]及主要推动力[101,102]，人口密度变化率是影响山地城镇建设用地扩张的主要因素[98]。也有学者认为城市空间扩张受知识群体的影响显著，是由具有技术知识的创新阶层引领的[103]。有研究表明自然资源条件对城镇建设用地扩张会产生很大影响，特别是对于山地城镇[104,105]，也有研究表明对于自然因素而言，在大多数山地城镇中，地形对建设用地扩张强度的影响并不显著[106]。

综上所述，针对城镇空间扩张机制的研究较多，学者们针对不同研究区域，通过定性、定量等方法进行分析研究，得出诸多有价值的成果和结论，但是由于我国幅员辽阔，城镇形成发展机制复杂，研究的区域不同，地形地貌不同，城镇等级不同，研究结果也存在差异。另外，目前研究多停留在宏观层面，认为人口增长、经济发展和政策均会影响城镇建设用地扩张。微观层面上，认为至主要交通道路距离、距市中心距离、地形地貌等是建设用地扩张的重要影响因素，但是目前尚缺少微观层面上影响城镇建设用地扩张的物质实体因素的量化影响规律研究。

我国约有 45%的人口居住在山区[107]。秦岭山区作为中国地理版图的南北分界线，覆盖面积广、地形复杂、气候差异显著，生态自然环境优越，秦岭山区分布着大量具有文化特色的古镇，关于秦岭山地古镇的空间扩展研究较少，已有研究主要针对秦岭山地古镇由古至今空间演变的宏观规律为主[108]，缺乏快速城镇化以来物质实体要素对古镇空间扩展影响的量化规则研究。

在文化自信和绿色发展战略背景下，研究秦岭山地建设用地空间扩张的规则及古镇空间实体要素对镇区建设用地扩张的具体影响机制，可以加强对山区城镇建设用地空间扩展规律的理解，对秦岭自然生态环境保护、制定国土空间优化方案，以及引导政府对建设用地未来发展方向的精准调控具有重要的意义。

4.2　乡镇发展目标

4.2.1　五大要求的乡村振兴

1. 产业兴旺

秦岭山地古镇的产业发展必须注重围绕特色产业及衍生产业的发展做好产业链，不断激活古镇内生动力，使山林产业、观光农业、特色加工业和文化旅游业相结合，能够充分突显其在经济社会发展中的引领作用。

2. 生态宜居

生态宜居要注重三生空间的合理安排，保护有价值的生态因子，做到生产、生活空间的平衡。对于空间发展来说，要从增长思维转变为品质思维，注重空间细节的打造，努力提升生态品质。

3. 乡风文明

乡村发展的核心即是“人”的发展，要通过空间规划和制度设计增强农民的文化自信及家园自豪感。

4. 治理有效

以农村土地改革为主线，引导对乡村价值的重新认识，并通过对乡村传统文化和传统智慧进行挖掘梳理，促进乡村文化重建，使乡村在多元因素的介入之下推动人的思想意识的现代化转变，以达到有效的乡村治理目标。

5. 生活富裕

对于整个乡村发展来说，需要将村民的精神文明和物质文明建设相结合，构建理想的生活目标。

4.2.2 三生融合的空间格局

1. 三生的功能内涵

由生产、生活、生态构成的“三生空间”，反映了物质空间环境之间存在的复合型功能特征，包含生产功能、生活功能、生态功能，对于这三者之间的功能分析是“三生”推进乡镇可持续协调发展和空间扩展规划的基础。

（1）生产功能　即进行社会生产和服务的功能，以土地作为劳动对象或载体，包括原材料生产、能源生产、生存与健康资源供给和间接生产等功能。

（2）生活功能　即各种物质与精神所依托的土地提供各种空间所承载的功能，包括物质生活保障、精神生活保障、空间承载及避难等功能。

（3）生态功能　即以自然为基础、维护人类生存发展的功能，包括土壤保持、水调节与净化、养分循环、气体与气候调节等基本功能。

2. 三生空间的界定

“三生空间”是对生产、生活、生态三类空间的总称，这三类空间构成了不同空间尺度的主体要素，落实到土地利用上反映的是土地利用方式。

（1）生产空间　是为生产经营活动提供服务的地域空间、农业生产空间，包括耕地、园地、林地等进行农业生产活动的空间。

（2）生活空间　即人们生活与居住所使用的建设空间，满足人们的居住生活与公共活动，包括村庄、镇区及道路用地。

（3）生态空间　即具有自然生态防护功能，并能够提供生态产品和生活服务的地域空间，包括山林、河流、湿地等用地。

生态—生产—生活三者之间相互影响、相互制约，体现在以下几个方面：生态空间是保障其他两者的基础；生产空间是根本，决定着其他两者的存在状态；生活空间是目的，空间扩展的目标是满足生活空间的需要，最终使生产空间集约高效、生活空间宜居舒适、生态空间山清水秀。

3. 三生空间的控制

（1）生态保护红线　是保障生态功能的控制基线，包括禁止开发区红线、重要生态功能区红线、生态敏感区和脆弱区红线。

（2）永久基本农田控制线　是对土地利用规划所确定耕地的控制，不得擅自改变其用途或占用耕地进行建设。

（3）城镇开发边界控制线　包括城镇建设规模控制线，主要用于整合镇区用地，提升改造原有镇区；弹性建设控制线，主要为镇区未来发展和产业提升预留空间；村庄建设控制线，主要为未来村庄发展预留空间。

4.2.3 城乡融合的发展途径

1. 城乡价值再认识

在城乡融合发展的战略指引下，未来城乡关系必定是城乡利益共同体，城乡均可承载幸福生活。对待乡村，要从“在村看村”转向“从城乡整体看城市、乡村关系”，从“小农视角”转向“国家视角下的城乡融合的乡村”。

依托城市与乡村关系，构建城乡共同的未来。通过对全域自然生态本底、历史文化、道路交通及城市发展阶段、近期增长边界等方面进行系统研究，保持城市乡村在多方面的价值等同。乡村可利用其土地资本与城市博弈，将乡村品质的提升作为乡村牺牲土地的补偿，在城乡之间出现非城非乡地带，而远郊区域可以获得更多的产业自主权，此时城乡之间则是靠市场来进行调配，乡村风貌则是与城市相匹配的一种空间形态。

2. 从城乡统筹到城乡融合

从城乡统筹到城乡融合是“以城统乡”的体现，更强调城市和乡村的共生共融、共同发展；强调城乡关系平等、城乡之间形成互惠共生关系；强调城乡要素互动，资源按市场化自由流动；强调城乡空间共融，形成连续空间谱系。

3. 城乡一体化

城乡一体化的目标是把城市与乡村、工业与农业、居民与农民作为一个整体，实现城乡全面、协调、可持续发展。城乡统筹是城乡一体化的路径，城乡融合是城乡统筹的升华，城乡一体化是城乡关系的最终目标。

4.2.4　传承历史的文化复兴

文化是宇宙自然规律的描述，是道德的外延；文化实力是城镇发展的持久动力；作为社会意识形态的文化是社会经济、政治的反映，是民族精神思想的体现。

秦岭山地古镇反映了不同地域、民族、经济社会不同阶段各聚落形成和发展演变的历史，真实记录了传统建筑风貌和原始空间形态，体现了当地民俗民风和文化艺术，是具有很高利用价值的文化资源。

古镇的保护与利用是经济社会发展的重要部分，是培育地方特色旅游产业、促进经济社会发展的重要源泉，是塑造地域民族文化、满足人民群众精神需求的重要途径。

秦岭山地古镇因其所处的地理区位不同，所受到周边地区文化影响不同，而形成了独具特色的多元文化。充分强化自身特色，并与所在区域的其他历史文化名城、名镇、名村及传统村落共同构建秦岭文化体系，共同传承地域历史，促进中华文化复兴。

4.3　空间扩展机制

4.3.1　研究方法

1. 元胞自动机（Cellular Automata，CA）模型

20 世纪 40 年代，Ulam 首次提出 CA（Cellular Automata）的概念，它是指在一个完全离散和有限的元胞空间上，根据一定的局部规则，在离散的时间维度上进行演变的动力学体系[109,110]，元胞自动机由元胞、状态、邻域和转换规则四个基本要素组成[111]。其中，元胞为元胞自动机最基本的组成部分，它分布在离散的一维、二维或多维度的欧几里德空间上。状态是二进制｛0，1｝形式，或是整数形式的离散集，严格来说每个元胞只有一种状态。邻域：元胞在下一刻的状态，由元胞当前的状态和其周边邻居的状态决定，所以在确定转换规则前，需首先确定邻域状态及形式，常见的二维元胞自动机邻域定义中有以下三种形式：冯·诺依曼（Von Neumann）型、摩尔（Moore）型、扩展的摩尔（Moore）型[112]（图 4-1）。

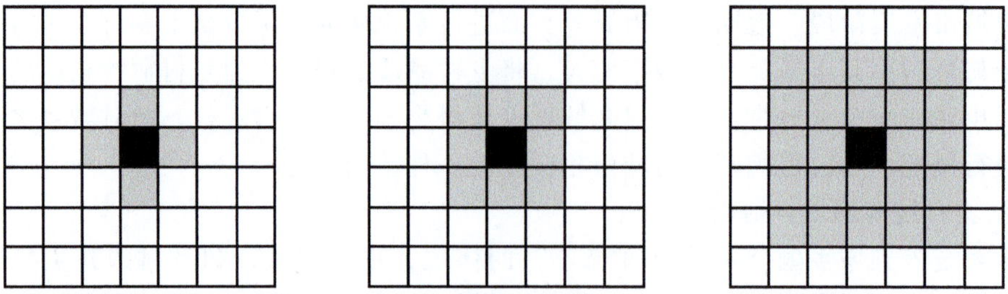

图 4-1　元胞邻域形式

（来源：柯新利，2016）

元胞自动机的运行原理为每个元胞依据自身及邻域元胞的状态，按照一定的转换规则，在下一时刻转换为其他状态或保持原来的状态不变，而自身状态的转变又影响其邻域元胞的状态，通过个体在空间上相互影响从而发生变化来进行空间的演化模拟[113]。

CA 模型作为一种空间、时间、状态都离散的动力学模型，反映着空间随时间的变化特征，它的一般表达公式为式 4-1[114]：

$$S_i^{t+1} = f(s_i^t, s_N^t) \qquad \text{式（4-1）}$$

式中　S_i^{t+1}——元胞 i 在 $t+1$ 时刻的状态；

s_i^t——元胞 i 在 t 时刻的状态；

s_N^t——元胞 i 的邻域集合在 t 时刻的状态；

f——元胞转换规则。

在 CA 模型中，中心元胞在下一时刻的状态，是当前状态和其邻域状态的函数，准确定义该函数的模拟精度有重要的作用[115]。

2. 决策树元胞自动机（DT—CA）

在 CA 模型的训练和模拟中，如何使用合适的方法从空间变量中挖掘转换规则和参数以较好地反映出城市扩张特点是最为重要的[116]。DT—CA 具有很强的规则发现能力，它应用数据挖掘技术自动重建地理 CA 的过渡规则，基于“信息增益比率”来确定在决策树的每个内部节点上的分割[117]。

决策树元胞自动机（DT—CA）基本原理：在训练阶段，通过对不同时段土地利用类型数据进行抽样，结合输入的影响土地变化的各影响因子数据，邻域窗口内城市用地统计值，提取非城市用地向城市用地转换的决策树。模拟阶段，根据决策树得到的转换规则，判别当前元胞是否可转换，达到终止条件模拟过程结束。该方法的优点：数据挖掘过程方便、高效，可从大量的地理数据中立即得到明确的转换规则；方便校准，在规则诱导过程中会自动进行校准；明确的规则结构，更便于管理者理解。

3. 神经网络系统元胞自动机（ANN—CA）

人工神经网络系统（Artificial Neural Network，ANN）模型是通过模仿人脑的功能来进行运算和模拟的，是 20 世纪 80 年代以来，人工智能领域新兴的研究热点[118]。神经网络（ANN）由一系列神经元组成，其运算能力强大，已广泛用于许多高难度现象的模拟[119]。对复杂非线性系统的模拟是 ANN 模型的最大优势，它具有自组织、自学习以及记忆和联想等优点，可从历史数据中提取 CA 的转换规则，有效简化 CA 模型，从而避免主观因素的影响，提高了模拟结果的精度[120]。

神经网络系统元胞自动机（ANN—CA）的模拟过程：数据准备阶段，收集研究区域的历史土地利用数据及确定影响用地转换的特征变量，通过对收集数据进行训练，提取城市用地演变的规则，然后可根据需求设定不同的城市发展情境，对未来城市用地演变情况进行模拟预测，如图 4-2 所示。

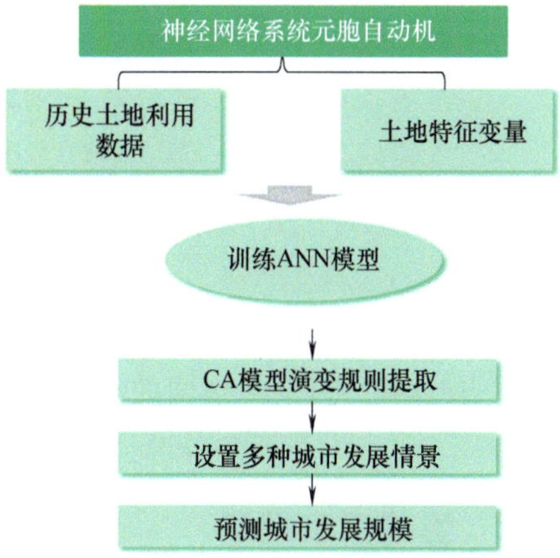

图 4-2　ANN—CA 的模拟过程

神经网络系统元胞自动机 ANN—CA 模型包括三部分：输入层、隐藏层和输出层（图 4-3），该模型利用多个输出神经元模拟多个土地利用变化，网络的输出层通过使用多个输出神经元来确定多个用地的转换概率，所需的参数由神经网络的训练过程自动确定，在 ANN—CA 模型中不需要明确的转换规则，唯一的任务是训练神经网络以获得基于经验数据的参数值。

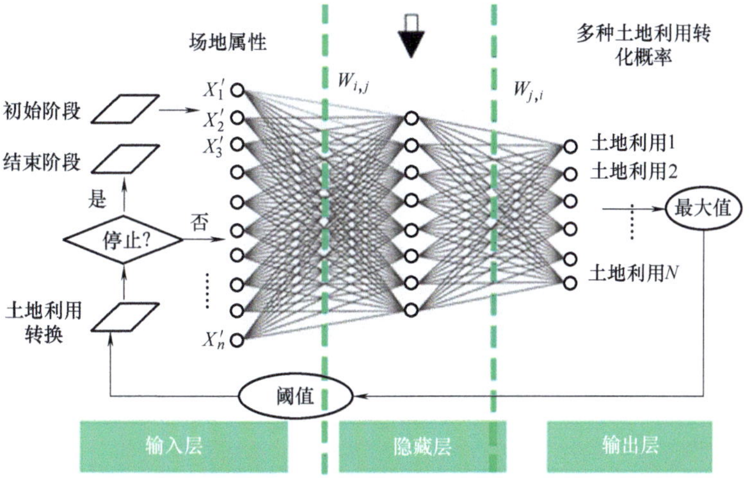

图 4-3　ANN—CA 模型的网络结构

神经网络系统元胞自动机模型的转换规则由三部分组成：转换概率、邻域开发密度及约束条件，可用式 4-2 表示[121]：

$$P_{d,ij}^{t} = [1 + (\ln r)^{\alpha}] \times \sum_{j} w_{j,l} \frac{1}{1 + \mathrm{e}^{-\mathrm{net}_{j}(k,t)}} \times \mathrm{con}(s_{ij}^{t}) \times \Omega_{ij}^{t} \qquad \text{式 (4-2)}$$

式中　$P_{d,ij}^{t}$——元胞的转换概率；

$1+(-\ln r)^{\alpha}$——随机项，将随机变量引入 CA 模型，可模拟土地利用过程中存在的政治因素、人为因素、随机因素及偶然事件的影响，可使模拟结果更加接近实际情况，其中 r 是一个 0~1 范围内的随机变量，α 是控制随机扰动大小的参数，其取值范围为 1~10 的整数。

$\sum_{j} w_{j,l} \frac{1}{1+\mathrm{e}^{-\mathrm{net}_{j}(k,t)}}$——单元 k 在模拟时间 t 时从当前类别到 l 类别的土地利用转换概率，

是从历史地理现象变化数据及相关影响因子中利用空间数据挖掘的方法获取，$w_{j,l}$ 为隐藏层与输出层之间的权重，$\mathrm{net}_j(k,t)$ 为隐藏层第 j 个神经元接收到的信号。

Ω_{ij}^t——邻域函数，用来表示邻域对中心元胞转换概率的影响，它在模拟的过程中是不断变化的，具体表示为

$$\Omega_{ij}^t = \frac{\sum_{3\times 3}(s_{ij} = \text{目标值})}{3\times 3-1} \qquad \text{式 (4-3)}$$

式中　$\mathrm{con}(s_{ij}^t)$——空间的约束条件，例如水体、基本农田为禁止开发区，不能发生用地转变，则 $\mathrm{con}(s_{ij}^t)=0$。目标值是指目标土地类型或条件。

4.3.2 影响因素提取

通过对秦岭古镇发展分析，初步提取影响秦岭古镇空间扩展的物质影响因素有坡度、高程、道路、建成区、古街区、河流、农田等。然后进行问卷调查，调查对象涉及研究团队研究生与教授、行业专家、规划及建筑专业设计师等。问卷中根据对秦岭山地用地扩张影响度大小，可赋予各个影响因素 0~10 的分值，分值越高，影响度越大。通过网络问卷发放统计，共收集有效问卷 75 份，各影响因素分值取平均值，见表 4-1。

表 4-1　秦岭山地古镇各物质要素影响度大小

影响因素	坡度	道路	高程	河流	建成区	农田	古街区
影响度平均值	7.87	7.65	7.57	7.13	7	6.89	6.84

由表 4-1 可知，影响秦岭山地古镇建设用地扩张因素影响度大小排序为：坡度>道路>高程>河流>建成区>农田>古街区。但是从历史各时期古镇空间影像图分析可见，农田并没有限制镇区建设用地的扩张，所以在后文空间演变规则提取中取消农田这一影响因素，将农田作为一类用地类型来参与到用地演变模拟之中。

4.3.3 数据来源

1. 软件环境

应用 DT—CA 模型进行演变规则提取，采用 ANN—CA 进行镇区空间发展预测模拟，其软件环境为 ArcGIS 与地理模拟和优化系统 GeoSOS 系统。该系统是根据黎夏教授、叶嘉安教授、刘小平博士及其团队在地理元胞自动机、多智能体和空间优化的基础上由李丹研发[121]。GeoSOS 中的地理元胞自动机模块包含了常用的 CA 模型，如 ANN—CA、DT—CA，可将模拟与优化进行耦合，能较大提高模拟优化结果的精确度[122]。

GIS 能方便地获取数据，不仅能够完成数据输入、储存、显示和输出等功能，而且具有强大的空间分析功能，但是目前还是仅限于描述和处理静态的空间信息，对于动态时空信息的分析和表达功能欠缺。GIS 与 GeoSOS 耦合，很大程度上弥补了 GIS 动态过程模拟的不足，而 GIS 则能够作为 GeoSOS 空间数据处理的平台，及时显示地理模拟系统在各种情景下的模拟计算效果。

2. 模型数据

通过对秦岭山地古镇的分析，以及各类空间形态古镇的空间扩张机制模拟研究，不管是

组团状，还是带状空间类型，其影响古镇建设用地空间扩张的影响因素重要性排序基本一致，这里选取具有典型性的凤凰古镇为代表，进行详细分析。

所用数据主要包括两类：一类是历史土地利用数据，另一类为空间属性变量。

首先，历史土地利用数据采用凤凰古镇 2005 年、2012 年及 2018 年三个时期的土地利用数据，2005 年土地利用数据由遥感影像解译获得，2012 年及 2018 年土地利用数据根据 Google 地图影像绘制，在 ArcGIS 软件平台上，将三期土地利用数据配准至统一的坐标系下，建立历史三个时期的土地利用数据。结合凤凰古镇的现状特点，将研究范围各个时期的土地利用类型划分为四类，即建设用地、河流、耕地及林地，三个历史时期的土地利用图如图 4-4~图 4-6 所示。

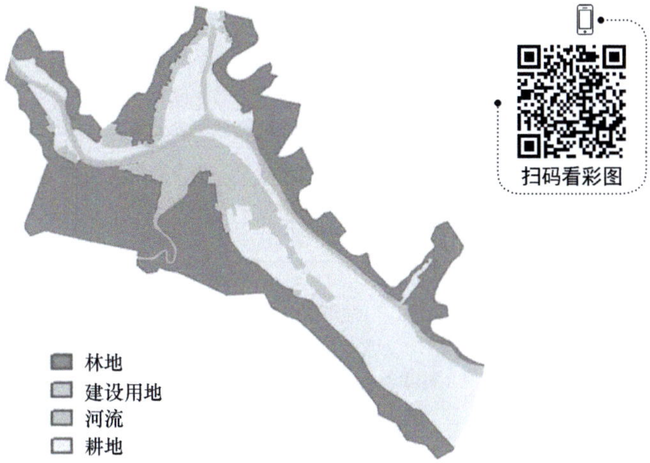

图 4-4　2005 年土地利用图

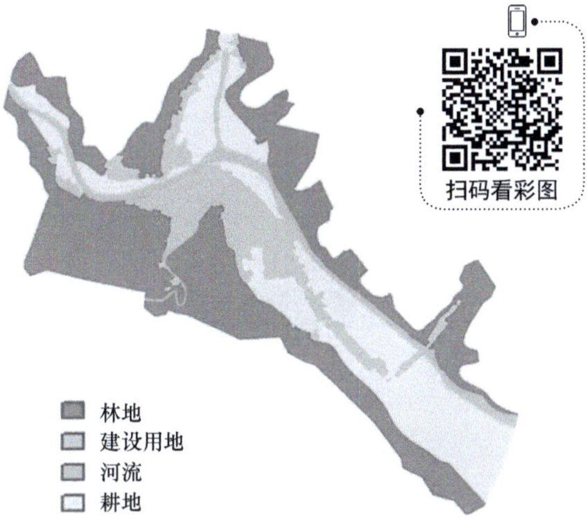

图 4-5　2012 年土地利用图

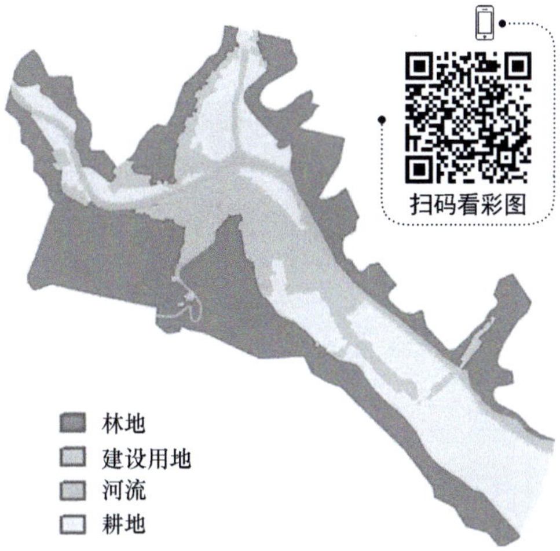

图 4-6　2018 年土地利用图

其次，空间属性变量根据凤凰古镇用地空间扩展特点，综合考虑地形地貌、经济社会及历史文化因素，确定六个空间属性变量，分别为坡度、高程、距河流的距离、距交通干道的距离、距建成区的距离以及距历史街区的距离。凤凰古镇四面环山，镇区发展受周边山体的坡度和高程影响较大，故选择高程和坡度作为影响凤凰古镇区空间发展的地理影响因素，而河流自古就对凤凰古镇的产生发展起到了很大的作用，现代河流的景观效应对镇区的空间发展也影响巨大，交通的便捷性是影响镇区发展的又一重要因素，而建成区和历史街区则是影响镇区发展的社会和经济因素。

空间属性变量的原始数据来源于凤凰古镇的现状地形图，对上述六个影响空间演变的属性变量，在 ArcGIS10.2 中，进行坡度、DEM 及空间距离分析，并进行归一化处理，使各个属性变量的值落于［0~1］（表 4-2），并统一坐标系，为后期空间预测模拟打好基础。六个空间属性变量归一化数据如图 4-7 所示。

表 4-2　空间属性变量表

空间属性变量	数据获取方法	原始数据范围	归一化值范围
坡度	ArcGIS 坡度分析	0~88.5998	0~1
高程	ArcGIS 高程分析	600~925.808	0~1
距河流的距离	ArcGIS 欧式距离分析	0~622.527	0~1
距交通干道的距离	ArcGIS 欧式距离分析	0~579.124	0~1
距建成区的距离	ArcGIS 欧式距离分析	0~961.967	0~1
距历史街区的距离	ArcGIS 欧式距离分析	0~2351.2	0~1

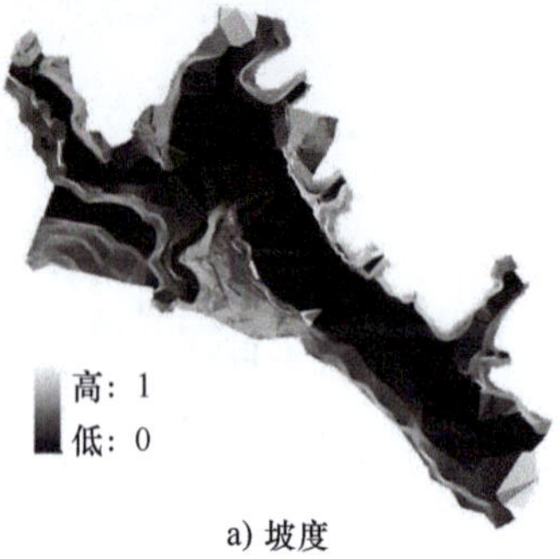

a) 坡度

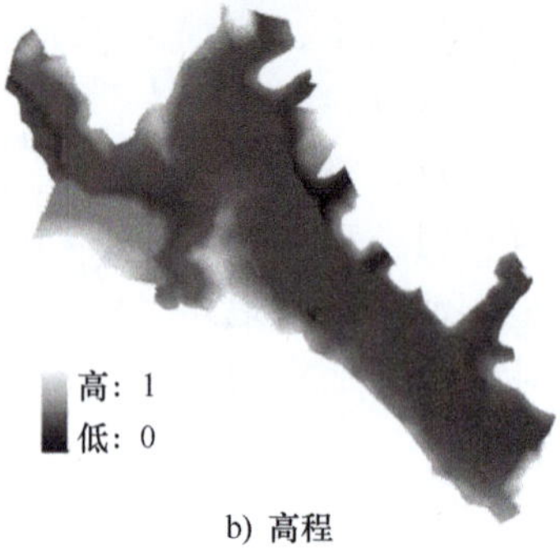

b) 高程

c) 距河流的距离

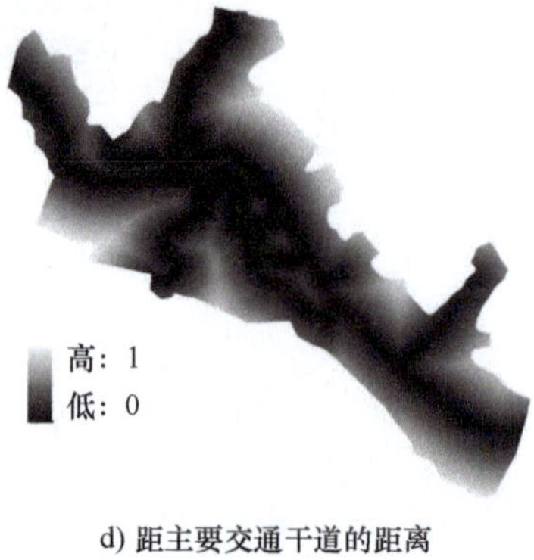

d) 距主要交通干道的距离

e) 距建成区的距离

f) 距历史街区的距离

图 4-7　空间属性变量归一化数据图

3. 精度评价

Kappa 系数是基于混淆矩阵计算的，它可用于衡量分类的精度及一致性检验[123]。Kappa 系数可定量反映模拟结果的整体精度[124]，Kappa 计算结果通常是落在 0~1，可分为五级表示：0~0.2 为极低的一致性，0.21~0.40 为一般的一致性，0.41~0.60 为中等的一致性，0.61~0.80 为高度的一致性，0.81~1 为几乎完全的一致性，Kappa 系数的计算公式如下[125]：

$$k=\frac{p_0-p_c}{1-p_c} \quad \text{式 (4-4)}$$

式中　k——Kappa 系数值；

p_0——两幅图像栅格类别一致部分占总栅格的比例；

p_c——期望一致部分比例。p_0、p_c 计算公式如下[126]：

$$p_0=\frac{s}{n} \quad \text{式 (4-5)}$$

$$p_c=\frac{a_1b_1+a_0b_0}{n^2} \quad \text{式 (4-6)}$$

式中　n——图像栅格像元总数；

s——两幅图像栅格像元值相等的像元个数；

a_0——图像真实栅格值为 0 的像元数；

a_1——图像真实栅格值为 1 的像元数；

b_0——模拟图像栅格值为 0 的像元数；

b_1——模拟图像栅格值为 1 的像元数。

Pontius 等学者提出的优质性能指数 FoM，可定量地检验元胞尺度上的模拟精度[127]。FoM 值越大，用于城市土地利用空间发展模型的元胞尺度模拟的结果精度越高，FoM 的计算公式如下：

$$F=B/(A+B+C+D) \quad \text{式 (4-7)}$$

式中　F——FoM 的值；

B——观测状态和模拟结果都为“变化”的元胞数；

A——观测状态为“变化”，模拟结果为“不变”的元胞数；

C——观测状态和模拟结果都为“变化”，但是变化类型错误的元胞数；

D——观测状态为“不变”，模拟结果为“变化”的元胞数。

通过 GeoSOS 平台的 ANN—CA 模块对凤凰古镇 2005~2012 年的用地数据进行抽样训练，获得各种土地利用类型转换的概率值，对 2018 年的用地数据进行模拟，模拟结果显示：模拟结果的总精度为 99.75%；Kappa 系数为 0.996，为几乎完全的一致性；FoM 精度值为 0.842，精度值较高。

4.3.4　空间演变机制

1. 演变规则提取

利用人工神经网络系统元胞自动机（ANN—CA），通过空间变量的限制以及转变适宜性的定义，可以智能快速地对秦岭山地古镇的未来空间发展进行预测，但是由于 ANN—CA 对演变规则的提取是自动学习的黑箱操作，并不能将转换规则真实地呈现出来，故采用决策树元胞自动机（DT—CA），能更好地实现转换规则的提取[90]，通过对凤凰古镇 2005~2018 年的土地利用转换规则进行挖掘，以给规划设计或决策者在对未来镇区规划发展方面提供借鉴。

决策树元胞自动机（DT—CA）的空间转变规律提取过程如下：首先输入数据，提取转换规则土地利用数据为凤凰古镇起始年份 2005 年土地利用数据，终止年份 2018 年土地利用数据；空间变量数据即影响土地利用变化的各项因子包括坡度、高程、距河流的距离、距交通干道的距离、距建成区的距离以及距历史街区的距离；其次为参数设置，抽样数据 5%，共计 20105 条，邻域窗口大小为 5。

通过抽样训练凤凰古镇 2005 年和 2018 年的用地数据，生成 2005~2018 年的用地演变决策树，根据各影响用地扩张的空间变量原始数据，计算出各个状态节点的具体数值，绘制用地转变决策树。最终的叶节点“1”表示用地可以转变为建设用地，“0”表示不能转变为建设用地（图 4-8）。

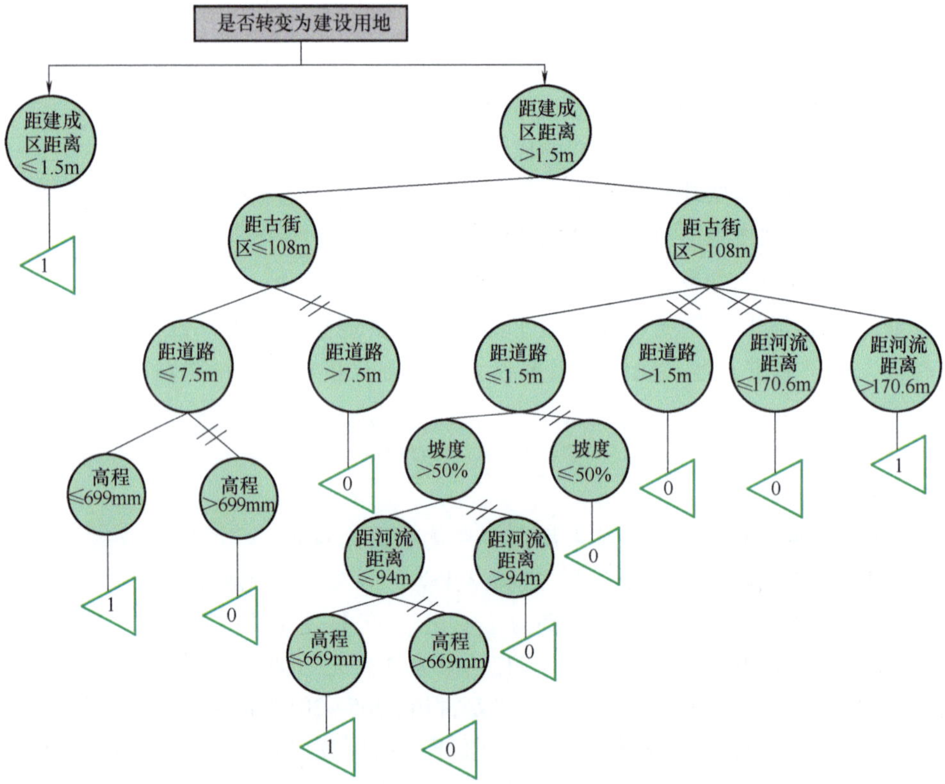

图 4-8　凤凰古镇 2005~2018 年建设用地转变决策树

在决策树中将不能转变为建设用地的部分进行剪枝，通过提炼得出凤凰古镇非建设用地转变为建设用地的四种空间演变规则（表 4-3）。由提取出的转换规则可以比较直观地掌握凤凰古镇一定历史时段的空间演变规律，可为凤凰古镇的未来空间发展规划和决策等提供支持。

表 4-3　凤凰古镇非建设用地向建设用地转换规则

序号	转换条件
规则一	距建成区距离≤1.5m
规则二	距建设用地距离>1.5m，且距历史街区距离>108m，距河流距离>170.6m
规则三	距古街区距离≤108m，距交通干道距离≤7.5m，高程≤699mm
规则四	距建设用地距离>1.5m，距古街区距离>108m，距交通干道的距离≤1.5m，坡度>50%，距河流距离≤94m，高程≤669mm

2. 演变机制

根据决策树原理，越靠近决策树根部的空间属性变量带来的信息越多，相应的信息增益也就越大，说明该空间属性变量越重要，对秦岭山地古镇的空间扩张的影响度越大，由决策树可以看出（图 4-8）：

1）距建成区的距离是影响古镇用地扩张最重要的因素。究其原因，建成区一方面跟人口密度相关联，另一方面建成区具有更加完备的基础设施，靠近建成区位置建设具有更低的基础设施建设成本，故建成区能够吸引建设用地集聚增长。

2）距离古街区的距离。在有些古镇模拟研究中发现，古街区对建设用地扩张的影响与距建成区距离不分伯仲；古街区在古镇中相当于经济和文化中心，并且具有良好的区位条件，间接反映了影响建设用地发展的社会、经济、文化等因素的重要性。

3）距道路的距离。交通的便捷性是影响秦岭山地古镇建设用地发展的又一重要因素，尤其是在距离建成区和古街区以外的区位，交通成为影响郊区促进非建设用地向建设用地转变的最大因素。

4）距河流的距离。河流自古就对秦岭山地古镇的产生和发展起到了很大的作用，现代河流的景观效应对镇区的空间发展也有较大影响。在建设用地扩张上，河流在一定程度上限制了建设用地扩张，影响了古镇的最终空间格局。

5）坡度和高程。虽然是山地古镇，但是坡度和高程等地形地貌因素，对古镇建设用地扩张的影响并没有其他影响因素的作用大，坡度和高程更多的是影响秦岭山地古镇的建设用地形态。

4.3.5　发展预测

在秦岭山地古镇空间扩张机制及演变规则提取的基础上，基于 ANN—CA，针对典型古镇代表凤凰古镇的未来空间发展进行预测。

1. 模拟验证

模拟验证分为两个阶段，即训练阶段和模拟阶段。在训练阶段，首先设置训练人工神经网络的数据，并输入坡度、高程、距建成区距离、距河流距离、距历史街区距离及距主干道距离等空间变量，通过对凤凰古镇 2005~2012 年的土地利用数据进行抽样模拟，来提取 2005~2012 年凤凰古镇的土地利用转换规则；邻域窗口大小为 5，扩散系数为 3，转换阈值为 0.6。在模拟阶段，在训练数据阶段提取的转换规则基础上，以 2012 年土地利用数据为初始数据，对 2018 年土地利用数据进行模拟预测，土地的转换适宜性根据凤凰古镇自身的用地特点，林地和耕地可以转换为建设用地，河流不能转换为建设用地，用地转换适宜性矩阵见表 4-4，最后将模拟结果与 2018 年凤凰古镇的实际土地利用进行对比，如图 4-9 所示，验证模拟结果的可靠性。由模拟结果与实际结果对比图可知，两者拥有高度的一致性，Kappa 指数可达到 0.996。

表 4-4　用地转换适宜性矩阵

	林地	建设用地	河流	耕地
林地	1	1	0	0
建设用地	0	1	0	0
河流	0	0	1	0
耕地	0	1	0	1

注：“1”表示在下一时刻可以转换，“0”表示在下一时刻不可以转换。

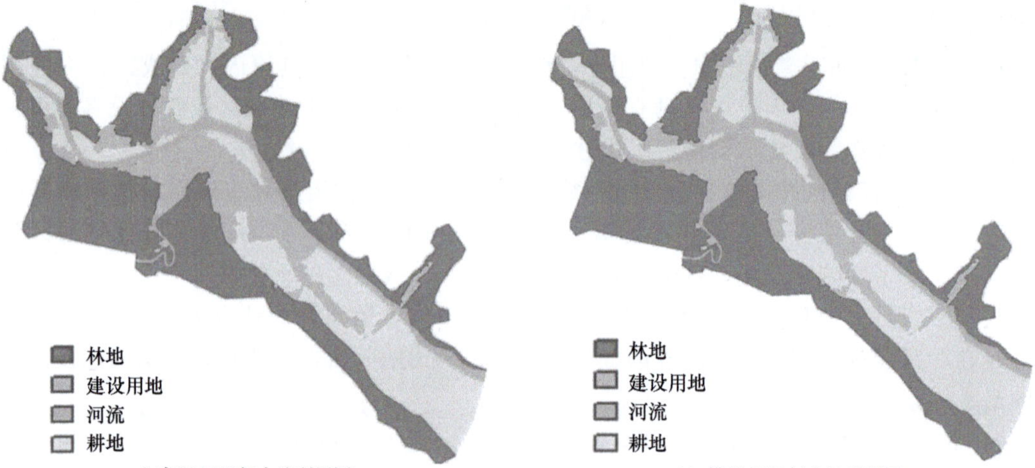

a) 实际2018年土地利用图　　b) 模拟2018年土地利用图

图 4-9　2018 年凤凰古镇模拟与实际土地利用对比图

扫码看彩图

由 2018 年的模拟土地利用结果，可得到 2012~2018 年的土地转换率混淆矩阵，见表 4-5。各类用地的转换状况为林地有 0.22%转换为建设用地，耕地有 0.04%转换为建设用地。

表 4-5　凤凰古镇 2012~2018 年土地转换率混淆矩阵

	林地	建设用地	河流	耕地	整体
林地	99.78%	0.22%	0%	0%	100%
建设用地	0%	100%	0%	0%	100%
河流	0%	0%	100%	0%	100%
耕地	0%	0.04%	0%	99.96%	100%

2. 模拟预测

通过对凤凰古镇 2005~2018 年镇区空间的演变规律提取，以 2005~2018 年的演变速率和规律来预测至 2030 年凤凰古镇的用地发展情况。

以相同的转换规律，预测至 2030 年将会有约 19000 个元胞（栅格）转换为建设用地，每个栅格大小为 3m×3m，用地转换适宜性矩阵与表 4-4 相同，模拟结果的混淆矩阵见

表 4-6。林地有 9894 个栅格转换为建设用地，耕地有 11193 个栅格转换为建设用地，对应的 2030 年凤凰古镇土地利用图如图 4-10 所示，Kappa 系数值为 0. 92。

表 4-6　模拟预测凤凰古镇 2030 年土地利用结果混淆矩阵

	林地	建设用地	河流	耕地	整体
林地	194612	9894	0	0	204506
建设用地	0%	66386	0	0	66386
河流	0%	0	26237	0	126237
耕地	0%	11193	0	93751	104944
整体	194612	87473	26237	93751	402073

扫码看彩图

图 4-10　预测 2030 年凤凰古镇土地利用图

由图 4-10 可知，凤凰古镇未来空间发展还是依托建成区，在现状建设用地的基础上向外围扩展，由于四周山地坡度较大，在未来凤凰古镇以耕地和林地转变为建设用地为主，交通干道对镇区空间的发展也起到了重要作用。模拟结果符合上文总结提取的古镇空间演变机制。

4. 3. 6　结果及讨论

在对秦岭山地古镇空间演变特点分析的基础上，提取影响建设用地扩张的因素，经过对秦岭山地古镇组团状、带状（枝状）空间发展古镇类型的模拟研究，各类型古镇的建设用地扩张程度有差别，但是各要素对建设用地扩张的影响机制具有共性，通过对典型古镇代表凤凰古镇 2005~2018 年空间演变规则的提取进行演示，经分析研究得出如下结论：

1）影响建设用地空间扩张的物质实体因素的重要性方面，决策树元胞自动机根据古镇历史发展时期提取的结果与问卷调查的结果差异较大。问卷调查结果影响因素重要性排序为坡度>道路>高程>河流>建成区>古街区。由不同历史阶段提取的用地演变规则中，各个影响因素的排序为建成区≥古街区>道路≥河流>坡度≥高程。

该结果表明，问卷调查中各专业人士在一定程度上受国家政策（如文化遗产保护、自然生态保护等政策）以及专业背景等的影响，对各要素打分的主观因素更大。而从实际古镇演变规律来看，镇区发展中并没有将自然地形地貌的保护放在很重要的地位上。

2）不管是组团状发展还是带状发展古镇，建设用地对外扩张时，距建成区距离和古街区距离越近，非建设用地越易转变为建设用地。在距古街区和建成区距离较远的地方，道路和河流对建设用地的扩张影响度最大。

3）虽然是山地古镇，但是坡度、高程等地形地貌对古镇用地扩张的影响度相比其他影响因素较小，更多的是在古镇用地空间形态的影响上。

本书选取秦岭山地不同空间发展类型古镇的典型代表，采用决策树元胞自动机对2000年来典型案例不同历史时期用地进行分析，提取出详细的空间演变规则，得出各物质实体影响因素对古镇建设用地扩张的影响度大小排序，探讨了秦岭山地古镇空间扩张机制，对秦岭山地古镇空间未来扩张预测、其他地区山地古镇空间发展以及政府对古镇空间未来保护发展决策等具有一定的意义。

4.4 本章小结

人工神经网络系统元胞自动机（ANN—CA）作为智能的、对复杂时空动态模拟分析的模型，可以有效模拟秦岭山地古镇的空间演变情况，并对镇区未来建设用地空间发展进行预测。

利用GIS和地理模拟与优化系统（GeoSOS）相结合的软件平台建立秦岭陕西省柞水县凤凰古镇镇区的空间ANN—CA模型，对凤凰古镇的镇区空间演变进行有效预测，通过精度检验表明该模型的模拟精度较高，可视化效果较好，可以通过模拟结果直观显示城镇未来建设用地及耕地、林地的发展演变情况，为镇区未来发展中生态红线、农田保护线及城市建设用地边界线三线的控制和划定提供科学合理的方法。

其次，研究确定的影响秦岭山地古镇空间演变的空间变量因素中坡度、高程、距河流的距离、距交通干道的距离、距建成区的距离以及距历史街区的距离六个因素较精确，可以使模拟结果的精度达到90%以上。模拟确定的空间变量因素、扩散系数及转换阈值，对秦岭山地其他古镇空间发展预测具有借鉴意义。

另外，通过决策树元胞自动机（DT—CA）对镇区空间演变规则进行量化提取，建立镇区空间扩展决策树，得出对古镇空间扩张机制的探索结果，有利于从客观角度掌握秦岭山地古镇空间演变的规律，可为规划师和政府决策者掌握镇区历史演变规律提供直观的数据，为镇区未来发展方向的决策提供借鉴。由不同发展历史阶段提取结果的用地演变规则中，影响镇区空间扩展最大的因素排序为建成区≥古街区>道路≥河流>坡度≥高程。

通过利用人工神经网络系统元胞自动机（ANN—CA）的方法对凤凰古镇空间发展预测的研究可知，该方法在秦岭山地古镇空间预测控制研究方面具有重要的应用价值，主要体现在可智能挖掘用地演变规律，高效精确；可统筹多种用地影响因素，实现多规合一；动态预测建设用地空间布局有利于指导镇区空间发展分期实施；多情景模拟动态预测可满足不同政策导向需求。

第5章
秦岭山地古镇街巷演变特性

第 5 章 秦岭山地古镇街巷演变特性

秦岭山地古镇空间扩展的核心是街巷的延展，街巷的发展引导其空间的扩张，是古镇空间发展的动力，在很大程度上决定了镇区的发展方向，同时也在一定程度上影响着整个镇区的空间形态，所以街巷的演变特征反映镇区空间的演变，而因不同的使用需求导致的街巷要素特征变化，也影响着镇区空间的特征。

5.1 街巷历史演变

5.1.1 功能的变化

在清至民国水运发达时期，古镇的主要交通功能体现在内部道路的生活连通作用，镇内主要街道通往周边村镇实现商品货物的贸易及生活交往，而古镇的河流则承担了镇子主要对外交通的功能。由于秦岭山地地理条件的限制，古代长距离的商品贸易，过往商贾主要通过水运来进行经商通行。

而随着水运的衰退，对外交通功能由河流转移至陆地，所以古镇街巷功能在原来老街内部交通商贸和对外短距离交往的功能上，又增加了起到长距离对外交通的新街道。从古至今，秦岭古镇街巷在功能上发生了重大转变。

5.1.2 形态的变化

1. 空间走向的变化

在发展初期由于山地地形地貌及河流的影响，街巷走向都是因地制宜，所以街道走向以顺应山体河流走向的蜿蜒曲折形态为主，而巷道则顺应地势，或上或下，整体街巷形态顺应自然。而随着科学技术的发展，人力改变自然条件的力度越来越大，街巷在可能的状态下，逐渐修建得平直起来，克服了地势变化不大地形地貌的限制。

2. 街巷宽度的变化

由于古代街道主要用于人的通行和装运货物的骡马通行，所以街巷的尺度较小，大部分历史街道宽度在 3~7m。而随着时代的发展，交通工具发生变化，人们对生活条件要求越来越高，如充足的日照、通风和合适的活动场地等，古镇新建街巷尺度逐渐扩宽，来满足人们现代生活的要求。

5.1.3 肌理的变化

古镇的街巷密度及分布特征决定了镇区的空间肌理特征，历史街道在山河间或是山间的用地上“拥挤”地发展着，建筑密度大，空间肌理紧凑，由于受自然边界河流和山体的限制，镇区发展大多都限制在河流的一侧或山体之间。

而随着技术的进步与发展的需求，镇区将会跨越河流或跨越山体伸展至更远的地方发展，朝以前不可能到达的地方扩张。经调研发现，新发展的区域肌理与老镇区肌理相比有较大的差别，主要表现在街巷密度降低以及镇区肌理的扩张，而被跨越的河流或山体则是两种肌理的分界线或是两种肌理的衔接。

5.2 街巷空间特性

在综合前人研究的基础上，结合秦岭山地古镇街巷的特征，将秦岭山地古镇街巷空间构成要素概括为物质实体要素和行为心理要素两大部分。

物质实体要素主要是指由街道两侧建筑围合形成的街巷顶界面、街巷侧界面、街巷底界面、街巷空间节点以及街巷形式。这些街巷的物质实体要素塑造了街巷的形态、空间的开合，以及街巷的尺度比例。

行为心理要素主要是指由于人的行为特征及心理需求，人的生产、生活、信仰等，对街巷空间所产生的影响，从而产生不同的街巷功能、街巷空间。

物质实体要素与行为心理要素共同决定着街巷的空间、形态、尺度大小，而行为心理因素可以说是内在动力，物质实体要素为表现，而物质实体要素又会产生或促发不同的行为和使人产生不同的心理感受。两种要素相互影响、互为作用。

5.2.1 物质实体要素

1. 街巷顶界面特征

秦岭山地古镇传统街巷物质实体要素包括底界面和侧界面，但是侧界面在建筑屋顶、屋檐和天空背景作用下，又产生了不同的街巷顶界面，街巷各个界面都具有独特的地域风格。

顶界面主要是指街巷两侧建筑屋顶、檐口与天空及背景的关系。秦岭山地古镇街道两侧的建筑风格多为徽派建筑，高低错落的马头墙、微微起翘的檐口与天空背景形成形态丰富的图底关系，随着街道的蜿蜒、地势的起伏，鳞次栉比的坡屋顶马头墙与秦岭山体及蓝天形成优美的画面。狭窄的巷道在两侧传统坡顶民居建筑的硬山墙“对峙”下，形成特有的“一线天”（图 5-1），由于主街道顺应山体河流布局，使得垂直于街道的巷道成为观水望山的视线通廊（图 5-2）。

2. 街巷侧界面特征

侧界面特征主要是指街巷两侧建筑立面特点（表 5-1）。秦岭山地古镇街道两侧商业建筑层高一般为一到两层，底层层高约 3m，多为商业空间，二层低矮为储藏空间，总高度多为 6m 左右。两侧建筑即使是相同层数，建筑高度也有差异，从而避免了建筑高度统一而引起的呆板单一。

另外，由于街道两侧建筑相对位置的变化，建筑前后错落或呈一定夹角布局，从而形成

图 5-1 “一线天”

图 5-2 视线通廊

了宽窄不一的街道，建筑前后错落的微小差别也增加了街道两侧立面的竖向线条，形成了变化多样的街巷侧界面特征。

（1）建筑门窗　首层商业建筑沿街出入口多采用活动木板拼接的木门，不设窗户，木板门朝拆暮合。沿街建筑室内采光主要靠院内天井和面街的大门，二层可利用具有装饰样式的木棂窗采光。

（2）建筑色彩　多数古镇门窗采用黑漆涂刷，土坯墙面，或青砖墙，如凤凰古镇、荆紫关镇和漫川关镇等。青木川镇则采用黄木色或红褐色木门窗，墙体基本采用青砖墙。

（3）建筑细部方面　建筑檐口及一二层分隔部分都做细部处理，屋脊从中间向两头微微起翘，木窗或门采用花棂装饰。与住宅建筑相比，公共建筑的细部装饰更加精细，屋檐雕花及绘画更加精美，往往在屋脊两头立有吻兽。

（4）马头墙　一般都是在户和户之间起分隔作用。由于大部分房屋都是木构架，当发生火灾时，为了防止火势蔓延殃及邻居，而设防火墙（马头墙）进行隔断。马头墙设置一般从屋脊的最高处开始，向屋檐方向一级级递减，与坡屋顶坡度基本一致，高出屋顶高度各镇不一，并伸出檐口外 0.5m 左右，从马头墙顶过渡到墙体的部位都会做收分及花样处理，有些在马头墙正面顶部做装饰浮雕。

表 5-1　秦岭山地名镇传统街巷侧界面特征

部位	实地照片	特征描述
建筑高度	 	沿街同样建筑层数，高低略有微差变化，多数为两层。二层层高低，一般作为储藏空间
门窗	 	街巷两侧建筑门窗都为木门窗，个别公建窗户采用精美的镂花窗户
色彩	  	建筑门窗色彩多数采用黑色、木色或红褐色，以黑色居多。墙面多用青灰色或土黄色
屋脊	 	屋脊从中间向两侧微微起翘，在大型公建屋脊上多装饰吻兽
屋檐	 	民宅屋檐下略有处理，而公建屋檐采用木雕浮雕等进行华丽装饰，屋檐样式更加优美多彩

（续）

部位	实地照片	特征描述
马头墙	   	马头墙鳞次栉比，间距大小不一，个别马头墙正面有精美砖雕装饰
其他细部	  	在有些街道公共建筑门口有雕花柱础、石狮及抱鼓石，以代表身份和地位，或用于祈福辟邪

另外，秦岭山地古镇街巷侧立面不可缺少的一项实体要素就是传统院落。由于古镇旅游业的发展，为了吸引游客，大部分古镇传统民居院落或公共建筑院落都是对外开放的，大门敞开，即使站在街道上，也可以将院落景色尽收眼底，院落空间景色很自然成为街道空间的一部分（图 5-3）。

a) 凤凰古镇长盛祥　　b) 荆紫关山陕会馆　　c) 凤凰古镇丰源钱庄

图 5-3　街道两侧传统院落

不同的院落组合空间类型产生不同的街巷空间肌理，秦岭山地名镇传统建筑院落形式多样，主要有四合院、三合院及独栋建筑。天井四合院为最具特色的院落形式之一，院落随地势逐渐升高，前后正房为双坡屋顶，两侧厢房绝大多数为单坡屋顶，四面屋顶汇合雨水流进天井，地方称为“四水归堂”，寓意“肥水不流外人田”，也有部分传统院落厢房是双坡顶。在个别大户人家，有前后两进院落，双天井，院落逐渐升高，一是顺应地势，另外则意味着“节节高升”。三合院院落只有一侧有厢房，另一侧为邻居厢房后墙，院落中间也是狭长的天井。独栋建筑，一般为双坡屋顶，临街而建，大部分受地形限制。具体传统院落示意图如图 5-4 所示。

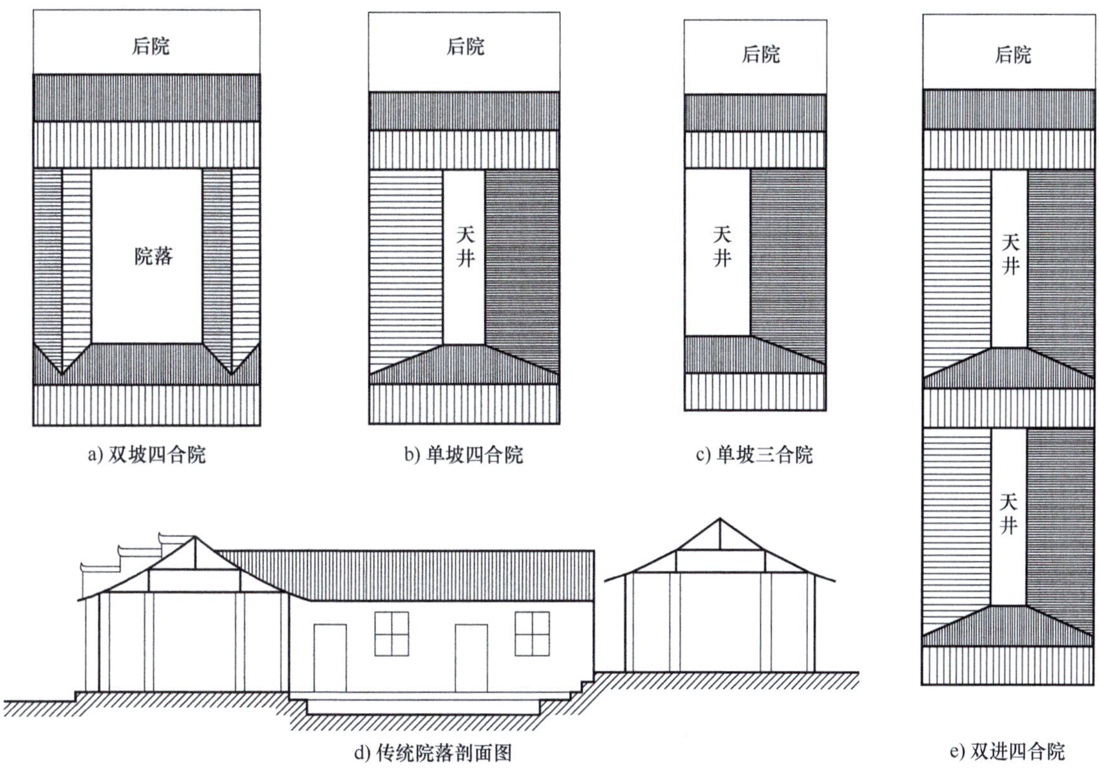

图 5-4　秦岭山地名镇传统院落示意图

秦岭山地古镇多数院落采用通透式格局，在后面正房开通道至后院。整体院落狭长，一方面由于临街面店铺金贵，而采用小面宽大进深；另一方面是狭长而南北通透的院落，利于夏季山风、河风的导入。

3. 街巷底界面特征

街巷底界面主要是指街巷的地面特征。秦岭山地古镇历史街巷的底界面是指街道两侧建筑墙面之间的街道空间，该空间包括街道两侧进入建筑的台阶以及街道的地面。

几乎所有的古镇历史街道材料均以青石板为主，为后期改造铺设，街道两侧台阶为青石板、石材或混凝土。巷道用当地石片、石头台阶或天然沙土，因地制宜、就地取材（表 5-2）。

表 5-2　秦岭山地古镇传统街巷底界面特征

部位	实地照片		
街道	 云盖寺镇	 荆紫关镇	 熨斗镇
台阶	 凤凰古镇	 蜀河镇	 蜀河镇
巷道	 凤凰古镇	 蜀河镇	 荆紫关镇

4. 街巷空间节点特征

秦岭山地古镇街巷虽然可建设用地有限，但是多数在历史街巷空间上，还是存在一定的街巷空间节点的，从而增加了街巷的可识别性，而该空间节点有时是一栋风格独具特色的公建，有时是一组风格结构保持完好的天井民居院落，有时是一座标志性的石桥或是一座戏楼及广场。这些街巷空间节点不一定有很宽敞的街道空间，但是一定是独具特色、给人印象深刻的标志物。经调研和分析，将名镇街巷的空间节点类型总结为以下几类：交通节点（桥、入口牌楼和门楼）、标志性建筑节点（传统民居院落或公建）、祭祀祈福（寺庙）和戏楼广场。

如柞水凤凰古镇的古街道，虽然宽窄不一，街巷空间没有大的变化，但是水滴桥、高房子、孟家大院及丰源钱庄等独具特色的民居建筑成为整条历史街道的亮点。再如荆紫关镇的禹王宫、平浪宫、山陕会馆及街口门楼等，青木川镇的戏楼、牌楼等。具体如表 5-3 所示：

表 5-3　秦岭山地古镇传统街巷空间节点现状

镇名	空间节点现状照片	节点类型
凤凰古镇	 长盛祥  丰源钱庄  高房子  茹聚兴药铺  牌楼  水滴桥	交通节点 标志性建筑 祭祀祈福
青木川镇	 牌楼  关帝庙  戏楼  烟馆  魏府宅院  辅仁中学	交通节点 标志性建筑 祭祀祈福 戏楼广场

（续）

镇名	空间节点现状照片	节点类型
荆紫关镇	 山陕会馆  禹王宫  平浪宫  门楼	交通节点 标志性建筑 祭祀祈福
熨斗镇	 牌楼  门楼  戏台	交通节点 标志性建筑 戏楼广场
蜀河镇	 蜀河城墙  三重门  清真寺  黄州会馆  杨泗庙  城南书院  朝阳古洞	交通节点 标志性建筑 祭祀祈福
漫川关镇	 莲花第(双天井四合院)  武昌馆  黄聚兴钱庄  双戏楼  关帝庙和马王庙  北会馆	标志性建筑 祭祀祈福 戏楼广场

5. 街巷形式

秦岭山地古镇的街巷形式受地理因素的影响，主要街道一般沿平缓地势延伸，基本平行于等高线走向，而巷则与街道垂直或与街道呈一定角度，向街道两侧坡度较大处延伸，街的坡度平缓，而巷的坡度则相对较大，在坡度陡峭的地段以石头台阶联系。这就形成了秦岭山地古镇基本的街巷形式：鱼骨形、梳形及不规则网状等（表 5-4），而各个古镇的街巷形式则是这三种形式的一种或几种的组合。

表 5-4　秦岭山地古镇街巷形式及特征

街巷形式	示意图	特点
鱼骨形	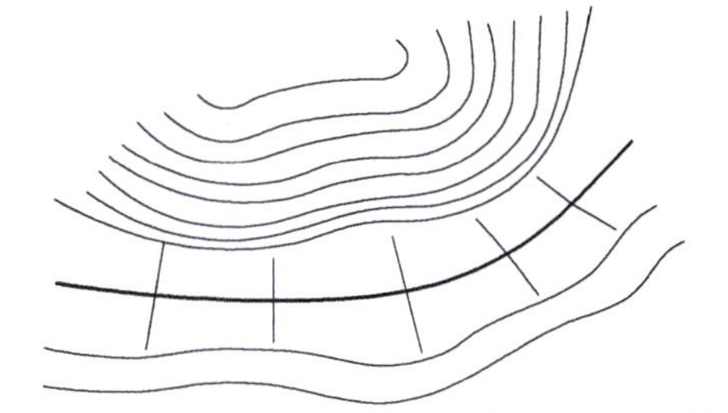	主街道位于河流和山体之间，顺应地形地势走向，巷道垂直于街道向山体和河流延伸，多位于山河间用地相对充裕的地区
梳形	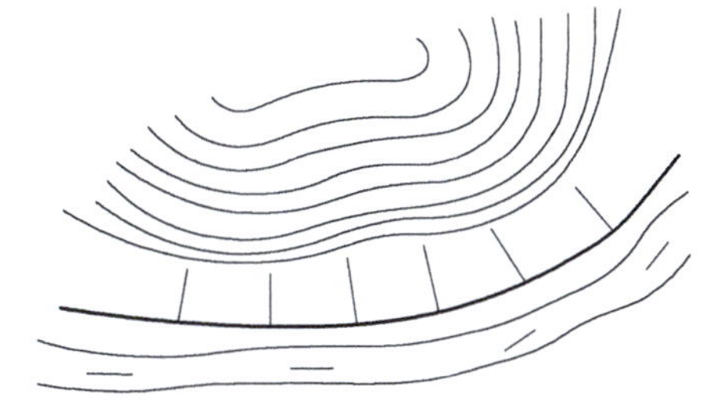	主街道沿河布局，巷道垂直于主街向山体延伸，多位于山河间用地不太充裕的地区
不规则网状	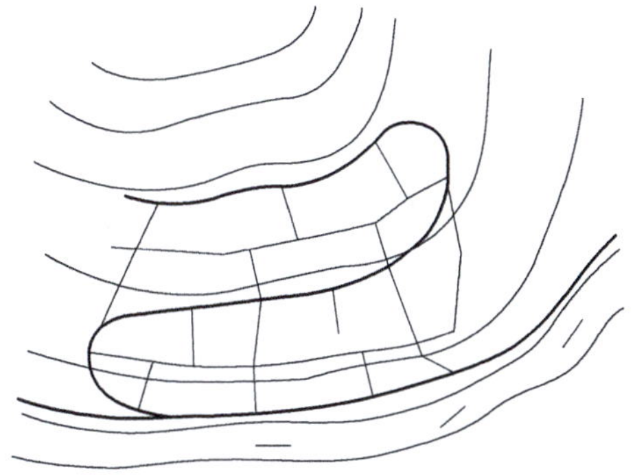	街道和巷道没有固定模式，顺应自然山体地势因地制宜发展，大多位于山体上

5.2.2　行为心理要素

1. 街巷功能

秦岭山地古镇除了具有丰富的历史文化遗产外，还具有与大部分建制镇共同的特征：还未完全从农业社会中脱离，具有的农业人口比例远大于城市。镇是整个镇域农村经济、文化和生活服务的中心，其功能除了服务周边区域的商业贸易经济以外，还有一部分农业生产的功能，这就决定了有别于城市的历史街巷功能特征。

（1）街的功能　《说文解字》中写道“街，四通道也”，即街是四通的道路，故街道的首要功能就是“通行”，而街道两边的商业建筑又决定了街道的“商贸功能”，由于通行、交易、购物等行为，又引发了人与人的“交往”，如见面的寒暄、对新鲜事和人的观察以及休憩等直接或间接的交往。以上的通行、商贸和交往功能是古镇历史老街和新街都具有的功能，而秦岭山地名镇老街两侧建筑除了商业功能外，还有居住功能，多数建筑庭院均是前店后宅，这就赋予了老街浓厚的生活氛围，居民在街道上晒太阳、聊天，小孩在街道上玩耍嬉戏。相对新街，老街承载了更多的“生活功能”。

（2）巷的功能　巷有别于街。秦岭山地古镇传统街道的巷子一般都垂直于街道，尺度窄小，宽度一般在1m左右，往往形成“一线天”，巷子的主要功能就是连接安静的居住区与热闹街市的通道。另外，由于大部分古镇老街都平行于山体河流走向，夏季在“狭管效应”的作用下，细窄的巷道有利于将河流和山体的凉风导入到街道内，白天河风通过巷道吹向街道，夜晚山风通过巷道吹向街道，使街道的气候环境变得舒适怡人，故巷道又具有通风纳凉的功能（图5-5和图5-6）。

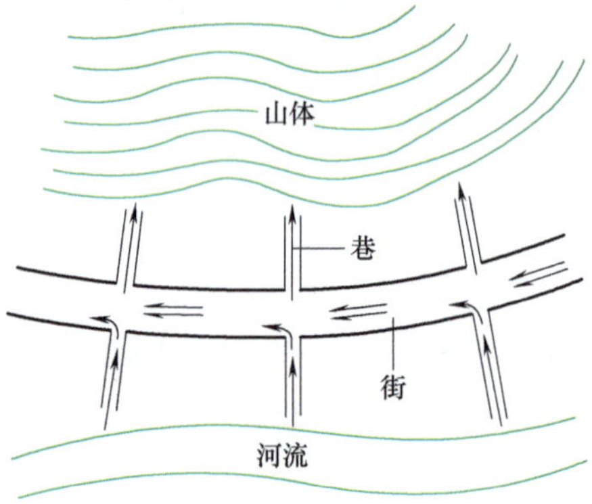

图 5-5　白天巷道通风

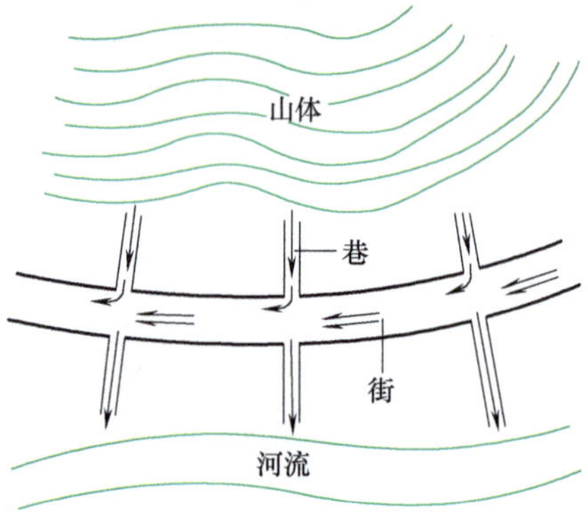

图 5-6　夜晚巷道通风

2. 街巷空间类型

秦岭山地古镇街巷作为承载物质及非物质文化的空间载体，由于其蕴含的宗教、民俗等丰富的文化活动，决定了街巷功能的多样性，不同的街巷功能又决定了不同的街巷空间类型，秦岭山地古镇传统街巷的主要空间类型有三类：通行空间、交易空间和生活交往空间（图5-7）。

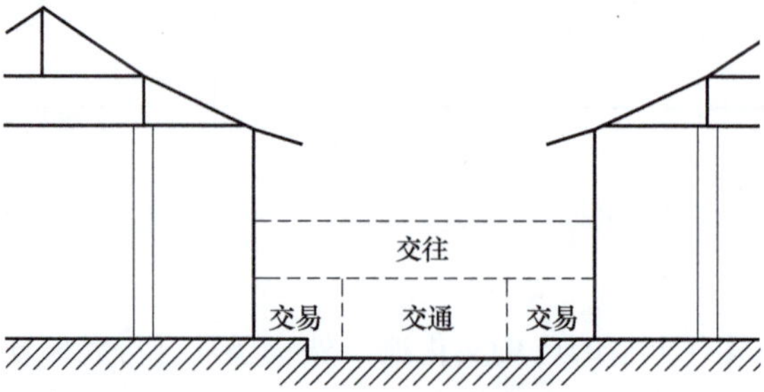

图 5-7　街道功能示意图

（1）通行空间　历史老街在古代主要是供人、骡马及人力车通行的街道空间，而现代大部分历史老街都限制机动车入内，街巷主要供当地居民和游客通行。

（2）交易空间　主要集中在街道两侧沿街建筑内，或将交易空间延伸至建筑室外屋檐下的过渡空间。以及由于古代秦岭山地古镇水运发达，各地商贾云集而形成大量服务于贸易的商会会馆，保存至今的如荆紫关镇的陕山会馆、江西馆，漫川关镇的船帮会馆、武昌会馆、骡帮会馆，蜀河镇的黄州馆、武昌馆等。

（3）生活交往空间　涵盖了建筑室外的整个街巷空间，在街巷的任何位置都会有交往行为的产生，以及当地居民生活行为的发生。部分古镇依托当地居民传统生活文化和习俗，产生了具有地方传统特色的精神文化空间载体——戏楼，如上津古镇的古戏楼、漫川关镇的双戏楼和熨斗镇的古戏楼。另外，街巷的祈福祭祀空间也是当地居民生活交往必不可少的部分，主要集中在历史老街某一段的特定空间内，一般以寺、庙等为主要形式，其中以杨泗庙、城隍庙和马王庙居多，古代是人们祈求风调雨顺的场所，是古人对自然灾害畏惧下的一种精神寄托。

3. 街巷空间的层次性

秦岭山地古镇传统街巷的空间层次丰富，从街道横向上由外而内可分为街道空间—檐下空间—商铺空间—院落空间。

（1）街巷空间的层次性体现在空间的开合上　从街道空间到院落空间，空间的开放程度逐渐降低。街道空间开放程度最强，任何人都可以使用公共空间。檐下空间则为室内外的过渡空间，对街边店铺有兴趣的人会驻足，属于半私有半公共空间。商铺空间则为室内私有空间，但是由于功能性质决定了商铺空间对有需求的顾客开放。院落空间则属于纯私密空间，属于居民的生活后院，未经允许是不得入内的。所以在空间开合上的空间层次性表现为从开放到私密的空间变化：开放—过渡—私有—私密。

（2）街巷空间的层次性体现在人行为的差异上　街道空间的人行走速度较快，以走马观花为主；檐下空间的人相对移动速度慢，在寻找感兴趣的事物，相对悠闲。而商铺空间的人则以挑选、买卖和商讨行为为主。院落空间的人以日常家庭生活行为为主。故街巷空间的层次性体现在人的行为上表现为快行—悠闲—交易—生活。

另外，秦岭山地古镇传统街巷空间除了在横向上具有层次性外，在纵向上还体现出空间的开合秩序性。古镇街巷除了一般的商业交易生活的空间，在街道个别地段还具有公共开敞空间，一般分布在古戏楼或寺庙前，承载着当地居民的精神文化生活。例如，漫川关古镇正对马王庙和关帝庙的双戏楼前的宽敞广场空间，熨斗镇老街尽管用地紧张，戏楼还是选择在尽头用地相对充裕的地段上，戏楼前有小广场。

5.3　街巷功能更新

由于人们不同的需求而导致不同的街巷空间特征，而秦岭古镇街巷的延展必须从人的需求为出发点，才能使秦岭山地名镇的发展具有合理性。由于秦岭山地古镇的特殊性，它的街巷空间不仅要满足当地居民的生活生产需求，同时还需要满足游客的使用需求。

5.3.1　居民生活生产的需求

当地居民对街巷空间使用需求主要表现在以下几个方面：交往活动的需求、交通通行的需求、商贸交易的需求、人居环境的需求以及精神需求。

1. 交往活动的需求

经过对多个秦岭山地古镇历史街巷的调研，发现交往活动分布在历史街道的整个空间，而这主要是由于大部分的历史街道是限制机动车通行的，所以整个街道空间都是以慢行为主，大人小孩都可以放心地在街道中活动。即便是整个街道空间都是交往空间，当地居民在街道中活动的分布并不是均匀的，当地居民的交往活动更多的是集中在靠近屋檐下的过渡空间中，即当地居民的交往活动更多的是发生在屋檐附近。

如通过对凤凰古镇老街上人员的分布情况统计（统计调查日并非节假日），整个老街上的游客特别少，主要是当地居民，统计结果如图 5-8 所示。

a) 凤凰古镇街道人员分布情况示意图

b) 檐下交往空间现状

图 5-8　凤凰古镇街道人员分布情况示意图及现状

由此可见，在秦岭山地古镇街巷中檐下交往空间的必要性，主要是由于这一部分空间属于室内私密空间与街道公共空间的过渡区域，住户在潜意识里认为这是自己私有的空间，对这部分空间拥有占有权，所以会将自己店铺内的东西摆放在屋檐下，所以商铺拥有者的活动空间就转移到了屋檐下的过渡空间内；另一方面由于屋檐可以给当地居民提供纳凉或晒太阳的场所，居民在自家屋檐下纳凉或晒太阳，心理会有归属感，且面朝街道可以观察行人或别人的活动以进行“视觉上的交往”。所以，这一部分过渡交往空间在街巷延展中应予以重视。

2. 交通通行的需求

历史上这些古镇的街巷主要是满足人和骡马的通行，所以街道空间尺度较小，街道宽度以 3~6m 居多。但是随着时代的发展，小汽车等机动车日益普及，原来小尺度的街道已经不能满足现代交通的使用需求，所以几乎调研的所有古镇的街巷都是禁止机动车出入的。非机动车以电动车、三轮车为主，而新建街道必须满足现代行人、机动车及非机动车的使用要求，街道空间随着人们需求的变化发生了重大改变。

3. 商贸交易的需求

在古代，历史街道主要是满足过往商客的商品交易需求，以及当地居民和镇子周边村民的商品买卖活动，而现代古镇街道商品交易为镇子及周边居民服务的固定商业，以及定期设置的集市。集市从古至今一直都是物资交易的重要场所，如《旬阳县志》记载，明末清初，本县仅有县城的大十字街市、西街市、东街市和闾河口、蜀河口、两河关 6 个集市；而至清末，集市增加至 18 个。各地集日大体有两种类型：一种是天天逢集的百日集；另一种是定期集和庙会。可见集市是古镇街巷除了固定商业以外的重要交易场所，服务的范围也更加广泛。

据调查，这种定期集市一般都是在现有街道或过境路两旁自发形成的，每到集会日则会形成人车混杂、交通拥堵的状况，如图 5-9 所示，所以街道空间延展上应考虑当地居民对集市空间的需求。

图 5-9　凤凰古镇集会交通拥堵状况

4. 人居环境的需求

随着人们生活水平的提高，历史老街的居住环境已经很难满足现代人的生活需求，所以经济状况较好的住户都举家外迁。经调研访谈发现，对历史老街人居环境不满主要表现在以下几个方面：首先是基础设施不完善，比如水、电不通，下水设施不完善等，导致居民生活极为不便。其次是人居环境舒适度较差，秦岭山地古镇大部分都分布在秦岭南坡，几乎都没有集中供暖，冬季大部分采暖是靠炭盆取暖，条件好的才会采用空调。由于土坯住宅的防潮性差，所以传统院落的住宅内湿气较重，再加上历史街道较窄、日照不足且通风不畅，使得屋内湿气很难散发出去。

随着国家对古镇及特色小镇的重视，各地均采取了一定的措施对历史街道的基础设施配套进行改造提升，但是人居环境的舒适度还是没有太大改观。秦岭山地古镇街巷在延续发展的过程中，也应重视通风、日照等室外物理环境舒适度的提升。

5. 精神需求

这里所说的精神需求主要是指当地居民的信仰及娱乐等心理或精神上得到寄托和愉悦的需求。

只有正确理解传统信仰的价值，才能真正理解中国的历史和现在[128]。在古代由于科学技术的不发达，所以人们将许多解释不了的事情神化，当人力不能与自然相抗衡的时候，就将神灵作为精神的寄托，从而产生了大量的寺庙等建筑，如秦岭山地许多古镇中都有清真寺、城隍庙、杨泗庙和关帝庙等建筑，而城隍庙、杨泗庙则主要是祈求风调雨顺的场所。

随着时间的推进，当地居民在平常的生活中也逐渐形成了自己娱乐放松的精神文化结晶，如歌谣、戏剧和传统民俗节庆等非物质文化遗产，所以秦岭山地多数古镇都会有戏楼的存在。由于当地人民的精神文化需求，而产生了一些物质空间载体，如寺、庙、戏楼等，但是随着时间的推移，不少古镇的这类空间载体遭到破坏而消失，在古镇街巷的延展中应将这一部分空间物质载体予以适当恢复，以使民间的非物质文化遗产得以延续。

5.3.2 游客使用需求

1. 旅游动机与行为特征

秦岭山地古镇吸引着大量的游客，而游客各自的旅游动机、行为特征不同，这就要求镇区空间能够充分满足游客的使用需求，进而增加旅游吸引力。Pearce 等通过对不同文化背景国家的调查，得到 14 个动机因素：自然、新奇、刺激、浪漫、怀旧、关系、亲属（归属）、隔离、自主性、逃离放松、自我实现、自我提升、自我发展、社会认同等。此外，还提出了旅游生涯模式（TCP）理论，该理论可概念化为 3 个动机层次：核心层为普遍动机，如新奇、逃离放松、关系强化等；中间层为旅游动机，包括自我实现等内部导向、自然和目的地涉入等外部导向；最外层为一般动机，如隔离、怀旧、社会地位[129]。上述三个层次均有不同的旅游动机因素（图 5-10）。

从大量的旅游研究中可知，“新奇”是旅游决策过程中最重要的动力因素，因此秦岭山地古镇的特色将是创造“新奇”效果的关键，也是街巷空间满足游客动机的营造重点。

根据推拉理论，推动因素是满足旅游需求的游客内部动机因素，如休息、放松、健康舒适、逃离、探险及社会互动等内在愿望。拉动因素是旅游目的地的吸引力或游客对目的地的有关知识[130]，包括景区特色、游憩设施和文化吸引要素等。通常，在初始阶段由推动因素驱动旅游需求，在目的地选择阶段则由拉动因素发挥决定作用[131]。

2. 满足游客需求的街巷空间意向

游客旅游的核心动机是“新奇”，旅游目的地产生的拉力是吸引游客的主要外力，而从游客旅游的动机来看，旅游目的地必须具有自身与众不同的特色，才可能引起游客的青睐，另外优美的自然环境是吸引游客的又一聚焦点。所以，秦岭山地名镇街巷延展中，应将独有

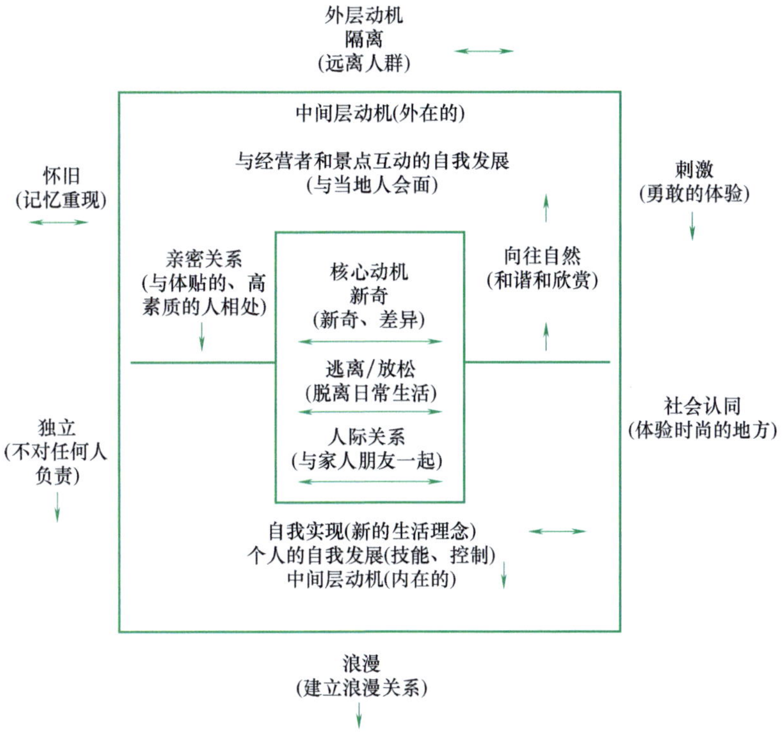

图 5-10　旅游生涯模式（TCP）

（来源：Pearce，2010 年）

魅力进行延续，发掘自身特色。

首先，发掘古镇街巷的特色内涵，展示自身的独特风貌，将街巷侧界面、底界面的特色元素，以及传统院落及其空间组合方式进行提炼和延续。

其次，秦岭山地优美的自然景观环境，应将自然环境这种得天独厚的资源在街巷的延展中发挥到极致，体现山水名镇的特色，将山地自然背景引入街道，以满足游客向往自然的需求。

另外，游客有与景点及经营者互动的心理需求，以及“刺激”的体验，所以古镇在街巷延展的过程中，应发挥其自身的民俗文化娱乐特色，如庙会、花灯节、跑竹马以及当地戏曲等，在满足游客猎奇心理外，还可提供一定的体验感。

最后，要改善旅游空间环境并完善旅游服务配套，满足游客获取知识需求以及更好地保证游客安全。

5.4　功能与空间耦合关系

5.4.1　功能需求对空间的作用

使用需求主要包括当地居民和游客对古镇街巷空间的使用需求，不同使用需求对街巷空间的要求不同，同时反映在不同的构成要素上（表 5-5）。

表 5-5　功能对空间的需求关系

		顶界面	侧界面	底界面	空间节点	街巷形式
居民需求	交往活动	×	×	●	●	○
	交通行为	×	×	●	○	●
	商贸交易	×	○	●	●	○
	环境品质	●	●	○	○	●
	精神需求	●	●	○	●	○
游客需求	新奇	●	●	○	●	○
	自然	●	○	○	●	●
	体验	○	●	●	●	●
	安全	○	○	●	○	○

注：●表示需求强；○表示需求弱；×表示不需要。

居民的需求主要表现在交往需求、通行需求、商品交易需求、良好人居环境需求及精神需求。居民各项需求对应的街巷空间要求表现为交往需求要求街巷拥有屋檐下的过渡空间，通行需求要求对街巷功能进行调整，良好人居环境需求要求街巷拥有良好的通风日照，精神需求要求街巷可提供信仰寄托及文化娱乐空间。

游客的需求主要表现为渴望新奇、向往自然、亲身体验及希望安全四个主要需求。游客需求所对应的街巷空间要求表现为渴望新奇要求名镇街巷拥有独具特色的历史文化，向往自然要求街巷可以展示秦岭山水的优美自然景观，亲身体验需求要求可亲身参与或体验当地民俗节庆等非物质文化，希望安全需求则要求古镇可提供安全舒适的配套服务设施。

5.4.2　空间要素对功能的反映

通过对历史街巷的物质实体要素及行为心理要素进行分析总结，归纳出街巷的几个构成要素：街巷结构、街巷功能、街巷尺度、街巷节点和街巷界面等。

当地居民对街巷的要求反映到街巷要素上：对檐下过渡空间的需求主要体现在街巷空间功能上，街巷的功能应考虑秦岭山地古镇这种特殊的檐下过渡空间的延续。通行需求对街巷功能调整的要求主要体现在街巷空间功能和街巷尺度上。商品交易空间需求对应的集市及固定商业要求体现在街巷空间功能上。而对街巷日照通风要求，主要体现在街巷的尺度上。对信仰和文化娱乐空间需求主要体现在街巷的空间节点上。

游客需求对街巷的要求反映到街巷要素上：对特色历史文化的要求主要反映在街巷空间节点和街巷界面要素的控制上，向往自然需求对秦岭山水的要求可在街巷形态及街巷尺度中体现，对民俗节庆等非物质文化体验需求主要体现在街巷界面及街巷空间节点上，游客对配套完善的要求主要体现在街巷结构上。

街巷空间要素对使用需求的满足关系如图 5-11 所示。

通过对当地居民及游客需求的分析和对街巷构成要素的提炼，各项需求最终反映在街巷结构、街巷功能、街巷尺度、街巷节点和界面要素五个要素上。故通过对秦岭山地古镇街巷的这五个要素进行研究和控制，将能很好地满足人们的各项需求。

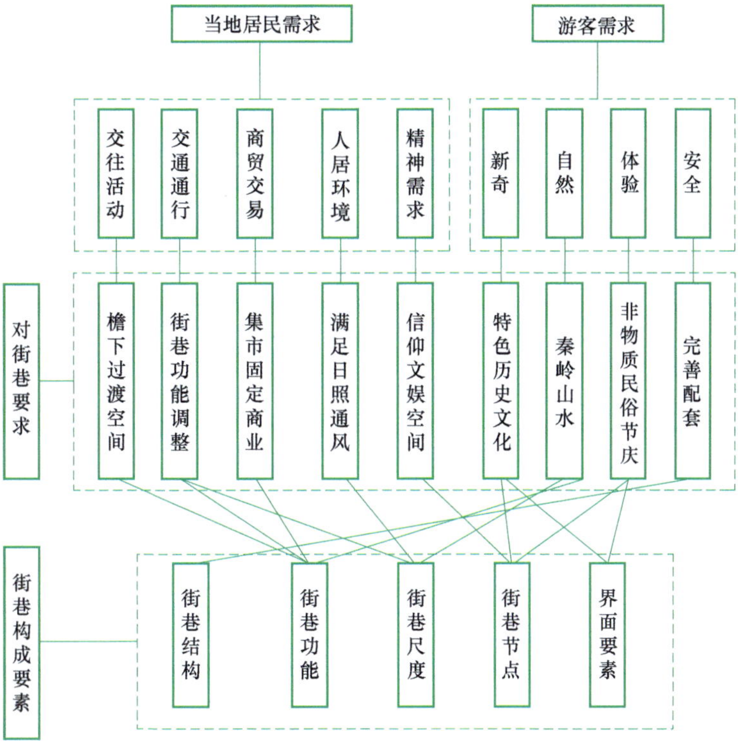

图 5-11　功能需求与构成要素的关系

5.5　本章小结

通过对秦岭山地古镇的街巷延展和使用需求之间的关系分析，以确定满足当地居民及外来游客不同使用需求的街巷空间要素。

首先，对秦岭山地古镇街巷的演变特征进行分析，分别从秦岭山地古镇的街巷功能、街巷形态及镇区空间肌理三方面进行分析。

其次，结合秦岭山地古镇街巷的特征，将秦岭山地古镇街巷空间构成要素概括为物质实体要素和行为心理要素两大部分。街巷的物质实体要素特征分析从（街道）顶界面特征、街巷侧界面特征、街巷底界面特征、街巷空间节点特征及街巷形式等方面进行详细分析。街巷的行为心理要素特征主要从街巷功能、空间类型和街巷空间的层次性三方面进行详细解析。

最后，在街巷演变特征及空间构成要素分析的基础上，分别从当地居民和游客的角度，对街巷空间的使用需求进行分析。街巷空间物质实体要素决定人们的行为，而人的不同需求也对街巷空间提出了不同的要求，其相互间的耦合关系决定街巷空间应重点解决的要素。当地居民的需求主要表现在交往需求、通行需求、商品交易需求、良好人居环境需求及精神需求。对街巷空间的要求表现为交往需求，要求街巷拥有屋檐下的过渡空间；通行需求，要求对街巷功能进行调整；良好人居环境需求，要求街巷拥有良好的通风日照；精神需求，要求街巷可提供信仰寄托及文化娱乐空间。游客的需求主要表现为渴望新奇、向往自然、亲身体验及希望安全四个主要需求。对街巷空间的要求表现为渴望新奇要求古镇街巷拥有独具特色的历史文化，向往自然要求街巷可以展示秦岭山水的优美自然景观，亲身体验需求要求可亲身参与或体验当地民俗节庆等非物质文化，希望安全需求则要求古镇可提供安全舒适的配套服务设施。

通过对历史街巷的物质实体要素及行为心理要素进行分析总结，提炼出街巷延展的几个构成要素：街巷结构、街巷功能、街巷尺度、街巷节点和街巷界面等。这五个要素将是街巷延展的研究重点对象。

第6章 秦岭山地古镇街巷物理环境

第6章 秦岭山地古镇街巷物理环境

阿兰·B·雅各布斯在《伟大的街道》中写道："一条伟大的街道在物理环境上应该是舒适与安全的，伟大的街道与其他的街道相比，应该拥有更多的清凉与更多的遮蔽，为置身其中的人们带来更多的愉悦感。"同理，也应该将秦岭山地古镇街巷的舒适物理环境作为需考虑的一个重要因素，而街道舒适的物理环境主要表现在通风和日照两个方面。良好的风环境可加速湿气扩散，减轻高湿度对历史建筑的影响，同时可给人提供舒适的室外环境。只有合理的街巷空间尺度才能提供舒适的物理环境，所以物理环境的舒适度决定了街巷空间的尺度，进而影响镇区的空间形态。

6.1 街巷风环境模拟分析

6.1.1 街巷风环境现状

秦岭山地各古镇所处的地理环境不同，风向、风速也有很大区别，根据《中国建筑热环境分析专用气象数据集》，与秦岭山地古镇室外气候相关的气象站有河南省的信阳站、陕西省的汉中站和安康站、湖北省的郧西站，各站统计室外气象参数中与风环境有关的数据见表6-1。

表6-1 相关气象站室外风环境气象参数

站名	冬季室外最多风向平均风速/(m/s)	冬季最多风向	夏季室外平均风速/(m/s)	夏季最多风向	年最多风向
信阳站	3.4	北	3.2	南南西	北
汉中站	2.8	东南东	1.7	东东南	东
安康站	3.3	东南东	1.6	东	东南东
郧西站	2.1	南	1.0	南	南

来源：《中国建筑热环境分析专用气象数据集》。

由各站统计的冬季室外最多风向的平均风速和夏季室外平均风速可知，秦岭山地古镇全年的平均风速约为2.4m/s。结合风速梯度特征，计算人行高度1.5m处的平均风速为1.6m/s，计算公式如下[132]：

$$V_h = V_0\left(\frac{h}{h_0}\right)^n \quad \text{式 (6-1)}$$

式中　V_h——高度 h 处的风速；

V_0——基准高度 h_0 处风速，气象站测 10m 高度处风速；

n——指数，空旷地区 n 一般取值为 0.22 左右，市区取为 0.2~0.5；秦岭山地古镇生态环境较好开发强度低，n 值取为 0.22。

虽然秦岭范围内各站测试的风向风速有较大差别，但是经过研究发现，最多风向与镇区所在的山谷走向一致，各历史街道的走向与当地最多风向一致。如河南省淅川县荆紫关镇历史街道为南北走向，陕西省汉中市宁强县青木川老街为东西走向，安康市石泉县熨斗镇基本为东西走向，柞水县凤凰古镇为东西走向，湖北省上津镇整体走向为南北向。所以，秦岭山地古镇与年最多风向走向一致的街道，如果尺寸合适，很容易形成镇区的通风廊道，给镇区营造舒适的风环境。

经过对柞水县凤凰古镇历史古街的实地风速进行测试发现，现状街道大部分时间风速较低，尤其在街道中间部位没有巷道的位置，大部分区域风环境较差，静风风速时间较多。

6.1.2　街巷尺度与风环境关系

1. 风环境原理

根据形成原因的不同，自然通风可分为热压作用下的自然通风与风压作用下的自然通风[133]。热压作用下的自然通风为室外的平均气温不一致时空气存在温度差，便会产生空气密度差，使空气有了压力差，从而促进空气的流动。风压作用下的自然通风是指因受到建筑物的阻挡，外界吹向建筑的气流产生扰流，在建筑的背风面与侧面产生局部涡流形成负压，同时在建筑迎风面产生正压，从而产生压力差[134]。在风压作用下，风与建筑之间会产生一些形态效应，影响城市环境的舒适度，如在高楼间距密集的狭窄地带，会造成局部风速增大，类似峡谷的气流流动，称为“峡谷效应”。高层建筑周围容易形成三大风速区：高层建筑物两侧的角流区、高矮建筑间的涡旋气流区以及位于高墙下的穿流区；建筑迎风面较宽的建筑背后容易形成风影区。

2. 尺度变化对风的影响

在同样的风速下，街巷尺度的大小会影响街巷中风速的大小，适宜的街道尺度可以营造舒适的风环境，既有利于城镇污染物的扩散，又可降低热岛效应。若街道尺度过窄，则可能出现“峡谷效应”，在街道局部产生强风区，或在街道内部产生大面积静风区，使整个街道的风环境舒适度降低。所以，合适的街巷尺度及街巷宽高比，在镇区风环境舒适度的营造上显得极其重要。

6.1.3　街巷空间风环境模拟

街巷周边建筑及地面情况复杂，不同的建筑或地面水体会存在温差，引起局部热力环流，但是热力环流在静风时或是盛行风速非常小的情况下才能产生。秦岭山地古镇夏季平均风速在 1.875m/s，冬季平均风速在 1.375m/s，产生热力环流的概率较小，在建模模拟的过程中将其忽略。

在《中国生态住宅技术评估手册》中规定：在建筑物周围行人区 1.5m 处，风速小于 5m/s。《绿色奥运建筑评估体系》对风环境的规定为在建筑物周围行人区 1.5m 处，风速小于 5m/s。国内相关规范并没有详细提出具体的舒适风速范围。国外比较有名的风舒适度研究有 Soligo 及日本村上周三和森川泰成的研究成果，风舒适度被 Soligo 分为四类，并提出了人在不同状态下舒适风速频率限值（表 6-2）。

表 6-2　不同状态下舒适风速和频率限值

活动类型	舒适风速/(m/s)	频率限值
坐	0~2.5	≥80%
站立	0~3.9	≥80%
行走	0~5	≥80%

来源：Soligo M J 等人，《热效应下的行人舒适性综合评估》。

日本村上周三和森川泰成，提出了不同温度范围下的舒适风速范围，见表 6-3。

表 6-3　不同温度范围下的舒适风速范围

评价范围	温度范围		
	<10℃	10~25℃	>25℃
引起人体不舒适的微风范围	—	—	—
人体舒适风速范围/(m/s)	<1.3	<1.5	0.7~1.7
舒适风速与不舒适风速间的过渡范围/(m/s)	1.3~2.0	1.5~2.3	1.7~2.9
引起人体不舒适的强风范围/(m/s)	>2.0	>2.3	>2.9

来源：Murakai S 等人，《考虑温度效应的风引起不适的评估标准》。

在村上周三和森川泰成研究的基础上，结合秦岭山地古镇湿气重的气候特征，稍高风速可以加快湿气排除，故确定秦岭山地古镇夏季舒适风速为 0.7~2.0m/s，静风风速为 0~0.5m/s，由于静风不利于街道污染物的扩散，故冬季舒适风速范围定为 0.5~1.5m/s。

1. 现状测试验证

获得行人高度的城市风环境数据有以下 3 种方法：风洞试验、现场实测及理论计算。其中，风洞试验需要专门的试验技术和大型风洞试验设施，试验投入大、周期长；理论计算通常采用计算流体力学（简称 CFD）技术，CFD 模拟分析与风洞试验相比具有可视化程度高、速度快及成本低的优势[135]。

结合实际情况，采用现场实测与 CFD 数值模拟相结合的方法，将计算的结果与实测数据进行对比研究，保证数值模拟结果的精确性。实地测试地点为柞水县凤凰古镇凤凰古街，测试时间为 2018 年 2 月 25 日下午 2 点至 6 点，次日上午 9 点至 12 点，在凤凰古街上取 15 个点进行测试（图 6-1）。每隔 1h 测试一次，每次测试记录多个风速数据并筛除风速极端的

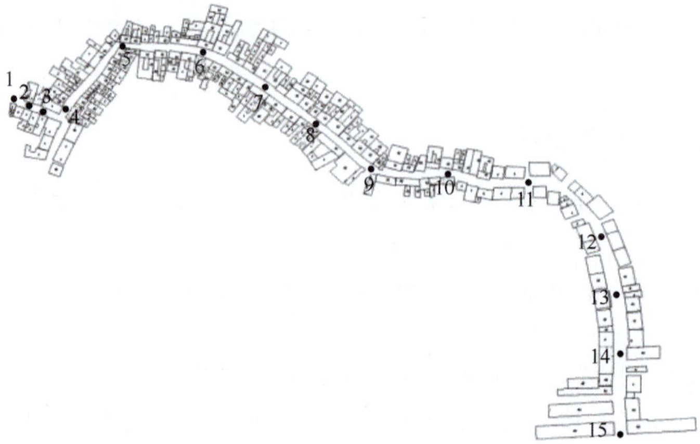

图 6-1　凤凰古街测试点

数据，尤其筛除风速过小的数据，然后取平均值，最终取每个测试点 9 次测试结果的平均值。由于初始风速测试受条件限制，缺乏准确性，本次根据距离柞水县凤凰古镇最近的气象站台安康站提供的典型气象年冬季最多风向平均风速，初始风速确定为 3.3m/s。背景环境长、宽为街道模型的 10 倍，高度为建筑高度的 5 倍。实测风速及模拟风速见表 6-4，1.5m 行人高度风环境模拟结果如图 6-2 所示。

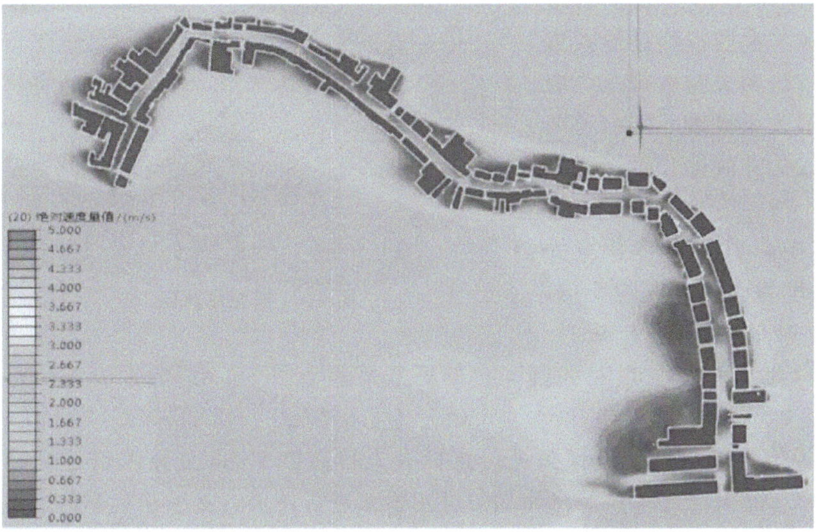

扫码看彩图

图 6-2　柞水县凤凰古镇 1.5m 行人高度风环境模拟结果

表 6-4　实测风速及模拟风速　　（单位：m/s）

监测点	1	2	3	4	5	6	7	8
实测风速	1.24	0.73	0.17	0.59	1.13	0.94	0.71	0.63
模拟风速	1.16	0.83	0.33	0.5	1.17	1.0	0.83	0.67
监测点	9	10	11	12	13	14	15	—
实测风速	0.69	0.33	1.36	0.64	0.71	1.17	1.31	—
模拟风速	1.0	0.67	1.0	0.5	0.67	1.67	1.33	—

由实测风速与模拟风速对比折线图（图 6-3）可知，模拟风速与实测风速的整体变化趋势一致，由于初始风速设置的是定值，而实际初始风速是不断变化的，再加上街道中行人以及界面差别、模型建立的局限性等原因，个别测试点如 10、11 和 14 差别较大，这是难以避免的。总体来看，通过 Autodesk Simulation CFD 对街巷风环境进行模拟分析具有可靠性。

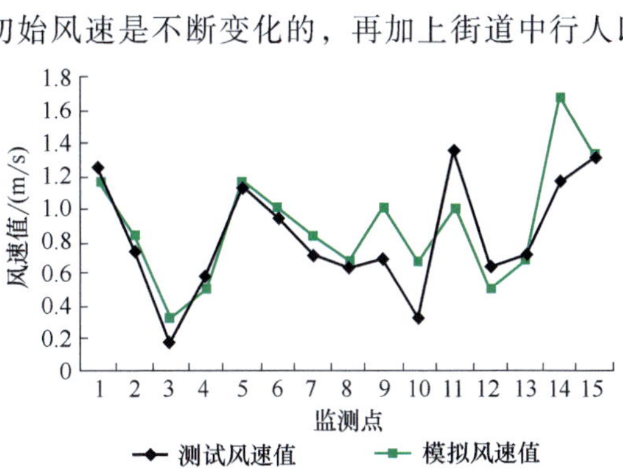

图 6-3　实测风速与模拟风速对比折线图

2. 研究模型模拟

通过 Autodesk Revit Architecture 对不同宽高比的街巷建立模型，通过 Autodesk Simulation CFD 进行风环境模拟分析，研究确定可营造舒适风环境的街巷空间尺度。

（1）模型的建立　考虑到秦岭山地古镇的现状及未来发展，街道两侧建筑高度取 1～6 层，建筑层高取 3m，结合山地古镇历史街巷宽高比 0.4～1.5，分别模拟街巷宽度为 3～24m 所对应的不同建筑高度街巷风速。由于秦岭山地街道一般顺应山体河流，有直线形、折线形和曲线形等不同的街道形式。但是不管哪种形式，基本上都是由一段段的直线街道组合而成的，故本次模拟街道形式选择直线形，建筑长度依据相关防火规范，取不需增加人行通道的最大长度 80m。街道两侧建筑进深根据一进式天井院落长度取 15m（图 6-4）。

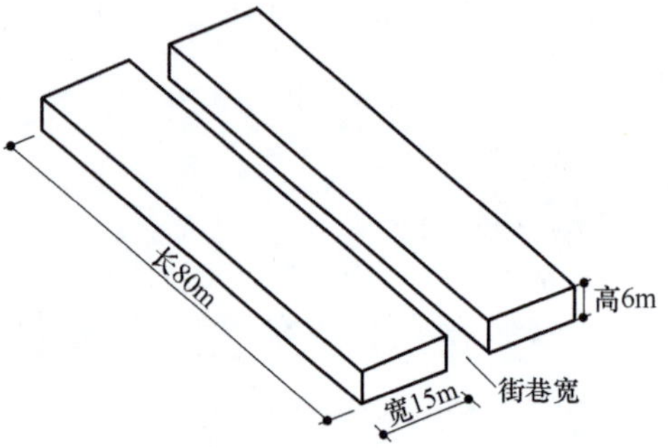

图 6-4　模型示意图

（2）背景环境范围　背景环境长宽为街道模型的 10 倍，高度为建筑高度的 5 倍。边界条件：来风风速取平均风速 1.6m/s，夏季舒适风速的最低风速 0.7m/s，以及我国确定的舒适风速上限 5m/s，分别模拟距地面 1.5m 高度的风速。

（3）风环境模拟评价指标　风环境模拟评价指标有人行高度 1.5m 处夏季舒适风速比率、冬季舒适风速比率、静风区比率以及风速均匀度四项来进行评价。夏季、冬季舒适风速比率及静风区比率，分别为夏季风速在 0.7～2.0m/s、冬季风速在 0.5～1.5m/s、静风风速在 0～0.5m/s 的面积占街巷平面面积的比值。风速均匀度以街道中风速的区间跨度及分布情况来确定（图 6-5）。另外，根据 Soligo 提出的人在不同状态下所对应的舒适风速和频率（表 6-2），舒适风速和不舒适风速频率在 80%以上时，人会产生舒服或不舒服的感觉，故确定冬季、夏季舒适风速比率均以 80%为界限，即舒适风速比率大于 80%为风环境舒适的街道。

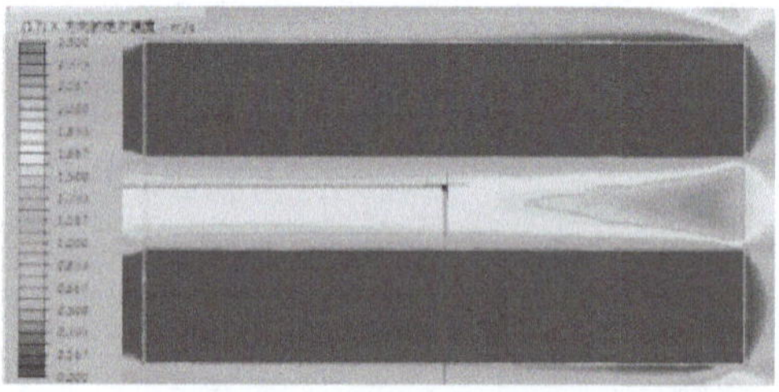

图 6-5　模拟结果示意图

3. 各初始风速模拟结果

通过对初始风速分别为 5m/s、1.6m/s、0.7m/s，在建筑宽高比（*D/H*）为 0.4～1.5 范围内，建筑高度 3～18m，分别对应的街道宽度 3～24m 的具体模拟结果如下。

（1）初始风速 5m/s 模拟　初始风速为 5m/s，建筑高为 3～6m，街道宽为 3～9m，街道风环境模拟结果统计见表 6-5，冬夏季的风速均在 2m/s 以上，舒适风速比率均为 0。

初始风速为 5m/s，建筑高为 6～18m，街道宽为 6～24m，街道风环境模拟结果统计见表 6-6，冬夏季的舒适风速比率均为 0。

由表 6-5 和表 6-6 可知，在初始风速为 5m/s 时，在街道两侧建筑高度一定的情况下，随着街道宽度的增加，街道的风速最大值减小，街道风速均匀度增加。另外，在初始风速为 5m/s 时，街道内部 1.5m 高处的夏季、冬季舒适风速比率全为 0，街道风速均大于冬夏季舒适风速范围。

表 6-5　初始风速为 5m/s，建筑高为 3~6m，街道宽为 3~9m，街道风环境模拟结果统计

建筑高度	参数	宽 3m	宽 4m	宽 5m	宽 6m	宽 9m
3m	0.7~2.0m/s 比率	0	0	0	—	—
	0.5~1.5m/s 比率	0	0	0	—	—
	风速区间/(m/s)	3.27~7.5	3.27~6.53	3.5~6.5	—	—
6m	0.7~2.0m/s 比率	0	0	0	0	0
	0.5~1.5m/s 比率	0	0	0	0	0
	风速区间/(m/s)	3.5~7.5	3.5~7.2	3.2~7.2	3.0~7.0	2~6.8

表 6-6　初始风速为 5m/s，建筑高为 6~18m，街道宽为 6~24m，街道风环境模拟结果统计

建筑高度	不同街巷宽度下的舒适风速区间值/(m/s)						
	宽 6m	宽 9m	宽 12m	宽 15m	宽 18m	宽 20m	宽 24m
6m	3.0~7.0	2~6.8	—	—	—	—	—
9m	3.4~7.2	3.0~6.8	2.75~6.75	2.75~6.5	2.5~6.5	—	—
12m	3.5~7.25	3.5~7.0	3.25~6.75	3.25~6.75	2.75~6.75	2.5~6.75	2.5~6.5
15m	3.5~7.2	3.5~7.2	3.3~7.0	2.8~7.0	2.7~6.75	2.5~6.75	2.3~6.75
18m	4.2~7.0	4.0~7.0	3.5~6.8	3.2~6.8	3.0~6.8	2.7~6.7	2.5~6.5

（2）初始风速 1.6m/s 模拟　初始风速为 1.6m/s，建筑高为 3~6m，街道宽 3~9m，街道风环境模拟统计结果见表 6-7。

表 6-7　初始风速为 1.6m/s，建筑高为 3~6m，街道宽为 3~9m，街道风环境模拟结果统计

建筑高度	参数	宽 3m	宽 4m	宽 5m	宽 6m	宽 7m	宽 8m	宽 9m
3m	0.7~2.0m/s 比率	97.58%	96.00%	94.98%	—	—	—	—
	0.5~1.5m/s 比率	90.56%	77.29%	62.52%	—	—	—	—
	风速区间/(m/s)	1.1~2.25	1.17~2.17	1.2~2.17	—	—	—	—
6m	0.7~2.0m/s 比率	95.04%	94.83%	93.62%	93.09%	92.18%	90.95%	87.52%
	0.5~1.5m/s 比率	87.11%	85.64%	85.02%	84.96%	79.82%	69.41%	53.41%
	风速区间/(m/s)	0.7~2.4	0.9~2.4	0.9~2.4	0.8~2.25	0.8~2.25	0.72~2.34	0.5~2.33

初始风速为 1.6m/s，建筑高为 6~18m，街道宽为 6~24m，街道风环境模拟统计结果见表 6-8。

如图 6-6 所示，街道两侧建筑高度在 18m 以下时，整体上随街道两侧建筑高度增加，夏季舒适风速比率增加。高度 18m 时，夏季舒适风速比率与高度 15m 时相比有降低趋势。街道宽度小于 15m 时，夏季舒适风速比率大于 80%。如图 6-7 所示，街道宽度 6~12m，冬季舒适风速比率下降幅度明显，均在 80%以下。由表 6-7 可知，在建筑高为 3~6m，所对应街道宽为 3~6m 时，街道内冬季、夏季舒适风速比率均在 80%以上。

表 6-8　初始风速为 1.6m/s，建筑高为 6~18m，街道宽为 6~24m，街道风环境模拟结果统计

建筑高度	参数	宽 6m	宽 9m	宽 12m	宽 15m	宽 18m	宽 20m	宽 24m
6m	0.7~2.0m/s 比率	93.09%	87.52%	—	—	—	—	—
	0.5~1.5m/s 比率	84.96%	53.41%	—	—	—	—	—
	风速区间/(m/s)	0.8~2.25	0.5~2.33	—	—	—	—	—
9m	0.7~2.0m/s 比率	91.56%	85.54%	81.62%	75.56%	69.17%	—	—
	0.5~1.5m/s 比率	72.39%	40.57%	40.04%	34.88%	29.54%	—	—
	风速区间/(m/s)	1.25~2.4	1.0~2.33	0.75~2.17	0.75~2.17	0.67~2.17	—	—
12m	0.7~2.0m/s 比率	90.32%	86.73%	83.65%	75.93%	69.80%	63.65%	58.50%
	0.5~1.5m/s 比率	65.40%	39.95%	38.52%	33.50%	30.94%	31.10%	28.43%
	风速区间/(m/s)	1.17~2.4	1.17~2.4	1.0~2.25	0.91~2.25	0.83~2.25	0.83~2.25	0.75~2.17
15m	0.7~2.0m/s 比率	92.20%	90.75%	85.80%	81.78%	76.33%	73.65%	67.86%
	0.5~1.5m/s 比率	70.04%	62.82%	35.90%	36.52%	32.66%	33.07%	30.19%
	风速区间/(m/s)	1.05~2.4	1.05~2.33	1.0~2.33	0.9~2.3	0.85~2.25	0.80~2.2	0.83~2.17
18m	0.7~2.0m/s 比率	91.53%	88.99%	84.50%	77.70%	75.99%	68.58%	63.47%
	0.5~1.5m/s 比率	61.69%	42.74%	32.10%	30.90%	32.44%	30.85%	30.03%
	风速区间/(m/s)	1.3~2.3	1.2~2.33	1.16~2.33	0.9~2.33	0.83~2.25	0.83~2.25	0.83~2.25

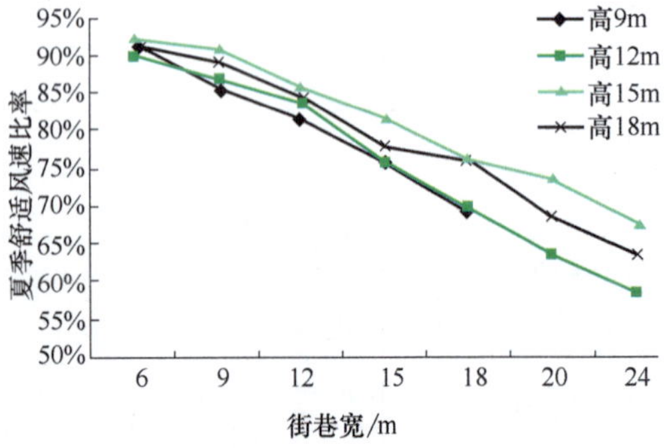

图 6-6　初始风速为 1.6m/s 夏季舒适风速比率随街道高宽变化图

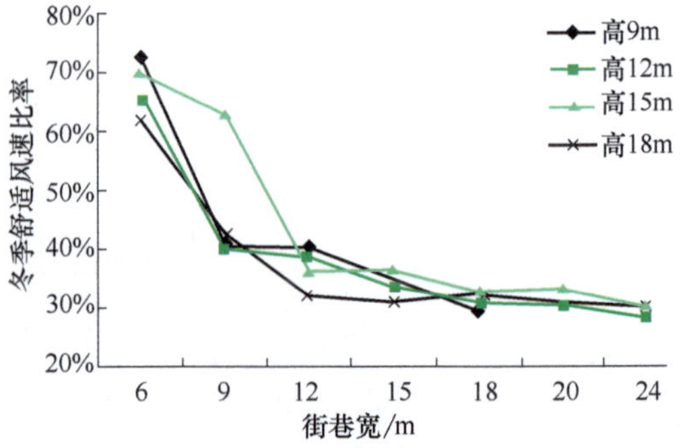

图 6-7　初始风速为 1.6m/s 冬季舒适风速比率随街道高宽变化图

因此，初始风速为 1.6m/s，建筑高 $H\leqslant18$m，街道宽 $D<15$m 时，街道夏季风环境舒适。建筑高 3~6m，所对应街道宽为 3~6m 时，街道冬夏季风环境均较舒适。

（3）初始风速 0.7m/s 模拟　初始风速为 0.7m/s，建筑高为 3~6m，街道宽为 3~9m，街道风环境模拟统计结果见表 6-9。

初始风速为 0.7m/s，建筑高为 6~18m，街道宽为 6~24m，街道风环境模拟统计结果见表 6-10。

表 6-9　初始风速为 0.7m/s，建筑高为 3~6m，街道宽为 3~9m，街道风环境模拟结果统计

建筑高度	参数	宽 3m	宽 4m	宽 5m	宽 6m	宽 7m	宽 8m	宽 9m
3m	0.7~2.0m/s 比率	6.15%	8.14%	10.91%	—	—	—	—
	0.5~1.5m/s 比率	15.68%	42.47%	50.36%	—	—	—	—
3m	静风区比率	84.32%	57.53%	49.64%	—	—	—	—
	风速区间/(m/s)	0.4~0.9	0.47~0.93	0.47~0.9	—	—	—	—
6m	0.7~2.0m/s 比率	8.11%	8.39%	9.06%	10.06%	10.15%	14.76%	17.57%
	0.5~1.5m/s 比率	28.96%	30.17%	32.34%	36.24%	52.02%	61.21%	80.54%
	静风区比率	71.04%	69.83%	67.66%	63.76%	47.98%	38.79%	19.46%
	风速区间/(m/s)	0.27~0.97	0.33~0.97	0.33~0.97	0.33~0.92	0.37~0.9	0.37~0.9	0.2~0.93

表 6-10　初始风速为 0.7m/s，建筑高为 6~18m，街道宽为 6~24m，街道风环境模拟结果统计

建筑高度	参数	宽 6m	宽 9m	宽 12m	宽 15m	宽 18m	宽 20m	宽 24m
6m	0.7~2.0m/s 比率	10.06%	17.57%	—	—	—	—	—
	0.5~1.5m/s 比率	36.24%	80.54%	—	—	—	—	—
	静风区比率	63.76%	19.46%	—	—	—	—	—
	风速区间/(m/s)	0.33~0.92	0.2~0.93	—	—	—	—	—
9m	0.7~2.0m/s 比率	15.00%	24.66%	41.69%	47.97%	56.08%	—	—
	0.5~1.5m/s 比率	81.87%	81.13%	80.61%	80.19%	82.80%	—	—
	静风区比率	18.13%	18.87%	19.39%	19.81%	17.20%	—	—
	风速区间/(m/s)	0.47~0.97	0.4~0.97	0.37~0.93	0.33~0.9	0.3~0.87	—	—
12m	0.7~2.0m/s 比率	18.10%	24.49%	33.06%	47.69%	53.18%	54.86%	59.70%
	0.5~1.5m/s 比率	93.32%	94.17%	86.17%	84.65%	86.62%	85.38%	84.64%
	静风区比率	6.68%	5.83%	13.83%	15.35%	13.38%	14.62%	15.36%
	风速区间/(m/s)	0.47~0.97	0.47~0.97	0.4~0.93	0.37~0.93	0.33~0.9	0.3~0.9	0.27~0.9
15m	0.7~2.0m/s 比率	14.92%	19.84%	27.53%	40.19%	50.82%	51.92%	55.62%
	0.5~1.5m/s 比率	97.10%	96.70%	88.70%	85.32%	85.30%	83.59%	82.68%
	静风区比率	2.90%	3.30%	11.30%	14.68%	14.70%	16.41%	17.32%
	风速区间/(m/s)	0.47~0.97	0.47~0.97	0.43~0.97	0.4~0.93	0.35~0.9	0.33~0.9	0.3~0.9
18m	0.7~2.0m/s 比率	16.62%	20.55%	29.43%	48.09%	50.23%	53.07%	54.64%
	0.5~1.5m/s 比率	97.50%	96.82%	90.20%	89.52%	86.47%	87.61%	83.94%
	静风区比率	2.50%	3.18%	9.80%	10.48%	13.53%	12.39%	16.06%
	风速区间/(m/s)	0.47~0.97	0.47~0.97	0.42~0.97	0.4~0.93	0.37~0.93	0.3~0.93	0.3~0.93

由表 6-9 和表 6-10 可知，在初始风速为 0.7m/s 时，街道两侧建筑高度一定的情况下，随着街道宽度的增加，街道中的最高风速都呈逐渐降低的趋势。由图 6-8 可知，夏季舒适风速比率随街道宽度增加而上升，随建筑高度增加而下降，但是整体舒适比率在 80%以下。在街道两侧建筑高度一定的情况下，建筑高度 9~18m，街道宽度 9~24m，街道冬季舒适风速比率均在 80%以上，但是随街道宽度增加呈降低趋势。在宽度一定的情况下，随着街道两侧建筑高度的增加，冬季舒适风速比率有上升趋势（图 6-9）。由图 6-10 可知，随着街道宽度的增加，静风区比率不断上升，在街道宽度超过 24m 后，静风区比率有超过 20%的可能。

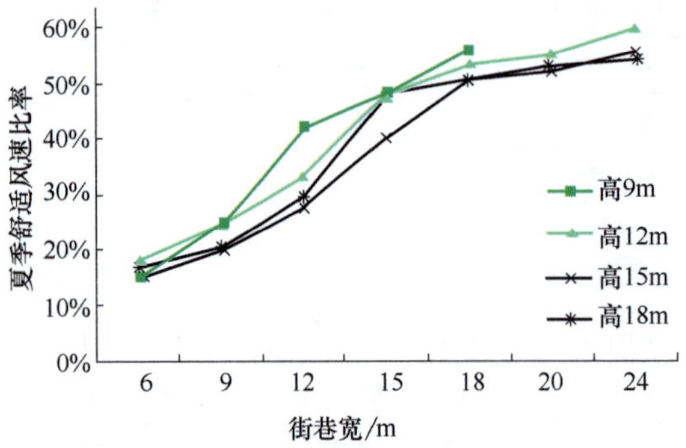

图 6-8　初始风速为 0.7m/s 夏季舒适风速比率随街道高宽变化图

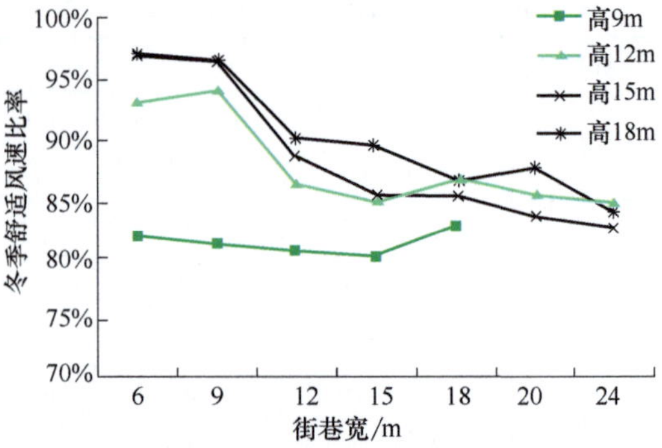

图 6-9　初始风速为 0.7m/s 冬季舒适风速比率随街道高宽变化图

因此，初始风速为 0.7m/s 时，在 $H \geqslant 9$m、$9\text{m} \leqslant D \leqslant 24$m 的情况下，街道内冬季舒适风速比率均在 80%以上，街道通风效果较好。

由于秦岭山地古镇历史街道宽高比 $D/H=1$ 左右居多，该比例下，随着街道高宽比变化比较风环境舒适度，如图 6-11 所示。初始风速为 1.6m/s 时，舒适风速比例逐渐降低。初始风速为 0.7m/s 时，随着街道高宽增加，舒适风速比例逐渐升高。初始风速为 1.6m/s 时，夏季舒适风速比率高。初始风速为 0.7m/s 时，冬季舒适风速比率高。由此可见，即使是宽高比相同，街道舒适度也随风速变化而变化。

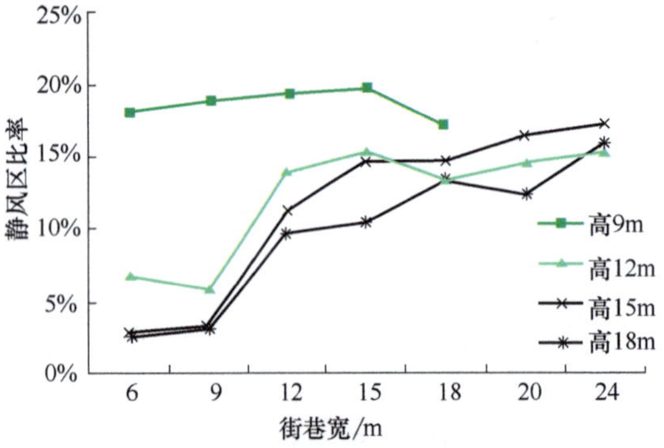

图 6-10　初始风速 0.7m/s 静风区比率随街道高宽变化图

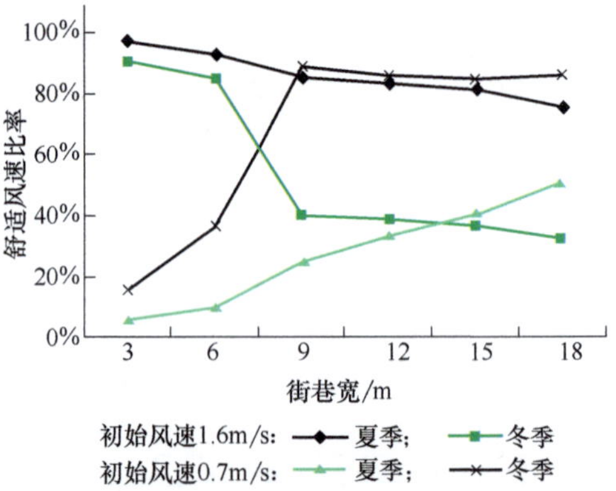

图 6-11　$D/H=1$ 时不同初始风速随街道高宽变化街道舒适风速比率变化图

6.1.4　风舒适的街巷尺度确定

1. 舒适风速街道尺寸的确定

通过上面提到的让人感觉舒适的两个极限风速及平均风速，分别对不同高和宽街巷的风环境进行模拟及分析，得出如下结论：在街道两侧建筑高度一定的情况下，随着街道宽度的增加，街道中的最高风速呈逐渐降低的趋势，整个街道风速的均匀度增加。其次，在初始风速为 5m/s 时，街道内部 1.5m 高处的夏季、冬季舒适风速比率全为 0，街道风速均大于冬夏季舒适风速范围。在初始风速为 1.6m/s 时，$H \leqslant 18$m、$D < 15$m 时，街道夏季风环境舒适，建筑高为 3~6m，所对应街道宽为 3~6m 时，街道冬夏季风环境均较舒适。在初始风速为

0.7m/s 时，在 $H\geqslant9$m、$9\text{m}\leqslant D\leqslant24$m 的情况下，街道内冬季舒适风速比率均在 80%以上，街道通风效果较好。

在秦岭山地古镇的历史传统街巷宽高比 D/H 为 0.4～1.5 时，综合不同初始风速条件下模拟分析的结果，街道高度在 9～18m，对应宽度在 9～15m 时，街道可拥有舒适的风环境。

2. 舒适风速街道比例的确定

结合表 6-7、表 6-8 和表 6-11，可知在初始风速为 1.6m/s，风速范围为 0.7～2.0m/s，建筑高为 3～6m，街道宽为 3～8m 的历史街道尺寸比例下，街道风环境均舒适。在高度为 9～18m，对应宽为 6～15m 范围内，街道宽高比 $D/H<1$ 的情况下，街道风环境舒适。

表 6-11　初始风速为 1.6m/s，风速范围为 0.7～2.0m/s 的街道高宽比统计

	高宽比						
	宽 6m	宽 9m	宽 12m	宽 15m	宽 18m	宽 20m	宽 24m
高 9m	0.66	1	1.33	1.67	2	2.2	2.67
高 12m	0.5	0.75	1	1.25	1.5	1.67	2
高 15m	0.4	0.6	0.8	1	1.2	1.33	1.6
高 18m	0.33	0.5	0.67	0.83	1	1.11	1.33

由表 6-9 可知，初始风速为 0.7m/s，建筑高为 3～6m，对应街道宽为 3～9m，所有 D/H 值下街道风环境都较差。由表 6-10 可知，建筑高为 6～18m，对应街道宽为 6～24m，所有 D/H 值下街道风环境都较好。所以，在高度为 9～18m，对应宽为 6～24m 范围内，街道宽高比例为 $D/H<1$ 的情况下，街道拥有舒适的风环境。

综上所述，秦岭山地古镇街巷延展的过程中，街道两侧建筑高度在 9～18m，对应宽度在 9～15m 时，$D/H<1$ 的情况下街道可拥有舒适的风环境。

6.2　街巷日照环境模拟分析

6.2.1　相关技术标准的日照要求

目前，我国对街道日照标准并没有具体的要求，只是针对民用建筑日照，如《城市居住区规划设计标准》（GB 50180—2018）中对普通住宅，老年人居住建筑、旧区改建住宅建筑等的日照时数提出了具体要求，见表 6-12。

表 6-12　住宅建筑日照标准

建筑气候区划	Ⅰ、Ⅱ、Ⅶ气候区		Ⅳ气候区		Ⅴ、Ⅵ气候区
城市常住人口/万人	≥50	<50	≥50	<50	无限制
日照标准日	大寒日			冬至日	
日照时数/h	≥2	≥3		≥1	
有效日照时间带/h（当地真太阳时）	8～16			9～15	
计算起点	底层窗台面（是指距离室内地坪 0.9m 高的外墙位置）				

来源：《城市居住区规划设计标准》（GB 50180—2018）。

6.2.2 街巷日照的环境模拟

1. 日照模拟参数的确定

(1) 日照标准的确定　由于并没有关于街巷日照的具体标准，但是为了保证秦岭山地古镇街道在冬季可以拥有舒适的日照条件，参照上述规范对住宅等民用建筑提出的日照时数要求，来确定其街道日照时数要求。由于秦岭山地多数镇位于Ⅱ、Ⅲ气候区划，所以将街道的日照标准确定为街道有一边界线满足大寒日 2h 日照标准。如此可保证街道两侧建筑屋檐下的半私密空间，满足大寒日 2h 日照标准，而屋檐下的过渡空间也正是当地居民交往活动集中的区域。

(2) 模拟软件　众智日照分析软件。

(3) 模拟模型的确定　模拟建筑模型长为 80m、宽为 15m，高度为 1~6 层，层高为 3m。根据一进式天井院落长度，街道侧边建筑进深取 15m，建筑模型长度根据《建筑设计防火规范（2018 年版)》(GB 50016—2014) 中规定：有封闭内院或天井的建筑物沿街时，应设置连通街道和内院的人行通道，其间距不宜大于 80m。因此，模型沿街建筑的长度设置为 80m，以符合消防规范的要求并确保模拟结果的科学性和合理性。

(4) 模拟参数的确定　由于秦岭山地古镇众多，通过对秦岭山地各个古镇中心点的经纬度进行统计（表 6-13)，经度分布范围为 E102.6°~E111°，纬度分布范围为 E32.8°~E34.6°，由于多数分布在北纬 33°附近，东经 109°附近，为了测试具有代表性，将与日照关系密切的纬度定为镇相对集中的 N33°，经度定位为 E109°。

表 6-13　秦岭山地古镇中心点经纬度统计表

镇名	经度	纬度	镇名	经度	纬度
凤凰古镇	E109.4°	N33.5°	青木川镇	E105.6°	N32.8°
蜀河镇	E109.7°	N32.9°	厚畛子镇	E107.8°	N33.8°
熨斗镇	E108.2°	N32.8°	荆紫关镇	E111.0°	N33.2°
漫川关镇	E110.1°	N33.2°	云盖寺镇	E109.02°	N33.5°
上津镇	E110.05°	N33.1°	白河县城关镇	E110.1°	N32.8°
滩歌镇	E104.8°	N34.6°	葛牌镇	E109.5°	N33.9°
郎木寺镇	E102.6°	N34°	哈达铺镇	E104.2°	N34.2°

(5) 其他参数设定　日照标准日采用大寒日，累计日照时数、累计时间段数为 2 个最大值，采样间隔为 5min，有效日照时间段为上午 8 时至下午 4 时。

2. 模拟结果

应用众智日照分析软件分别对模型层数 1~6 层进行分析，模拟东西向走向街道日照，模拟结果如图 6-12 所示，当东西向街道南侧建筑为 1 层、高度 3m，街道宽度在大于或等于 4.9m、$D/H \geqslant 1.63$ 时；当南侧建筑为 2 层、高度 6m，街道宽度在大于或等于 8.2m、$D/H \geqslant 1.37$ 时；当南侧建筑为 3 层、高度 9m，街道宽度在大于或等于 13m、$D/H \geqslant 1.44$ 时；当南侧建筑为 4 层、高度 12m，街道宽度在大于或等于 16.8m、$D/H \geqslant 1.4$ 时；当南侧建筑为 5 层、高度 15m，街道宽度在大于或等于 20.6m、$D/H \geqslant 1.37$ 时；当南侧建筑为 6 层、高度 18m，街道宽度在大于或等于 25m、$D/H \geqslant 1.39$ 时，街道至少有一边可满足大寒日 2h 以上的日照标准。将满足大寒日日照 2h 的阴影宽度进行统计，见表 6-14。

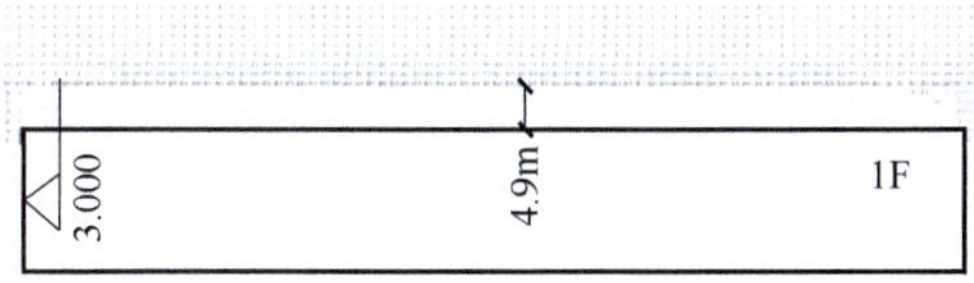

a) 建筑高为3m的模拟结果

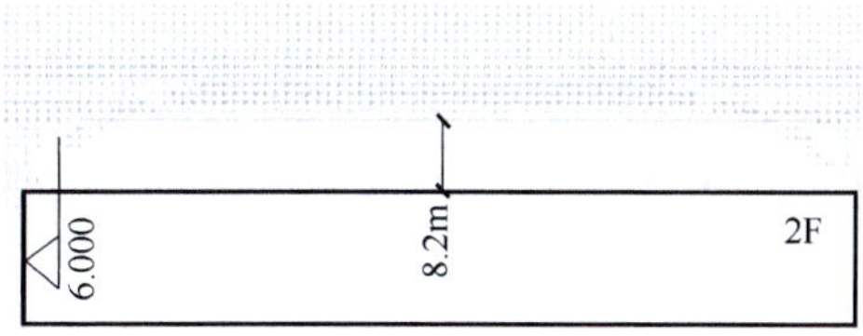

b) 建筑高为6m的模拟结果

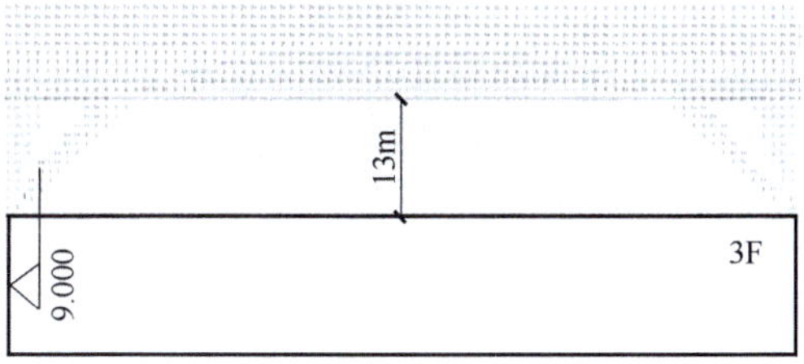

c) 建筑高为9m的模拟结果

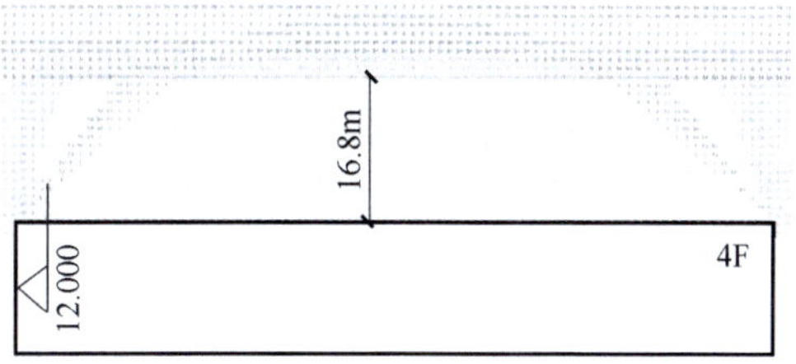

d) 建筑高为12m的模拟结果

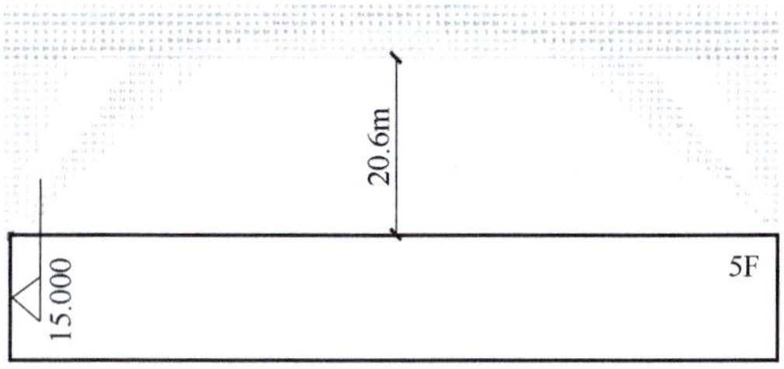

e) 建筑高为15m的模拟结果

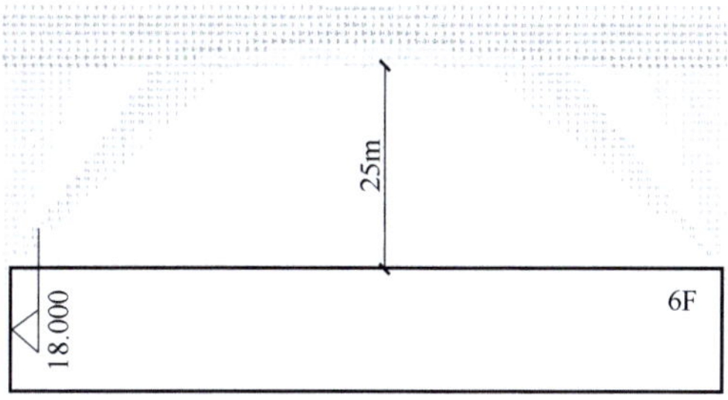

f) 建筑高为18m的模拟结果

图 6-12　街道南侧建筑高度 1~6 层日照模拟结果图

表 6-14　街道南侧建筑高度为 1~6 层的日照模拟结果

建筑高度 H/m	3.0	6.0	9.0	12.0	15.0	18.0	1~3 层时平均 D/H	3~6 层时平均 D/H
日照 2h 阴影宽度 D/m	4.9	8.2	13.0	16.8	20.6	25.0	1.48	1.40
宽高比 D/H	1.63	1.37	1.44	1.40	1.37	1.39		

6.2.3　满足日照的街巷尺度

当街道为南北走向的时候，街道日照条件容易满足要求；而街道东西走向的时候，街道南侧建筑高度过高，就会对街道日照及街道北侧建筑产生影响，所以本次对东西走向街道进行研究。

对于沿街建筑高度为低层 1~3 层的街道空间平均 D/H 为 1.48，建筑高度为 3~6 层的街道空间平均 D/H 为 1.40，针对新建街道，要使北侧建筑檐下空间满足日照要求，则应保证建筑间距与南侧建筑的宽高比 $D/H \geqslant 1.40$。但秦岭山地古镇传统街巷空间间距与高度比区间为 0.4~1.5，若按照 $D/H \geqslant 1.40$ 控制，则将难以延续秦岭古镇传统街道空间比例关系，故可考虑在维持秦岭和山地古镇传统街巷比例的前提下，根据街道宽度对街道南侧的建筑高度进行调整和控制。所以，街道南侧建筑高度可采用 $H \leqslant D/1.40$ 来确定建筑限高。

6.3 舒适物理环境街巷尺度

通过对宽高比 D/H 在 0.4~1.5 时，不同初始风速条件下进行模拟分析结果显示，建筑高度 9~18m，对应建筑间距 9~15m，$D/H<1$，街巷空间风环境较舒适。通过众智日照分析软件，分别对 1~6 层南北向建筑模型进行日照分析表明，对于建筑高度 3~6 层，街道以南建筑采用 $H \leqslant D/1.40$ 来确定建筑限高，可保证街道北侧建筑满足日照要求。

结合秦岭山地古镇的气候地理特征，多方面剖析可产生舒适通风和日照条件的街巷空间宽高比关系，提出拥有舒适物理环境的新建街道空间典型模式。根据上述确定的街巷空间间距、高度及宽高比，综合提出三种典型的秦岭山地古镇街巷空间模式（图 6-13）。

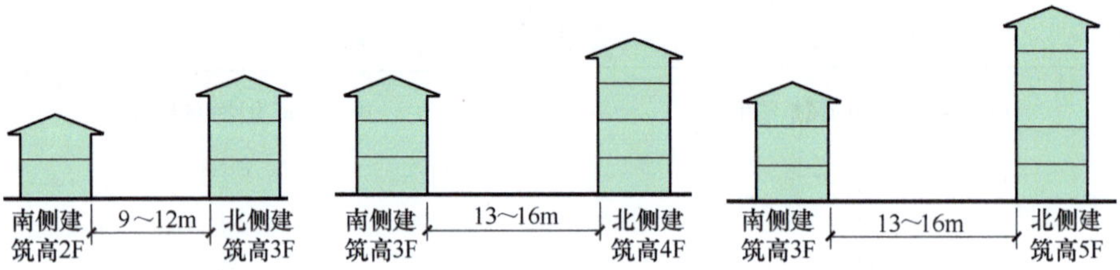

图 6-13 秦岭山地古镇新建舒适物理环境街巷空间典型模式图

6.4 本章小结

本章针对秦岭山地古镇街巷风环境及日照等物理环境差的现象，研究既可延续历史街巷空间尺度，又拥有舒适风环境及良好日照条件的秦岭山地新建街巷尺度。

街巷风环境模拟：在对现状风环境分析和街巷尺度与风环境分析的基础上，结合秦岭山地古镇湿气重的气候特征，确定其冬夏季舒适风速。分别对来风风速取平均风速 1.6m/s，夏季舒适风速的最低风速 0.7m/s，以及我国确定的舒适风速上限 5m/s，模拟距地面 1.5m 高度的风速。在建筑宽高比（D/H）为 0.4~1.5 范围内，建筑高度 3~18m，分别对应的街道宽度 3~24m 进行模拟。确定在秦岭山地古镇的历史传统街巷宽高比 D/H 为 0.4~1.5 区间内，综合在不同初始风速的条件下模拟分析结果，街道高度在 9~18m，对应宽度在 9~15m，$D/H<1$ 的情况下，街道可拥有舒适的风环境。

日照分析模拟模型长 80m、宽 15m，高度 1~6 层，层高 3m，根据一进式天井院落长度，街道侧边建筑进深取 15m，分别对东西走向街道，南侧建筑高度 1~6 层进行模拟，模拟结果为沿街建筑高度在低层 1~3 层的平均 D/H 为 1.48，建筑高度为 3~6 层的平均 D/H 为 1.40。但秦岭山地古镇传统街巷宽高比区间为 0.4~1.5，若按照 $D/H \geqslant 1.40$ 控制，则难以延续传统街道空间比例关系，故考虑在维持传统街巷比例的前提下，根据街道宽度对街道南侧的建筑高度进行控制，南侧建筑高度可采用 $H \leqslant D/1.40$ 来确定建筑限高。

结合秦岭山地古镇的气候地理特征，多方面剖析可产生舒适通风和日照条件的街巷空间宽高比关系，提出拥有舒适物理环境的新建街道三种典型空间模式，为街巷尺度确定提供科学依据。

第7章
秦岭山地古镇街巷延展要素

第7章 秦岭山地古镇街巷延展要素

经过对街巷空间的演变特征及街巷空间与使用需求关系的详细分析，研究确定了秦岭山地古镇街巷延展的五要素：街巷功能、街巷结构、街巷尺度、街巷节点和界面要素。如何确定该五要素，将决定街巷空间的趣味性、实用性、舒适性及文化性，同时也将决定镇区空间的肌理特征。

7.1 街巷功能

经过对秦岭山地街巷空间构成要素中对街巷功能的阐述及街巷空间与当地居民和游客的使用需求关系分析可知，秦岭山地古镇街道的空间功能应包括交往活动、交通通行、商贸交易以及旅游配套功能。而巷道的功能主要是连接街道空间和生活空间，或是街道之间的连通，主要表现为通行功能。另外，其还具有景观视线通廊的作用，通过巷道可以观望到壮美的秦岭风景。从生态角度，巷道有改善街道风环境的作用，经过对柞水县凤凰古镇凤凰古街的风环境测试和模拟发现，在历史街道中有巷道的地方，风环境会有所改善，可提升街道中风环境的舒适度。

考虑到秦岭山地古镇历史街道与新建街道的实际尺寸及通行能力，将其街道划分为历史街道和新建街道。新建街道又划分为交通性街道和生活性街道，具体功能定位如下。

7.1.1 历史街道功能

1. 历史街道应保留和延续的功能

秦岭山地古镇历史街道应保留和延续的功能主要有通行功能、交往功能和商贸功能。

（1）通行功能　这里的通行功能指的是人及非机动车的通行，多数秦岭古镇的历史老街只允许电动摩托车通行，农用三轮车的通行也会受到限制。建议历史街道应限制速度快的非机动车通行，尽量以人行为主，以保障街道通行空间的安全性。

（2）交往功能　虽然整个历史街道都是交往空间，在这个街道的任何位置都会有交往活动发生，但是通过对秦岭山地古镇历史街巷的实地调研发现，当地居民之间的交往、游客与当地居民的买卖交往往往集中在檐下空间。这主要是由于檐下空间属于半私密空间，住户或商户从心理上会有安全感和归属感。另外，在檐下空间可创造良好的观察点，观察街道中的行人及行人发生的活动。所以，檐下交往空间功能显得相当重要。

（3）商贸功能　其包括两种：一种是街道两侧拥有固定门面的商业，每天朝开夕闭，服务对象除了当地居民外主要是游客；另一种商贸功能是每个月固定的日期，人们自发聚集进行商贸交易的“集市”。这种集市形式自古便有，主要的服务对象是当地居民及镇区周边各村的居民。由于历史老街在节假日是游客聚集的地方，如果节假日与传统集市日期重叠，则会引起严重的拥堵，所以建议将集市功能从历史街道的功能中分解出去。

2. 历史街道应改善和增加的功能

（1）商贸功能的改善　历史街道功能除了将“集市”功能分解出去外，固定的商贸功能应当予以改善。经现状调查多数镇（如凤凰古镇、青木川镇和熨斗镇等），历史街道都存在过度商业化的现象，如对凤凰古镇历史街道的沿街建筑使用性质进行统计调查（表 7-1），其中纯商业用户占总用户的 35%，商住一体用户占总用户的 32.85%，纯居住用户占总用户的 29.2%，而纯居住用户主要集中在罗马巷和古街东头的一段入口处，古街从西侧桥头至东侧中部几乎全为商业。通过对凤凰古街商业建筑类型进行统计（表 7-2），商业中以山货、腊肉、衣服、鞋和便利店为主的零售商业占总商业的 63.83%，餐饮占 22.34%，零售和餐饮共占比例为 86.17%，住宿占 2.13%，手工艺品占 3.19%，以门诊、理发店等服务型为主的商业占 8.51%，商业雷同化严重。所以，建议秦岭山地历史街道应丰富商贸类型，给游客和居民提供更多的选择。

表 7-1　凤凰古镇古街建筑使用性质调研表

建筑类型	数量	比例
居住建筑	40	29.2%
商业建筑	48	35%
商住一体建筑	45	32.85%
产住一体建筑	1	0.73%
宗教建筑	1	0.73%
其他类型建筑	2	1.49%

表 7-2　凤凰古街商业建筑类型统计表

商业类型	数量	比例
零售	60	63.83%
餐饮	21	22.34%
住宿	2	2.13%
手工艺品	3	3.19%
其他服务	8	8.51%

（2）提升历史街道的旅游服务功能　在调研中发现，多数镇都存在旅游服务设施配套不齐全或是配套质量低的情况，以及历史老街上缺少公共卫生间及休憩设施、对历史建筑及重要节点缺乏旅游讲解牌和标识等问题。所以，历史老街作为最重要的游客吸引点，在旅游设施配套上应加以提升和改善。

7.1.2　交通性街道功能

交通性街道主要分为对外交通性街道和镇区内部的交通性街道，这两种街道的共性就是车速较高，主要用来满足机动车及非机动车的通行，兼顾人行。对外交通性街道空间应能满足通往各村镇的大巴车或货车的行驶，而镇区内部的交通性街道空间更多的是满足小汽车及非机动车的通行，非机动车以农用三轮车为主。

针对交通性街道，应严禁在道路两侧建设面向街道开口的大量商业，以防止商业吸引人流，而对街道通行造成堵塞，以及危及行人的通行安全，造成对外交通或内部交通不畅，出现拥堵。

7.1.3 生活性街道功能

1. 通行功能

新街的生活性街道功能与历史街道最大的区别在于可以满足现代交通工具的通行，所以生活性街道的通行能力较历史街道更强，是镇区发展街巷延展必然会出现的街道功能。通行能力除了满足机动车、非机动车等通行空间外，人行功能空间也是必不可少的，新建生活性街道空间功能在注重机动车等通行的同时，更注重人的通行，在生活性街道空间应给人提供充足而独立的步行空间，以减少机动车、非机动车对行人的影响。

2. 交往功能

在新建生活性街道的交往空间上，应延续历史街道屋檐下的过渡空间，延续当地居民生活习俗，打造屋檐下的交往空间。将街道空间—檐下空间—商铺/院落空间、开放空间—过渡空间—私密空间、快行空间—悠闲空间—交易生活空间这三个传统街巷空间的层次性进行延续。

3. 商贸功能

生活性街道商贸功能空间如历史街道空间一样，同样拥有固定商业，在位置合适的生活性街道上应承接历史街道的“集市”功能，在满足周边居民定期集市交易的需求同时，缓解历史街道的压力，在这种类型生活性街道上应该给“集市”规划预留交易空间，在平时可作为人行道，在集市日可划分出摆设摊点的空间，再加上有效的管理，不至于在集市日产生交通拥堵的状况。

4. 旅游服务设施功能

由于历史街道空间有限，物质生活条件较差，难以给游客提供舒适的高品质住宿及其他休闲服务，而这部分功能自然落在了新建生活性街道上，所以生活性街道应配置游客服务中心及良好居住休闲空间。

7.1.4 巷道功能

应严格按照历史街巷中巷道的功能予以延续，即人的通行空间、观赏秦岭山体景色的视线廊道及改善历史街道通风环境的功能，严格禁止为满足现代机动或非机动车通行的要求扩宽巷道。

新建巷道的功能，应结合当地情况加宽巷道空间，满足现代交通工具通行，以及满足消防要求。

7.2 街巷结构

7.2.1 “两街多巷，顺势延伸”

秦岭山地古镇的整体空间主要由历史老街区和新街区组成，而街巷整体结构空间应包括历史老街及两侧生活区，以及历史老街延伸段的区域，由巷道连接衍生的新街道，而这些街道还必须考虑的一个功能，就是旅游服务功能。

秦岭山地古镇街巷整体结构呈现出“两街多巷，顺势延伸”的特点。其中，“两街”并不指的是两条街，而是指的历史街道和新街；“多巷”是指街道之间起联系作用，或是由垂直于街道延伸至生活空间的巷道；“顺势延伸”是指街巷发展应顺应地理地势，因借自然，天人合一。

街巷延展的一般规律为先以历史街道为基础，向两端轴向延伸，但由于历史街道的特殊性，尺度较小，限制机动车通行，为保护老街街巷向两端延伸应延续老街街巷肌理尺度。另外，为了满足现代交通需求，镇区整体街巷的发展更趋向于在历史街道以外，几乎平行于老街的开敞用地建设新街，新街与历史街道以巷道连接。整个镇区的空间发展以新街的延展来带动，发展新区。随着旅游的发展，在新街区内逐渐配套高质量的宾馆酒店等旅游服务设施，而旅游服务中心的最佳位置为新街区与老街区之间，临近历史街道的位置，或是镇区入口临近老街的位置，以方便游客游览。秦岭山地古镇街巷整体功能结构示意图如图 7-1 所示。

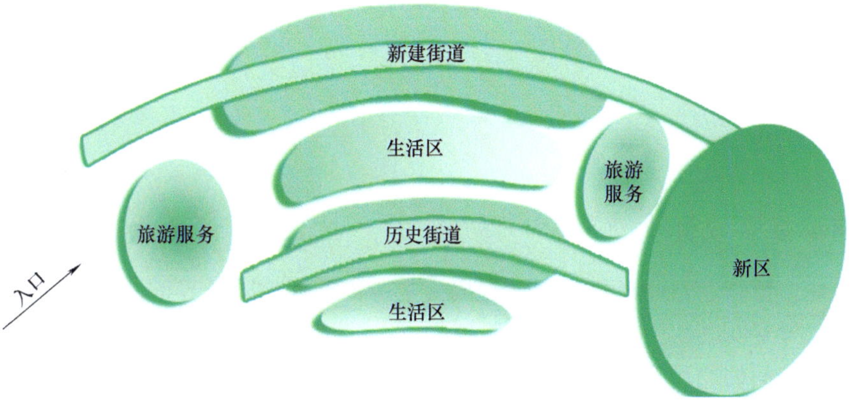

图 7-1　秦岭山地古镇街巷整体功能结构示意图

7.2.2 “曲则有情，枝网交错”

1. 曲则有情

秦岭山地古镇街道的整体走向，以“曲”为魂。“曲则有情”是风水学中的基本理论，古代住宅选址上都讲究山环水抱，“曲则有情”注重的是街巷走向，应以顺应山川河流为主，反对为建设笔直道路而强制性地以破坏自然山体为代价。

弯曲的街道更能给人创造良好的心情和丰富的身心体验感，创造“曲径通幽”“欲扬先抑”及“柳暗花明又一村”的美好意境，增加“替代效应”。街道的曲折也更容易将秦岭山清水秀的自然景色引入街道，通过道路的蜿蜒曲折将不同的山体景观纳入街道，创造不同的山体背景，既能反映秦岭山地的自然生态景观特色，同时也可满足游客渴望自然的心理需求。

2. 枝网交错

由调研分析可知，秦岭山地古镇街巷的主要形式为鱼骨形、梳形及不规则网状。随着镇区的空间扩张，在横向上通常鱼骨形街巷会在与主要鱼脊椎骨平行、有利于空间发展的方向衍生新街，形成双脊鱼骨形（图 7-2）。梳形街巷形式延展在横向空间上与鱼骨形街巷相似，在空间上朝有利于用地扩展的方向、平行于梳形主街的方向发展新街，形成梯子形或双梳形（图 7-3）。在纵向空间的发展上，镇区一般会以衍生出的新街为轴线，在空间上进行枝状延展。随着镇区空间的发展和扩张，最终形成“枝网交错”的街巷形式，在建设用地充足地段以不规则网状扩展，在山间用地受限的情况下呈枝状延展。

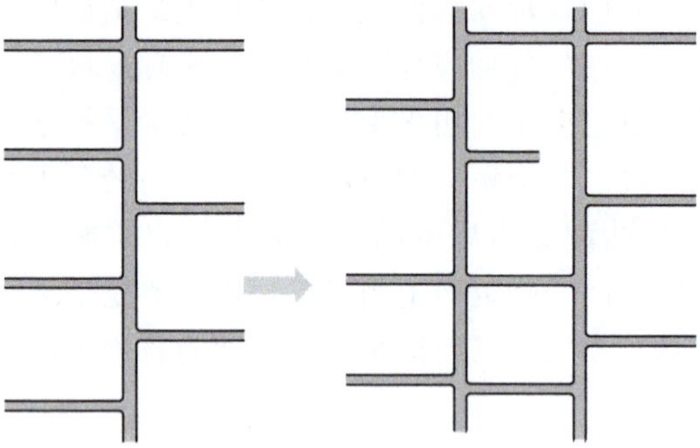

图 7-2　鱼骨形—双脊鱼骨形街巷

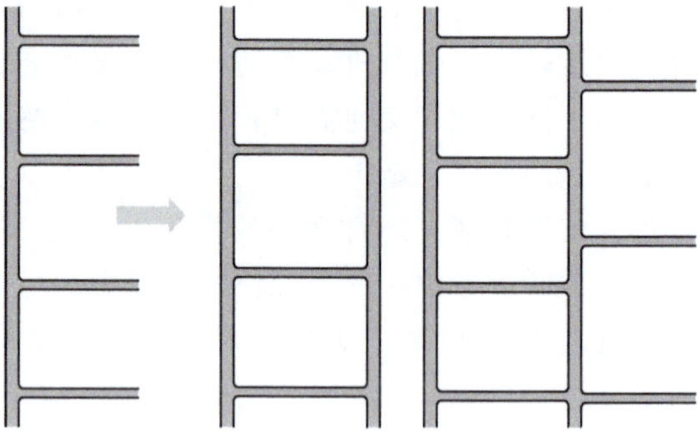

图 7-3　梳形—梯子形或双梳形街巷

7.3　街巷尺度

7.3.1　构成要素分析

秦岭山地古镇街巷空间尺度的主要构成要素有街巷两侧建筑界面、街巷宽度以及街巷两侧建筑高度三要素。

限定街巷空间的物质实体要素，街巷两侧建筑界面为围合街巷空间。街巷宽度为街巷空间尺度的决定性构成要素，主要取决于街巷的功能，也决定街巷的功能，如历史街巷在古代主要以满足日常生活交易及骡马商队通行，所以秦岭山地古镇街道宽度 2.4~8m，以 3~6m 为主；而现代随着汽车的普遍使用，3~5m 宽度的街道就很难满足汽车通行。街巷两侧建筑高度为影响人视线的关键性要素，同时也反映了随着时代发展人们的生活生产需求，古代繁华的街道建筑高度两层就可满足使用，而现代随着经济技术的发展和土地资源的日益稀缺，街道两侧建筑高度逐渐增高，现代街道两侧建筑高度以 2~6 层较为适宜。

不同的宽高比 *D/H* 以及店面宽度与街道宽度比 *W/D*，均会产生不同的尺度感，所形成的街巷风环境舒适度也有较大差异。

7.3.2　舒适尺度感的街巷尺度

1. 街巷尺度感调查

在结合街巷空间尺度的实际调研基础上，选取了凤凰古镇、荆紫关镇、青木川镇和蜀河镇等进行空间尺度感问卷调查，分别对各镇古街道不同街巷尺度中的行人进行问卷调查，记录发放问卷处街道的宽度、两侧建筑高度以及商铺开间尺寸，并对街道进行拍照记录。在对街巷的空间感觉上，问卷分为空旷、舒适、压抑三个选项，将宽高比（*D/H*）根据街道特征分为 0.6 以下、0.6~1.0、1.0~1.5 三个比例区间，分别对各镇历史街道尺度感进行调查，并将几个镇的调查结果综合进行统计，见表 7-3。

表 7-3　街道尺度感调查结果

街道宽高比	空间尺度感	比例统计
0.6 以下	空旷	0%
	舒适	13%
	压抑	87%
0.6~1.0	空旷	0%
	舒适	77%
	压抑	23%
1.0~1.5	空旷	15%
	舒适	79%
	压抑	6%

历史街道空间尺度感问卷调查结果显示，街道 D/H 在 0.6 以下时，87% 的被调查对象会有压抑感，例如漫川关镇的部分较窄历史街道。当街道 D/H 在 1 左右时，基本都会使人感觉舒适，D/H 在 0.6~1.0 时，感觉压抑的比例基本都是靠近高宽比 0.6 的。当 D/H 为 1.0~1.5 时，街道的尺度感也以舒适为主，感觉空旷的主要集中在荆紫关镇相对较宽的街道区段。另外，对凤凰古镇、荆紫关镇和蜀河镇等的传统巷道尺度感调查结果显示，80% 以上的人都感觉压抑，大部分巷道的宽高比都在 0.3 以下，部分被调查的游客表示，晚上不敢在历史街道的巷道中行走。

经调研统计发现，感觉压抑的街道，店面开间与街道宽度比 W/D 多在 1 以上，由于秦岭山地历史建筑店面开间为 3.0~3.6m，相对应街道宽度在 3m 以下时，会使人产生压抑感。

综上所述，秦岭山地古镇历史街道宽高比（D/H）在 0.6~1.5 时，可营造良好的领域感和舒适的交往空间，而街道宽高比（D/H）在 0.6 以下时，则会使人产生压抑感，店面开间与街道宽度比 W/D 在 1 以上时，相应街道宽度在 3m 以下会使人产生压抑感。

2. 街巷尺度感的影响要素

通过实地调研分析，影响秦岭山地古镇街巷尺度感的因素可概括为物质实体因素和行为心理因素两大类。物质实体因素主要包括地势空间的变化、背景环境、街巷两侧建筑界面特征。行为心理因素主要包括人的视觉、行为、心理特点等。同样的街道宽度和建筑高度，在物质实体因素，如街道两侧建筑立面的变化、街道走向的变化的影响下，在人的视觉、心理因素的影响下，会产生不同的尺度感。

3. 街巷尺度感的分析

在街道的美学中芦原义信提出了街道空间宽度 D 与高度 H 的比值（D/H）不同，会产生不同的感觉：$D/H<1$ 时，人的视线因被收束而产生内聚和压抑感；$D/H=1$ 时，人会产生内聚安定而又不会压抑的感觉；$D/H=2$ 时，依然可产生向心内聚的空间感，而不致给人以离散的感觉；$D/H=3$ 时，则会使人产生两空间离散的感觉[28]。那么，为什么秦岭山地古镇街道宽高比（D/H）在 0.6~1.0 时，并不会使人产生压抑感呢？

格式塔心理学，又称为“完形心理学”，其主张研究直接的意识和行为，强调意识和行为的整体性，整体功能大于各部分功能之和。格式塔心理学认为知觉是一个整体，这种整体知觉有一种“先天的动力特性”。当刺激和知觉相互矛盾时，知觉比刺激更具有“完形趋向”[136]。正是由于“完形趋向心理”，虽然秦岭山地古镇街巷尺度相对较窄，但是由于在秦岭山脉的大背景下，随着地势的起伏和空间的变化，建筑稍稍凸出的屋檐和带有韵律感参差的马头墙，使整体的街巷空间感并不会因街道宽度窄而使人感觉压抑。这就解释了为什么秦岭山地古镇街巷宽高比 D/H 在小于 1 的情况下，还是会给人舒适的尺度感，即影响街巷尺度感的物质因素变化，以及人的“完形趋向心理”引起的尺度感变化。

秦岭山地古镇街巷可使人产生“蔡冈尼克效应”及“替代价值”。蔡冈尼克效应是蔡冈尼克在 1927 年研究发现的一种记忆现象，即人们对未完成的事情，比已经处理完成的事情更加记忆深刻[44]。秦岭山地多数街巷空间蜿蜒曲折，步移景异，加之历史街道两侧建筑的沧桑感，相比平直的街道，更容易给人留下深刻的印象。“替代价值”是指当一个活动被打断，后一个活动紧接着开始的时候，前一个活动的张力会转移到后一个活动上来，而后一个活动则具有“替代价值”。相隔时间越短，两个活动越相似，新的活动越有吸引力，这种替代价值就越高。秦岭山地街巷即使在相同的街道宽度和建筑高度的情况下，随着空间转折变化，建筑立面具有韵律感和相似性的建筑元素重复而又有变化的出现，主要体现在沿街商铺 3.0~3.6m 的开间，各户人家间的马头墙，极易产生“替代价值”，对人产生吸引力，激发人的探求感，从而忽略或减轻了窄小尺度给人的压抑感。

4. 人的视觉特征与街巷尺度感的关系

在不同的物质实体因素的影响下，由于观察者心理特点的影响会产生不同的尺度感，人的视觉特征也会影响其对街巷尺度的感觉。

人的视野范围如图 7-4 所示，垂直视野范围为 130°，水平视线以上为 60°，水平视线以下为 70°。秦岭山地古镇街道两侧建筑按多数建筑檐口高度取 4.8m，根据《中国居民营养与慢性病状况报告（2020 年）》，8~44 岁男性平均身高 169.7cm，女性平均身高 158.0cm。按照平均身高 1.6m，人的视线高度取 1.5m，当人位于街道中部位置的时候，按照 60°视角，则街道的宽度约为 3.8m（图 7-5）。当建筑檐口高度为 4.8m，街道宽度 3.8m 为临界值，当街道宽度小于 3.8m 时，街道人的视线会全部限制在建筑界面上，要看街道两侧建筑全景的时候，人必须仰头观看，这时就会使人产生压抑感。

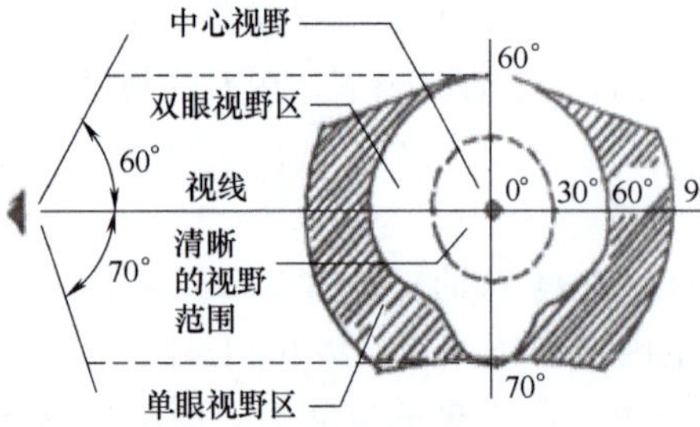

图 7-4　人的视野范围示意图

（来源：《环境心理学与心理环境学》）

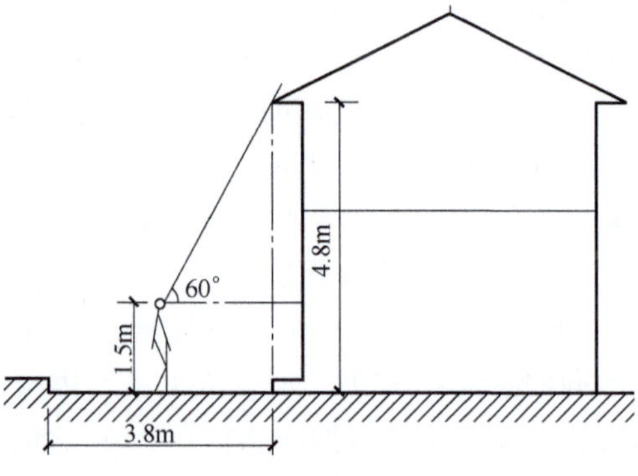

图 7-5　视线与建筑高度关系示意图

从上述调查分析结果可知，街道宽高比 D/H 在 0.6 以下、街道宽度在 3m 以下时，从人的感受方面，会产生压抑感。这种调研结果，也符合人的视觉特征。

7.3.3　舒适风环境的街巷尺度

通过对街道宽度 3~24m、街道两侧建筑高度 3~18m 范围内的街巷风环境进行模拟，分别模拟初始风速为平均风速 1.6m/s，夏季舒适风速的最低风速 0.7m/s，以及我国确定的舒适风速上限 5m/s，距地面 1.5m 高度的风速，并对模拟结果从夏季舒适风速比率、冬季舒适风速比率、静风区比率以及风速均匀度四项指标来进行评价，综合确定风环境舒适的街巷尺度和比例。

最终确定在秦岭山地古镇街巷延展的过程中，街道两侧建筑高度在 9~18m、对应宽度在 9~15m 时，在 $D/H<1$ 的情况下，街道可拥有舒适的风环境。

7.3.4　满足功能的街巷尺度

秦岭山地古镇建设用地有限，街道的宽度同样受到用地的限制，与一般的小城镇在交通特点上也有较大区别，受地形地貌影响，自行车在镇区中使用得特别少。由于各镇均是“半农半商”，所以经济水平不太发达，交通工具以电动车、三轮车居多，除荆紫关镇外其余镇内部基本都没有公共交通工具，如何使街道宽度在节省用地的情况下满足街道的各项功能需求，又与各镇交通状况相协调，是确定街巷宽度应该考虑的问题。

1. 街巷分类

我国规范从不同的城镇等级角度对城镇道路分类有不同的划分，将城市道路分为快速路、主干路、次干路和支路四大类。将小城市道路分为干路和支路两级。将村镇道路分为主干路、干路、支路及巷路。

在应用中，我国还按道路两边不同用地所产生的交通流特征来确定道路的性质，将道路分为两类（即生活性和交通性道路）。生活性道路是为满足生活性交通为主的道路，而交通性道路则是承担对外交通联系和城市的主要交通流量，以满足交通运输为主要功能的道路[137]。考虑到秦岭山地古镇自身的交通流及街道两侧用地的特点，结合已有研究成果，将其街巷种类划分为交通性街道、生活性街道和巷道三种类型。

2. 各类街巷功能

秦岭山地古镇街巷特点与一般的城市道路区别较大，主要是由于这些镇在规模上较小，用地受限。另外，建设用地与城市用地相比，用地性质混合性更高，再加上经济水平相对落后，在公共交通工具上所占的比例远低于城市，但是个体交通如摩托车、三轮车等交通工具所占比率较高。

（1）交通性街道　交通性街道分为两类：一类是对外交通，连接其他村镇的街道；另一类是镇内的快速交通街道。这两类街道的交通工具类型也稍有区别，虽然两类街道都是以机动车辆通行为主，兼有非机动车和行人，但是对外交通的机动车辆比率更高，还有通往各个村镇的中客车或货车通行，而镇内快速交通非机动车和人行的比率相对高些。交通性街道通行速度较高。

（2）生活性街道　生活性街道与交通性街道最大的区别就是人行空间需求要更多一些，道路两侧用地居住和商用居多，人的出行频率较大，交往空间要求较高，街道交通工具大部分是机非混行。生活性街道是最能体现古镇风貌特色及地方文化特点的街道，该街道通行速度与交通性街道相比要低得多。

（3）巷道　主要功能是连接街道的通道，或是从街道通向生活空间的道路，巷道空间以人行为主，宽度较窄。

3. 街巷宽度

我国相关规范分别对各类城市道路的宽度做出规定，《城市道路交通规划设计规范》（GB 50220—1995）规定小城市道路宽度为干路 25～35m，支路 12～15m。《镇规划标准》（GB 50188—2007）中规定支路宽 10～14m，干路宽 16～24m，主干路红线宽 24～36m。而随着道路发展，结合现状道路使用经验，各地（如上海、广州、西安等地）都逐渐出台政策，缩窄城市道路，以达到人车共行的安全性，提高步行的安全系数。

（1）交通性街道　机动车宽度：一般计算机动车道宽度的时候，取小汽车的车身宽度一般为 2m，普通汽车的车身宽度取 2.5m。秦岭山地古镇交通性街道一般都为单幅路，为 2～4 车道，规模较大的镇可取四车道，中小型镇采用两车道。结合国家标准及相关研究成果，秦岭山地古镇对外交通的街道，由于车辆类型多，包括大量客货运车辆，所以单个车道的宽度取 3.5m 较为适宜；而对于镇内部的快速交通道路，由于大型客货车较少，基本以小汽车为主，所以单个机动车车道宽度取 3.25 即可。若对外交通的街道是双车道，则车道总宽度为 7m；若对外交通道路是四车道，则内侧机动车宽度可按照小汽车行驶宽度取 3.25m，总道路宽度为 13.5m。镇内部快速交通道路一般为双车道，车道总宽度为 6.5m，若镇规模较大、用地充裕，可采取双向四车道，车道总宽度 13m，考虑未来公共交通的发展，双车道宽度可取 7m，四车道可取 13.5m。

非机动车道：由于秦岭山地古镇地形的影响，自行车较少，所以非机动车道的宽度不以自行车宽度确定，而以摩托车和三轮车确定，非机动车尺寸见表 7-4[138]。依据相关设计经验，在对外交通的街道上车速较快，摩托车车道宽度最小取 2m，在镇内部交通性干道，摩托车车道宽度最小取 1.8m。但是由于秦岭山地古镇多以半农半商为主，农用三轮车较多，非机动车宽度最少取 2m。由于交通性街道以机动车通行为主，所以非机动车车道宽度只要满足最小通行距离就可以。

表 7-4　非机动车尺寸表　（单位：m）

车辆类型	长	宽	高
自行车	1.9	0.5	2.25
摩托车	1.9	0.8	2.25
三轮车	3.4	1.25	2.5

人行道宽度控制：在《城市道路设计规范》中路侧带包括人行道、绿化带及设施带三部分，即人行道是包含在路侧带中的。但是在实际使用中，由于人行道、绿化带与设施带三者在空间分布和使用上关系密切，往往不会有明确的分界线，再加上秦岭山地古镇建设用地缺乏的缘故，故将三者统一划为人行道。一般一条步行带宽度为 0.75m，在行人携带物品或人流量较大时，一条步行带宽度为 0.9m，轮椅宽度为 1.1m（基本宽度+有效宽度）。因此，人行道最小宽度应大于或等于 1.5m，而人行道宽度在大于 1.8m 时，可容纳两个携带物品的人并肩通行。所以，考虑对外交通街道以机动车通行为主，人行道宽度满足两三人并排行

走或错开就可以，最小取 1.5m，镇内快速交通街道人行道可取 1.8m。

根据以上确定的机动车车道宽度、非机动车车道宽度和人行道宽度可以确定交通性街道的总宽度：两车道为 14.6m（图 7-6），四车道为 20.5m（图 7-7），而用地紧张的镇可以考虑将非机动车与机动车车道合用，则道路宽度为 16.5m（图 7-8）。

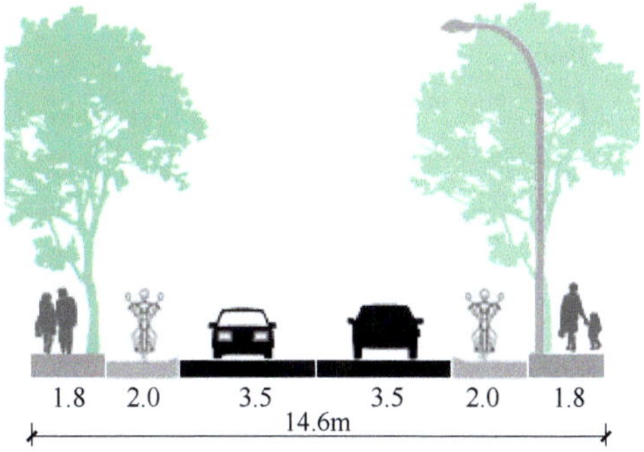

图 7-6　交通性两车道示意图（机非分行）

（2）生活性街道　秦岭山地古镇生活性道路比较复杂，包括历史街道和新建的生活街道，由于历史街道是以保护为主的，需延续原本历史街道的尺度，所以这里所说的生活性街道以新建街道为研究对象。

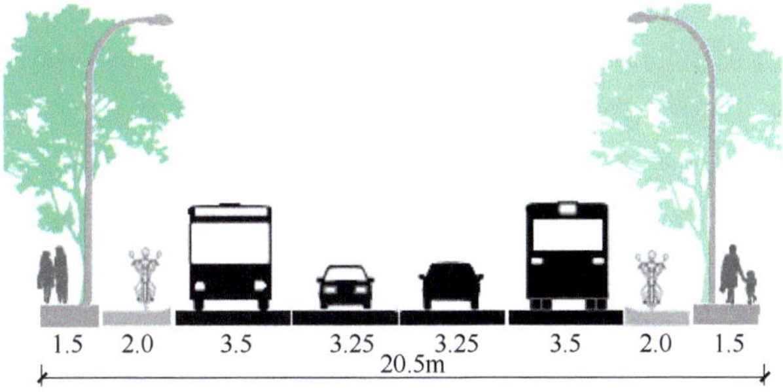

图 7-7　交通性四车道示意图（机非分行）

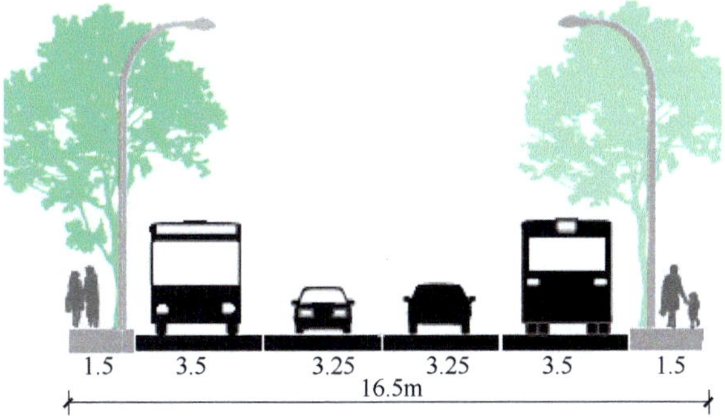

图 7-8　交通性四车道示意图

机动车车道宽度：生活性街道的机动车车道车行驶速度较慢，车辆类型以小汽车为主，考虑到生活性街道中行人数量较多，对机动车车道宽度缩减，以减小机动车速度。根据《上海市街道设计导则》在上海南北高架路等路段的实践表明，车速较快的道路也可以采用 3m 宽的窄车道，并达到促使驾驶员谨慎驾驶的目的。所以，确定秦岭山地古镇机动车车道宽度可以适当缩减至 3.0m。

非机动车车道宽度：考虑到秦岭山地古镇的用地匮乏及规模一般较小的特点，生活性街道可采用机非混行。若采用双向两车道，单个机非混行车道宽度可根据当地特点采用 3.5~4m，双向车道宽度 7~8m；若采用双车道但道路中间不划分界线，对向行驶的车辆可以根据道路情况自动调节，这种街道单向宽度可采用 2.75~3m，双向宽度可采用 5.5~6m。

人行道宽度：在秦岭山地的生活性街道可以分为两种情况，一种是道路两侧居住和商用较多的情况，属于普通的生活商业街道；另一种是在上一种街道功能上又增加了集市功能的街道。经调研和文献查阅，秦岭山地古镇多数在历史上就有集市存在。这种集市与普通的集市不同，它们是有特殊时间限制的，会在每个月的固定时间形成。在集市当日通常会产生大量的人流，对过往车辆产生较大的影响，所以秦岭山地古镇生活性街道必须考虑集市的因素。由于该类型街道行人量较大，所以在上述研究的基础上必须对人行道进行加宽，一方面可避免行人与机动车车道的相互干扰，为行人创造积极的生活交往空间，另一方面由于当地居民的习惯，在屋檐下有交往活动（聊天、晒太阳），或将商店的一部分东西转移到檐下空间进行贸易，增加人行道宽度，可以为当地居民的这种行为提供场所。所以建议人行道宽度应不小于 3m，而有定期集市的生活性街道宽度，则应该考虑临时摊点的摆设，人行道宽度以 4~5m 为宜。

综上所述，生活性街道的总宽度确定：若生活性街道为双向画线的普通街道，街道总宽度为 13~14m（图 7-9）；若为双向画线的集市街道，街道总宽度为 15~18m（图 7-10）；若为双向不画线的普通街道，街道总宽度为 11.5~12m（图 7-11）；若为双向不画线的集市街道，街道总宽度为 13.5~16m（图 7-12）。另外，在人车不太多的生活性街道上，可不用单独划分人行道，采用人、机动车和非机动车三者混合的街道，满足两辆小汽车相向行驶，两侧可有 1m 的人行空间即可，街道总宽度最小为 8m。

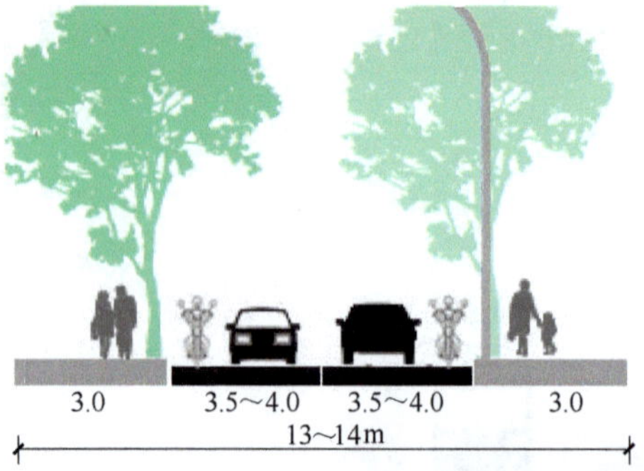

图 7-9 双向画线的普通街道示意图

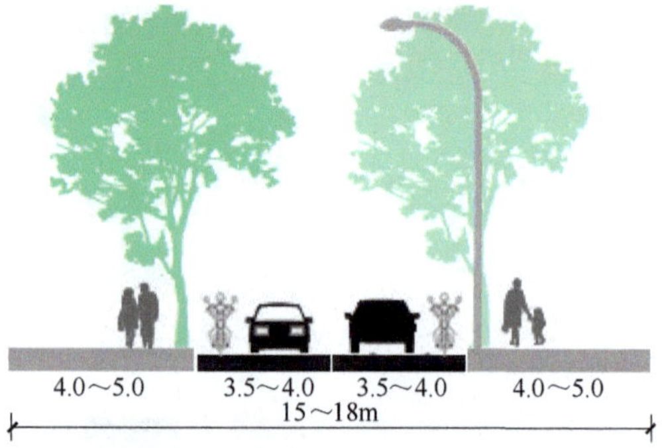

图 7-10 双向画线的集市街道示意图

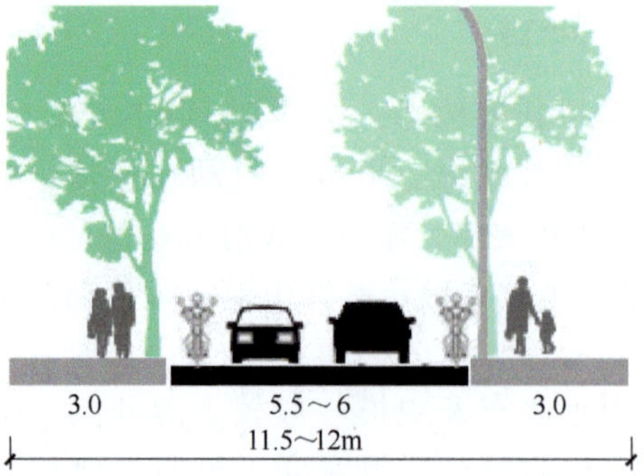

图 7-11 双向不画线的普通街道示意图

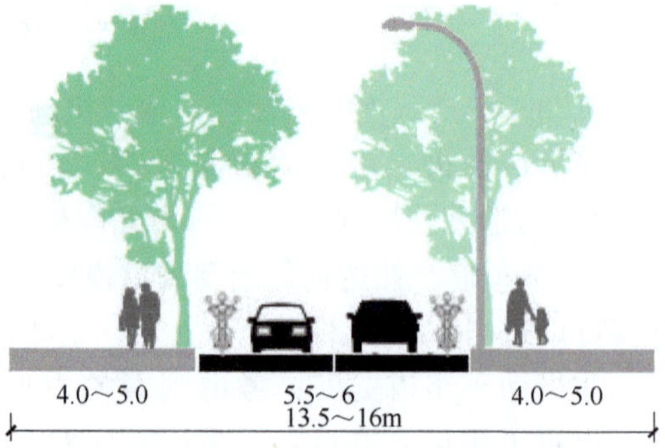

图 7-12 双向不画线的集市街道示意图

（3）巷道宽度　由于交通功能简单，巷道主要满足人行和慢速车行即可，但是建筑间距必须满足消防要求，最小距离为 4m。若考虑两个小汽车错车，巷道宽度可采用 6m。

4. 整体街巷宽度

根据上述秦岭山地古镇交通性街道、生活性街道及巷道各自的特点，从机动车道、非机动车道及人行道的各方面分析，可以确定其街巷整体宽度：交通性街道宽度为 14.6～20.5m、生活性街道宽度为 8～18m、巷道宽度为 4～8m。

针对各镇不同的情况及各条道路不同的行人特点，可以根据实际情况调整确定街道宽度，但是当红线需要进行变窄的时候，建议以首先减小机动车宽度为宜。

7.3.5　综合街巷尺度确定

结合现状传统历史街巷的尺度比例，分别从街巷尺度感、街巷风环境舒适度及街巷使用功能来确定传统街巷适合的街巷尺度。

1. 街巷尺度综合分析

根据尺度感调查、交通使用功能、风环境舒适性及日照标准等因素，综合分析街巷的宽度、建筑高度、宽高比及长宽比等要素，见表 7-5。

表 7-5　各影响因素对街巷尺度的综合分析

影响因素	街巷宽度 D/m	建筑高度 H/m	宽高比 D/H
人的尺度感	—	—	0.6～1.5
交通使用功能	街道 8.0～20.5	9.0	0.9～2.28
	巷道 4.0～8.0	18.0	0.44～1.14
风环境舒适性	3.0～8.0	3.0～6.0	0.5～1.33
	9.0～15.0	9.0～18.0	0.5～1.0
日照标准	4.9～13.0	3.0～9.0	1.48
	13.0～25.0	9.0～18.0	1.40 临界
综合分析结果	4.0～20.5	9.0～18.0	0.6～1.0

对于街巷宽高比，两侧分别为低层建筑时要大于两侧为多层建筑时，而对于以多层建筑为主的新建街巷，建筑高度为 3～6 层，并综合舒适风环境要求及交通功能，巷道宽度宜为 4～8m，街道宽度宜为 8～20.5m。考虑日照标准，在东西走向街道宽度确定的情况下，街道南侧建筑高度可采用 $H \leqslant D/1.40$ 来确定建筑限高。

2. 适合的街巷尺度

根据秦岭山地古镇的气候地理特征、人的行为特点及心理生理特性，多方面剖析各种因素对街巷尺度的影响，并在延续传统街巷空间尺度的前提下，确定新建街巷尺度的各要素。

（1）宽高比　以多层建筑为主的新建街巷宽高比宜为 0.6～1.0，当其偏大时有利于街巷日照，偏小时则有利于得到更舒适的风环境。

（2）街巷宽度　取决于交通使用功能，并应考虑街巷日照要求，交通性街道宽度为 14.6～20.5m，生活性街道宽度为 8～18m，巷道宽度为 4～8m。过大时既不节约用地，也不利于通风。

（3）建筑高度　综合考虑建筑结构、防火疏散、镇区风貌、空间尺度、日照通风及节约用地等因素，新建街巷两侧建筑为 3~6 层，并可结合地形朝向选择街巷南侧建筑为 3~4 层、北侧建筑为 4~6 层，既有利于改善物理环境舒适性，又可增加空间尺度的开敞感。

3. 街巷尺度设计

综合分析结果，根据适合的街巷尺度，提出新建街巷设计要点，如图 7-13 所示。宽度按新建生活性街巷取 20m，机动车道取 6.0m，非机动车道取 2.0m，人行道考虑商业经营取 5.0m。北侧建筑高度按 6 层 18m，南侧建筑高度按 3 层 9m 更有利于日照。空间尺度综合效果可达到开敞或半开敞，建筑底部界面结合商业经营采用凸出柱廊或局部架空凹廊。街巷空间满足使用功能，且具有良好的物理环境和舒适的尺度感。

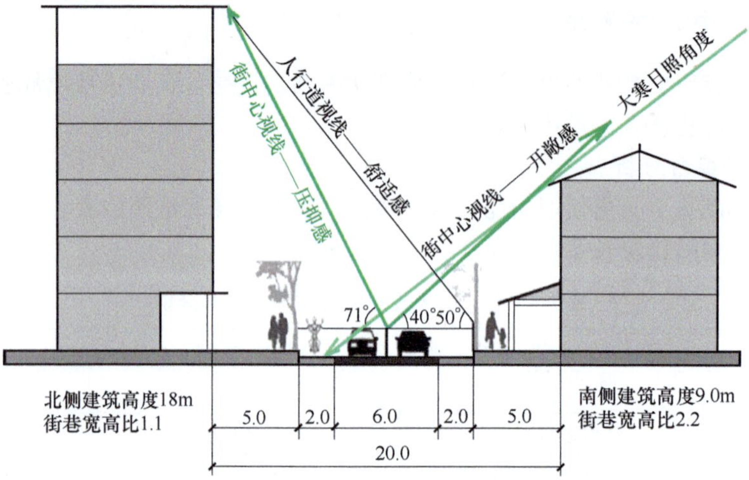

图 7-13　典型街巷空间设计示意图

7.4　街巷节点

空间节点是凯文·林奇在《城市意向》提出的城市空间五要素之一，他认为空间节点是人们往来行程中的焦点，是城市中的观察者可以由此进入的具有重要意义的点[139]。而街巷作为带状空间，空间节点在街巷中的作用及意义更重大。通过上述街巷空间构成要素的分析，秦岭山地古镇街巷的空间节点分为四类：交通节点、标志建筑、祭祀祈福场所及戏楼广场。

7.4.1　交通节点

在秦岭山地古镇中交通节点主要包括桥、入口牌楼或门楼、城墙门洞等，这些交通节点除了交通通行外，还具有两个重要的意义：一个是起到标识的作用，提高自身的可识别性，增加游客的印象；另外的一个意义则是起到空间界定和心理暗示的作用，限定不同性质的空间，如凤凰古镇西头的桥，桥的这边是古街另一边是新街，东头的牌楼，从省道上过了牌楼就是老街，同样青木川镇、蜀河镇和荆紫关镇、熨斗镇等，都有门楼或城墙门洞作为新街与历史街道的过渡性节点，同样对游客起到心理暗示的作用，过了这个门楼或桥等就会有不一样的景象。

所以历史老街保存下来的门楼、城墙门洞或是桥，都应作为保护对象，而在名镇中新建标志性交通节点的时候，一定要注意位置，是否能起到空间界定及心理引导的作用，是否会给人以不一样的感觉。另外，在新建交通性节点的时候，一定要注意展现古镇自身的特点，避免千篇一律，失去标识性的作用。

7.4.2 标志建筑

秦岭山地古镇的标志建筑种类较多，这里主要是指传统的天井式民居院落和历史公共建筑，其中公共建筑如会馆、药铺、当铺等。这些标志建筑反映了古人真实的生活生产特征，是宝贵的物质文化遗产，记录着古镇的历史，诉说着古镇的兴衰和变迁。例如会馆建筑，秦岭山地古镇的会馆类型多为山陕会馆、湖广会馆及骡帮会馆，是历史上同省或同乡同行业的人设立的联络聚会的场所机构，是互通有无、保障自身利益及协调矛盾、中转休息的地方。如荆紫关镇的平浪宫，是在荆紫关码头极盛时船商们组建的帮会，取风平浪静之意，是船工娱乐、集会之地。这些船帮会馆反映了地域文化交叉融合的特征，是历史上商贸古镇四方商贾往来的见证。建筑形式特色既具有来源地特色，又融合了一些当地的地域特征。

所以在历史老街中，这些标志性的民居院落和历史公共建筑应予以珍惜和保护。由于大部分传统民居院落还在使用中，有些传统院落由于时代社会因素的影响、权属纠葛或是使用功能改变等，院落被划分为两部分或几部分，破坏了传统院落空间，在今后改造中应尽量予以恢复。另外，由于历史民居建筑年久破坏严重，所以在延续使用功能的过程中，避免不了要对历史建筑进行修葺，一定要保存原历史建筑的风貌、木构骨架等，保证历史建筑的真实性和完整性。

在新街巷的建设过程中，应将传统民居院落空间特点进行延续，保留地方特色。这里的延续并不是说要与传统院落一模一样，而是指在新建的过程中，在建筑空间围合或布局上，提取传统院落布局的一些手法或空间肌理，打造地方空间布局特色。

7.4.3 祭祀祈福场所

秦岭山地古镇的祭祀祈福场所主要包括杨泗庙、禹皇宫、关帝庙、城隍庙及二郎庙等。镇的祭祀祈福场所因人的精神需求不同有所差异，例如杨泗庙是用来祭祀南宋农民起义首领杨幺的，因为他屡行“等贵贱，均贫富”的主张，很受人们的尊敬，加上他投湖未死而被视为水神，在水运发达的时候，当地人供奉他祈求一帆风顺。禹皇宫则是用来祭祀治水有功的大禹的，也反映了秦岭山地古镇历史上水运的发达。关帝庙遍布祖国各地，用来求财、求平安。所以，祭祀祈福场所作为重要标志性建筑，除了是珍贵的历史文化遗产外，更反映了历史上当地居民的主要生活生产方式以及精神寄托或者说是精神信仰，是当地居民精神文化的体现。

对于历史街巷中的祭祀祈福建筑和空间，应予以保护，在保护的同时也应兼顾使用功能，而不是封闭起来让人远观。对于那些在历史长河的洗涤过程中被毁坏的，建议应对其进行修复或重建。

7.4.4 戏楼广场

作为中国古代传统戏剧的演出场地，有人说戏楼就是中国人的剧场，而中国的戏曲也被称为“戏楼文化”。戏楼在多数情况下等同于戏台，在《中国古戏台建筑》一书中将以戏曲表演为主要功能的有顶建筑定义为戏台。多数秦岭山地古镇都有戏楼，有戏楼的地方都会有相应的广场存在，如漫川关镇和上津古镇的古双戏楼、熨斗镇的古戏楼，还有青木川镇的新建戏楼。

上古的宗教祭祀活动是我国戏剧艺术的起源，其宗教活动的场所演化的神庙戏台是最早的歌舞场所，歌舞的表演形式由宗教祭祀的祭仪乐舞演化而来。秦汉以前，祭祀献祖是戏曲存在的唯一目的，主要依附于寺庙建筑。至明清时期，随着戏曲的曲种、剧种、演出达到鼎盛，戏曲逐渐有了独立表演的场所——戏台[140]。所以，秦岭山地多数古镇的戏楼都正对着庙宇，如漫川关镇双戏楼正对着关帝庙和马王庙（图 7-14），青木川镇戏楼正对着关帝庙，验证了戏楼最初是与宗教祭祀有关的产物。另外，从秦岭山地古镇戏台的特点来看，基本是建于戏台最鼎盛的明清时期。所以，戏楼拥有重要的历史价值和使用价值，是我国各地戏曲表演等非物质文化的空间载体，也是人们精神上的寄托，满足人们的精神需求。

图 7-14　漫川关镇相对而建的庙宇和双戏楼

广场和戏楼是密不可分的，不同的镇每年在不同的时间会举行各种集会，如蜀河镇在农历正月十五的火神会、二月二十九的娘娘会和六月六的杨泗会。在这些特殊的日期，周边村镇的乡民汇聚于广场，看戏、买卖、烧香拜神、看热闹。戏楼广场为乡民提供聚会放松的开敞空间。

历史上保存下来的古戏楼不仅属于物质文化遗产，同时也属于精神文化遗产，应予以保护。但是在保护的前提下，也应恢复其使用功能，满足当地人民的精神需求。而对于损坏的戏楼，在街巷延展中有条件的应选择合适的位置新建，给当地的戏曲表演等非物质文化遗产提供空间载体。

7.5　界面要素

7.5.1　构成要素

在历史街巷的实体构成要素中，将各界面要素分为顶界面、侧界面和底界面。顶界面是由侧界面围合的空间形态，与天空、山体等背景环境形成图底关系，对顶界面影响最大的侧界面要素为建筑檐口高度、马头墙及建筑檐口拼接形式等。由此看来，侧界面要素在决定侧界面特征的同时，也决定了顶界面特征。一条街道的视觉丰富度主要由各个界面的要素来决定，伟大的街道应该具有合适的物质属性，为人类的眼球提供可能，每一个伟大的街道都不能缺少这个品质。一般来说，只要有许多不同类型的界面让光线不断发生变化，人的眼球就总是“有事可干”，光线变化会随立面上细小的体面变化增多而增多，从而给人的眼睛提供更多获得愉悦的机会[141]。所以，街巷各个界面要素的控制和延续、街巷界面的丰富和协调是街巷延展必须考虑的内容。

7.5.2　侧界面要素

芦原义信将街道界面划分为第一轮廓线和第二轮廓线。其中，建筑本身的形态元素为第一轮廓线，第二轮廓线为后期在建筑外附加的形态元素，通过对第二轮廓线的控制，可明确街道的空间层次结构，构造充满生机的街道空间和景观。下面将街道的侧界面要素细化为建筑位置、建筑高度、建筑门窗、建筑屋顶、马头墙和建筑色彩等。

1. 建筑位置

这里所说的建筑位置，指的是沿街道两侧布局的建筑相对位置关系。多数历史街道都是蜿蜒的，所以造就了相邻建筑呈一定夹角或前后错落的位置关系，增加了街道立面的垂直线条和渐变的拐角空间，提升了街道立面的丰富度和趣味性，增加了人的视觉享受（图 7-15）。所以在历史街道的延伸段应延续这种建筑位置关系，根据街道的走向自然地布局建筑，而不是呆板地采用统一的线位来控制建筑的位置。这种建筑的错位布局同样也适用于新建街道，但是这种变化是在曲折蜿蜒的历史街道条件下自发形成的，在新建街道中应结合街道的走向等情况适当采用，避免过犹不及，引起不经济等问题。

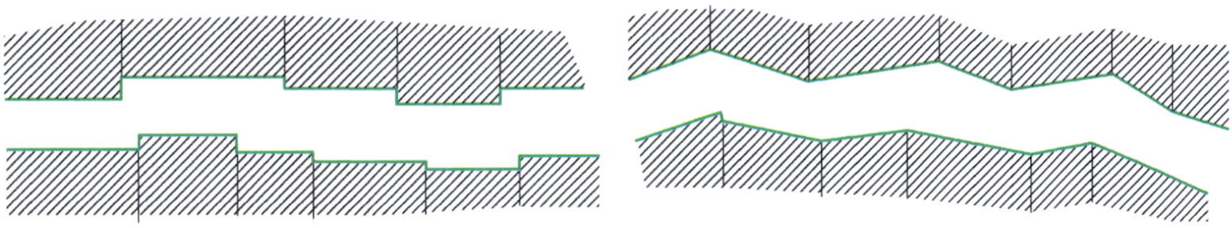

图 7-15　建筑相对位置关系

2. 建筑高度

秦岭山地历史街道两侧建筑高度一般为一至两层，但是单层的建筑高度也有所差异，再加上街道的坡度变化，结合延伸至街道的微微起翘的屋檐，就产生了屋檐高低参差的街巷立面特征，视觉效果丰富，别有韵味。虽然沿街建筑及檐口高度有差异，但是除了一层建筑和两层建筑的高度差别，以及公共建筑和民居建筑的高度差别之外，建筑及檐口的高度差别都是比较微小的，不会有相邻两建筑高度相差悬殊的情况，这也就是为什么建筑高度不同，但是历史街道看起来又相当和谐的一个因素。

所以，在新建街道两侧建筑高度的控制上，可以控制建筑的总高度，但是可以放宽建筑层高的限制，居住建筑的层高可以根据居民的意愿自行决定，从而丰富街道立面。

3. 建筑门窗

秦岭山地古镇历史街巷建筑门窗都为木门窗，大部分门都是可灵活拼接的木板门，窗户为木窗棂。多数建筑一层门的面积占到墙面面积 80% 以上，除了墙体和分割开间的柱子外几乎全是门。这主要是由于建筑一层的室内采光全靠门，白天拆除门板后，整个沿街面都是通透的，在街道上可以完全看见商铺的东西，或纵观天井院落的全景。大多建筑立面窗户都位于二层，如荆紫关镇、凤凰古镇和华阳镇等，窗户起到采光装饰的作用。

在古代由于建筑材料的限制，秦岭山地古镇建筑建设均是就地取材，门窗自然会选择木材，但是沿街商铺要保证对外的通透性，木门板朝开夕闭也是必然的选择。门板拆开，室内私密空间立刻转变为半公共空间，通过门窗人们能看到或感知到建筑里面的东西，或是感觉到被允许进入、被邀请的意向，引导人们进入商铺挑选商品或观赏院落景观。而在有些新街建设或建筑改造的过程中，也考虑到了延续历史建筑特点，新建建筑采用复杂的仿古门窗，或是在现代建筑外立面增加一层木构架的仿古外壳（图 7-16），视觉上是达到风格统一了，但是有些新建的商业门窗或外壳门窗通透性差，失去了商业门窗开敞的通透性特点，也就失去了引人入内或启发人购买欲望的功能。

图 7-16　现代建筑改造

所以，若是为了与古镇历史风格统一，可以对门窗进行细部改造和木构装饰，但是避免大面积采用木格或木板而影响建筑的通透性，在新建仿古街巷两侧的商业建筑同理。在现代建筑材料多种类、多功能的发展条件下，玻璃门窗的使用是必然的，它们既经济采光通透性又好。如何处理好现代建筑材料和传统风格的协调是设计者应精心琢磨的事情，应避免因追求视觉上的统一而失去门窗原有的潜在功能。

4. 建筑屋顶、马头墙

秦岭山地古镇历史街巷侧界面最具特色的非屋顶和马头墙莫属，所有历史街道两侧的历史建筑均是坡屋顶形式，而马头墙并非是所有镇都有，如熨斗镇和青木川镇历史建筑就没有马头墙，而荆紫关镇、凤凰古镇、云盖寺镇、后柳镇及华阳镇等大部分镇历史建筑是有马头墙存在的，而且成为街道的一大特色。

（1）建筑屋顶　民居建筑一般正房都是双坡顶，天井院落的厢房一般为单坡顶。屋顶都由正脊和垂脊构成，通常在一般民居的正脊两侧的角都会微微起翘，在正脊中部通常用瓦片做莲花、铜钱等造型，象征富贵、平安、福气等（图 7-17）。而公共建筑的屋顶种类更加多样，屋脊装饰也更加讲究，在正脊两侧会增加吻兽，名曰鸱尾，在垂脊上依次排列狮子、马、牛、羊、鱼等具有象征意义的吻兽，屋檐和檐角的起翘角度也更大，飞檐翘角相当美观（图 7-18）。

（2）马头墙　在古代由于建筑都是以土木材料为主，一旦起火容易造成火势蔓延，马头墙主要起到防火作用，而现代新建建筑的马头墙更多的是作为一种建筑装饰。马头墙高度

图 7-17　民居建筑屋脊正中装饰造型

图 7-18　历史公共建筑精美的屋脊屋檐

随着屋顶坡度呈阶梯式降低，秦岭山地古镇马头墙墙脊多为水平向，在墙脊端头有翘角，都为双坡顶。马头墙有一阶、二阶、三阶、四阶等之分。一阶即为一封山，根据房子的进深大小，阶数不同，多的有五阶之多，五阶被称为“五岳朝天”，秦岭山地古镇马头墙多为一阶，也有五阶（图 7-19）。

图 7-19　凤凰古镇五阶马头墙

根据房主的地位、经济状况及追求的不同，马头墙选择不同的座头造型，具体如印斗式、坐吻式、朝笏式、鹊尾式等，各自具有不同的象征意义。如坐吻式显示房屋主人的贵及避灾祈福的意味；朝笏式表达主人对进朝做官的热切期盼，显示主人志向高远；形似喜鹊尾巴样子的鹊尾式座头，寓意抬头见喜[142]。印斗式因脊上的“印斗”得名。印斗式马头墙，因印斗下的支撑方式可分为挑出的“挑斗”和居斗托内的“坐斗”二式。秦岭山地古镇马头墙的座头形式主要为“朝笏式”，也有部分为“坐吻式”“鹊尾式”，而荆紫关镇历史街道马头墙囊括了上述四种形式（图 7-20）。坐吻式即座头的吻兽，一般常见于北方建筑之上，而风火墙常用于南方建筑，吻兽式的风火墙体现了秦岭山地古镇南北文化融合的特点。

a) 坐吻式　　b) 鹊尾式　　c) 朝笏式

图 7-20　荆紫关镇历史街道马头墙样式

在秦岭山地古镇街巷延展中，应将屋顶及马头墙这两种独具特色的建筑元素在新建层数增高的建筑上提取应用，使其既可以延续该元素特色，又与整体建筑协调，而不是盲目进行仿制，如凤凰古镇新建仿古建筑的屋顶马头墙，形式比例失调，显得突兀，破坏了马头墙应有的美感。

5. 建筑色彩

因地方风土文化习俗不同，秦岭山地古镇建筑色彩也存在差异。如凤凰古镇、荆紫关镇、漫川关镇的历史街道建筑门窗颜色以黑色为主，而青木川镇、华阳镇历史街道两侧门窗颜色以黄褐色或红褐色为主。建筑墙面一般为青砖的青灰色或土坯腻子的土黄色，局部会有白灰粉饰的白色墙面，建筑屋顶都为青灰色瓦片。

所以，新建街巷两侧建筑色彩应根据各自古镇历史街道上建筑色彩的特点来确定，而不是千篇一律采用白墙、灰瓦、木色门窗，导致“千镇一面”，古镇同质化，失去自身特色。

7.5.3　底界面要素

街巷的底界面要素包括两部分：一是街巷底界面的空间形态，另一个是底界面的铺装材质。

1. 底界面的空间形态

其取决于两方面：一个是街道两侧的建筑围合关系以及和相邻建筑的相对位置关系。街道两侧建筑的围合形式不同，会形成宽窄不一的街巷空间底界面，而相邻两侧建筑的位置关系，成一定夹角或是前后错落，或是呈直线并排，形成多样的底界面侧边界，决定了底界面空间的丰富性。另一个方面是地形地势的起伏特征，地势的高低变化决定了街巷底界面的空间立体形态，地势的升高或降低会使底界面增加台阶或坡道，丰富底界面元素。另外，地势的升高或降低，使在其中行走的行人视线视域不停发生变化，给人的眼球运动提供了更多的机会，增加了人的愉悦感。所以，在街巷的延展中，尤其是生活性街道，应顺应秦岭山地的地形地势，因借自然，形成高低起伏、变化多样的街巷底界面。在建筑组合方面应延续历史老街的建筑组合方式，避免强制统一街道退线距离，而形成呆板的街巷底界面空间。

2. 底界面的铺地形式

秦岭山地古镇的历史主街道铺地主要以青石板为主，巷道铺地有青石板、石片、鹅卵石。由于街道青石板路韧性差，所以交通性道路，尤其是货车、客车的过境道路采用柏油路，而生活性街道的人行道路应采用与历史街道铺装一致的青石板，或是当地可就地取材的石片、鹅卵石等。

7.6　本章小结

本章主要确定街巷空间的五个构成要素：街巷功能、街巷结构、街巷尺度、街巷节点和界面要素。通过对这五个要素的控制，使秦岭山地古镇街巷在延展的过程中，延续其历史文化，满足居民及游客的需求。

1. 街巷结构

延续秦岭山地古镇街巷“两街多巷，顺势延伸”的特点。街道整体走向，以“曲”为魂，“曲则有情”，注重的是街巷走向，应以顺应山川河流为主，创造“曲径通幽”“欲扬先抑”及“柳暗花明又一村”的美好意境，增加“替代效应”。街巷主要形式为鱼骨形、梳形及不规则网状，随着镇区空间扩张，鱼骨形街巷会形成双脊鱼骨形，梳形将演变形成梯子形或双梳形。在纵向空间的发展上，镇区一般会以衍生出的新街为轴线，在空间上进行枝状延展，最终将形成“枝网交错”的街巷形式。

2. 街巷功能

（1）历史街道功能　保留延续其通行、交往、商贸功能。应丰富商贸类型，给游客和居民提供更多的选择，提升历史街巷的旅游服务功能。

（2）交通性街道功能　满足机动车及非机动车的通行并兼顾人行，应严禁在道路两侧建设面向街道开口的大量商业建筑，避免造成对外交通或内部交通不畅。

（3）生活性街道功能　交往功能，应将街道空间—檐下空间—商铺/院落空间、开放空间—过渡空间—私密空间、快行空间—悠闲空间—交易生活空间这三个传统街巷空间的层次性进行延续。商贸空间承接历史街道的“集市”功能，缓解历史街道的压力，给“集市”预留交易空间。旅游服务设施配置游客服务中心及良好居住和休闲空间。

3. 街巷尺度

通过结合现状传统历史街巷的尺度比例，分别从街巷尺度感、街巷风环境舒适度、街巷使用功能及舒适日照环境，综合确定在传统街巷尺度比例范围内的适合的街巷尺度。

4. 街巷节点

秦岭山地古镇街巷的空间节点研究分别从交通节点、特色建筑、祭祀祈福场所及戏楼广场四个方面进行，确定其注意事项及要点。

5. 界面要素

历史街巷的实体构成要素中，将各界面要素分为顶界面、侧界面和底界面。分别针对街道的侧界面要素，即建筑位置、建筑高度、建筑屋顶、建筑门窗、马头墙、建筑色彩、建筑院落等，提出规划设计要点。针对街巷的底界面要素，即空间形态和铺装材质提出设计要点。

第8章 秦岭山地古镇街巷更新模式

第8章 秦岭山地古镇街巷更新模式

8.1 街巷延展动力机制

8.1.1 镇区发展趋势及方向

1. 空间上的延展

由秦岭山地古镇空间演变机理分析可知，随着经济发展和生态文化对旅游的带动，各镇区在空间上的扩展是必然的。

由于秦岭山体和河流的限制，镇区空间发展受地理条件的约束，镇区空间以历史老街为中心，逐渐向外扩展，街巷呈不规则网状延伸，在到达山体和河流限制的边界时，由于镇区经济发展的需求，镇区空间必然沿着山间谷地、顺河发展，镇区主要街道将呈枝状扩展。而枝状扩展的最大弊端就是镇区市政设施的投资费用较大，当经济实力达到一定的条件，镇区将脱离老镇区，在用地空间充裕的地方发展新区，新旧两区以交通性干道连接。

所以，秦岭山地古镇空间的扩展可概括为类圈层式扩展—枝状延伸—组团跳跃式发展，是秦岭山地古镇空间扩展的三种模式，或者说是空间发展的历程。

2. 生态文化的保护和延续

秦岭山地古镇最大的两个特点：一是巍峨秦岭良好的生态自然环境，山体林立，树木森森，气候温和，空气清新；二是独具地方历史特色的文化资源，首先是丰富的物质文化，如蕴含历史气息的明清老街，展示历史上商贸繁荣的各地会馆，供人们祈福的神殿寺庙，独具历史特色的明清民居以及抗日战争时期发挥过重要作用的古镇，无不诉说着历史。其次是地方民俗文化，传统小吃、地方传说民谣、戏曲、独具地方特色的民俗节庆等非物质文化，是当地人民精神文化的结晶，也是吸引现代城市人猎奇和体验。

秦岭山地古镇要发展，自然生态的保护与历史文化资源的延续首当其冲，随着国家对历史文化和生态保护越来越重视，以及当地发展和人的需求，历史文化保护已由“措施保护”的强制性，升华到“保护就是发展”的自主性。只有保护好当地的历史文化，将历史文化延续下去，记录镇区的发展历史，才是秦岭山地古镇的发展趋势。

秦岭山地古镇自然生态的保护是前提，也是其有别于其他古镇的重要特色，随着各大城市的迅速扩张，人们向往自然的心理需求更加强烈，自然风景优美、生态环境宜人，可以体会“采菊东篱下，悠然见南山”意境的秦岭古镇必然是周围大城市居民的首选。

所以秦岭山地古镇要发展，生态文化的保护和延续是必然趋势，也是发展的重点。

3. 人居环境的改善

时代在进步，人的需求也在不断发生着变化，秦岭山地古镇的历史老街、历史建筑是时代的文化瑰宝，但是它们与展示在博物馆的文物或是“博物馆”式的文物保护单位不同，这些历史民居建筑大部分都在使用中，人们在这些街道和建筑中生产生活，而历史街道建筑在市政设施配套等方面已经不能满足现代人的生活需求，急需进行改善提升。

保护并不是一成不变，历史建筑的设施完善、功能更新是必要的，只有提供舒适便利的生活环境，才能保证历史街道上原著民的长期居住，才能延续当地的原生生活方式，使历史建筑在留住历史的同时，也发挥其使用功能。

8.1.2　街巷延展的内外动力

1. 街巷延展的内部动力

秦岭山地古镇街巷延展最根源的内部动力为当地人民的需求，人民的需求可以称之为源动力。除了源动力外，其自身的优越资源也是街巷延展的又一强动力。

（1）当地人民的需求　当地人民的需求主要体现在经济发展的需求和人民生活条件改善的迫切性。而古镇的经济发展，主要体现在镇区空间的扩张上，有学者研究表明：城市建设用地和地区生产总值两者存在正相关的长期均衡关系，城市建设用地每扩张 1%，GDP 就会增长 1.83%，格兰杰因果检验表明城市建设用地的变化是经济增长的原因[143]。所以当地人民对经济增长的需求，就必然导致镇区建设用地扩张来提升镇的经济水平。而镇区建设用地扩张，必定是以街巷为骨架，街巷的连通发展决定镇区的扩张。所以，由于当地人民对经济发展的需求，必然导致镇区街巷的延展。

当地居民对生活环境改善的需求，也是街巷延展的主要动力之一，历史老街及建筑已经不能满足人们现代生活生产的需求，要提升生活环境，在历史街道外新建住宅建筑，打造适宜居住的生活空间成为必然，而街巷功能的改变是前提。

（2）优越的自然文化资源　由于秦岭山地古镇拥有良好的自然资源，山水共赏，空气湿润清透，成为喜好自然山水者的强有力吸引点。另外，秦岭山地古镇拥有独具特色的历史文化资源，而这种原生态的生活、文化特色清新自然，给人以安详静谧的感觉，所以秦岭山地古镇会吸引越来越多的外地游客。随着旅游的发展，自然带动镇区的发展，而镇区发展的根本是街巷的延展。

2. 街巷延展的外部动力

秦岭山地古镇街巷延展的外部动力主要表现在两方面：一方面是国家政策制度，另一方面是游客需求。这两种外部动力对镇区的发展起到推动的作用，同时也促使镇内部动力发挥最大效应。

（1）国家政策制度　秦岭山地古镇发展与国家的政策制度支持不可分割。自党的十八大以来，中央和政府提出了一系列有关乡村振兴、城镇化发展、生态文明建设及历史文化保护等政策。

十八大报告提出推动城乡发展一体化；十八大将生态文明建设写入党章；2014 中央 1

号文件提出开展村庄人居环境整治，并制定传统村落保护发展规划；中央城镇化工作会议提出提高城镇，建设用地利用效率、优化城镇化布局和形态、提高城镇建设水平；习近平系列讲话中关于加强文化遗产保护传承，弘扬中华优秀传统文化的指示；2017 年中央一号文件提出拓展农业产业链价值链、发展乡村休闲旅游产业、培育宜居宜业特色村镇；十九大报告提出乡村振兴战略、区域协调发展战略；2018 年中央一号文件《中共中央国务院关于实施乡村振兴战略的意见》。

2008 年国务院公布了古镇保护的重要法律依据——《历史文化名城名镇名村保护条例》，秦岭山地古镇丰富的物质及非物质文化遗产在保护制度的支持下，获得了大力保护，同时国家也对这些历史文化名镇的保护给予了大量的资金支持，从而带动了镇区的发展。

在良好的国家制度政策保障下，秦岭山地古镇得到了前所未有的重视，同时也带动了镇区空间的发展扩张，而在镇区街巷扩展的同时，如何将历史文化遗产延续下去也主要体现在其中。

（2）游客需求　由于秦岭山地古镇拥有的优越自然资源及丰富多彩的历史文化资源，越来越受到喜欢自然山水和新奇体验的游客们的青睐，有越来越多的游客选择来这些古镇欣赏自然美景，品尝农家小菜，体验不同的文化氛围。随着游客的增多，为了满足游客需求，更加完善的配套服务设施建设成为必要，在游客的推动下，镇区发展速度加快。所以，游客需求是导致街巷延展的又一大外在动力，是镇优越资源内部动力的衍生动力，因镇自然文化资源的吸引而产生，反过来又促进镇的发展以及街巷的延展。

8.2　街巷延展模式

8.2.1　街巷延展特性

秦岭山地古镇经济要发展，就会面临镇区空间的扩展，空间的扩展就体现在街巷的延展上。而街巷延展特性主要表现在以下几方面：

1. 产业结构的变化

秦岭山地的古镇，多数经济发展水平较低，镇区产业呈现出“半农半商”的状态，产业结构还是以第一产业为主，二三产业薄弱。而随着镇区街巷的延展，城镇化水平的提高，二三产业比重将逐渐增加，尤其是随着旅游业的发展，以服务业为主的第三产业比重必定呈增加趋势，而第二产业则主要以对自然环境危害少的手工业或以当地第一产业为基础的加工业为主，应避免和严禁危害生态安全和破坏生态环境的产业类型。

2. 空间扩展，侵占生态环境

由于秦岭山地特殊的地理环境限制，其间的古镇均是山环水绕，或山镇一体，所以街巷延展必定使镇区的建设用地增加，从而导致对山体河流等生态环境的侵占。而优美的自然生态环境，是秦岭古镇的后盾。如何处理好镇区经济发展与自然生态保护的关系，使经济发展与自然环境资源相协调，是秦岭山地古镇街巷延展必须考虑的问题。

3. 人民生活条件的改善

由于人们对现状生活条件的不满，所以多数历史街道的居民纷纷在历史老街外另建新居，人们提升生活环境的需求促进了街巷延展，街巷的延展也给人们生活条件的改善提供了新的契机。在街巷延展中，如何既能使当地人民的生活条件有所改善，又能使自身的文化特点得以延续是秦岭山地古镇街巷延展的又一考虑重点。

秦岭山地古镇空间演变有集中式、条带式、分散式和综合式等基本形式。结合镇区空间演变形式、综合街巷空间特性和特征要素，可提炼出街巷延展的三种模式：类圈层延展模式、主轴向延展模式及多组团延展模式。秦岭山地古镇街巷延展，身兼保护和发展多重职责，在这三种街巷延展过程中，需协调处理生产发展、生态保护和生活改善三者之间的关系。

8.2.2　类圈层延展模式

1. 街巷延展特征

类圈层街巷延展模式的特点为新街一般向建设用地充裕的方向发展，以大体平行于历史老街，或以顺应山河走势的方向延伸。在用地特别紧张的镇，新街身兼多重功能，既是镇内部的主要交通要道，也是过境公路的主要通道。新街与老街通过巷道连接，街巷呈现不规则的网状，用地平整的地方呈方格网式，如图 8-1 所示为凤凰古镇街巷示意图。

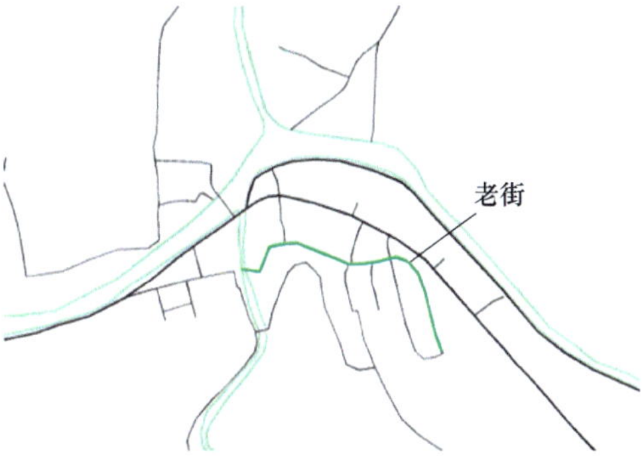

图 8-1　凤凰古镇街巷示意图

2. 应用要点

类圈层街巷延展模式应注意避免产生新扩张区域与历史核心区风格迥异，开发强度大，历史建筑及街巷在夹缝中生存的问题。由于秦岭山地地理条件的限制，可用于建设的用地相当紧张，而历史老街又具有很好的旅游带动作用，在历史老街周边区域的土地显得尤为珍贵，导致开发强度大增，破坏山体自然环境的视觉效果。另外，由于现代技术手段的提高，这种空间发展模式极容易破坏自然山体环境。

3. 保护区划分

针对类圈层街巷延展模式容易产生的问题，在保护范围划分方面应注意以下两种情况：

（1）划定保护范围　生态保育区是指镇周围的秦岭山体和河流的控制线，该区域内严格禁止建设开发，以自然生态保护为主。在生态保育区和建设控制地带之间为景观协调区，是用来协调镇区与周边秦岭山地的自然生态背景的区域，该区域建设不能破坏历史街道内的空间风貌和传统风貌，也不可遮挡自然山体背景。

（2）重视镇区景观视线保护　在镇区扩张建设的时候注意视线通廊的控制，结合重要的山峰或重要空间节点来控制视线通廊，在视线通廊上控制建筑高度，使良好的自然背景环境可以尽收眼底，将绿色生态融入镇区，发挥秦岭山地古镇的自然环境优势。

4. 功能布局

由于类圈层延展，一般均是以历史街道为中心向外围扩展，历史街道是历史文化资源集中、最具特色的区域，是以居住、商业旅游功能为主的核心区。由于历史街道文化资源的吸引，围绕历史街道外围发展为旅游配套及生活服务区，为游客提供条件舒适的住宿、餐饮等服务配套，弥补历史街道物质条件差的缺陷。再外层为行政、商业服务居住配套混合区，最外层为产业发展区域（图 8-2）。

8.2.3 主轴向延展模式

1. 街巷延展特征

主轴向街巷延展模式有些是以老街为基础，顺着老街的一端或两端向外延伸，或是以老街外新衍生的街道为主要交通性道路向外发展，贯穿镇区，或从镇边缘通过，主要街道按照轴向顺河或沿山在秦岭山间延展。街巷延展类似树枝生长，街道就像树的枝干，分别向有发展余地的空间伸展，巷道就像枝干上的枝丫，联系生活空间和主要街道。如图 8-3 和图 8-4 所示为熨斗镇和荆紫关镇街巷示意图。

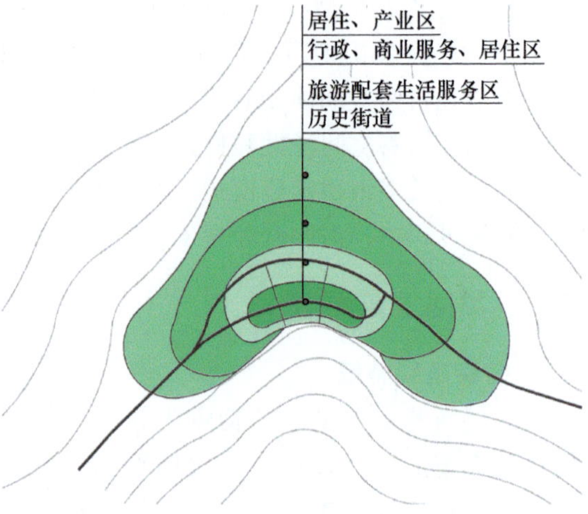

图 8-2 类圈层发展模式示意图

图 8-3 熨斗镇街巷示意图

图 8-4 荆紫关镇街巷示意图

2. 应用要点

主轴向街巷延展模式是秦岭山地古镇街巷延展最多的一种模式，镇区空间沿山顺河呈带状发展，这种模式的最大缺点是随着镇区空间轴向的延伸，会造成市政基础设施造价增加，存在不经济的状况，或是市政基础设施建设落后于空间发展，同时，镇区居民的公共服务配套设施也会存在服务半径过大或配套不足的问题。另外，主轴向延展的镇与周边自然生态环境关系更为密切，每个分支周围都被山体环绕，轴向延展的镇周边相对有更长的生态线。

3. 保护区划分

街巷主轴向延展的镇同样是将历史遗存集中的历史街道划为核心保护区，沿着历史街道延伸段外扩一定距离，划定建设控制地带。建设控制地带划定应结合地形地貌或道路等相对明显的空间分隔线划定，或根据街巷走向等空间视线转换的地方来确定。由于轴向延展模式下建设用地与镇周边山体河流自然生态资源接触面更广，所以需要结合山体河流增加生态保育区，区内严格禁止建设，以免破坏生态环境。

对于街巷轴向延展的秦岭山地古镇，空间扩展应控制镇区过度延展，注重市政设施等支撑系统的建设，配套服务设施应因地制宜确定服务半径。一般人正常行走速度 1~1.2m/s，而每次行走 15min 以内是合适的时间，步行的人不会感觉累，那么步行距离控制在 900~1000m 是可以接受的，所以秦岭山地古镇配套服务设施的服务半径可适当突破规范，最长服务半径不能超过 1000m。

4. 功能布局

街巷主轴向延展模式的镇与类圈层延展模式相同，也是以历史街道为中心，以居住、旅游商业功能为主划为核心区。在历史街道外围圈层发展为旅游配套及生活服务区，再往外沿着山间谷地和道路轴向延展的枝状区域发展行政、商务配套居住区域，以及产业区。这里需注意的是，对居民有影响的产业区布局，应控制与主镇区的距离，防止镇区轴线蔓延将产业区包围。在可能的情况下，生活及配套区发展方向，尽量与对居民有影响的产业区发展方向各自独立，避免因空间扩展而相互干扰（图 8-5）。

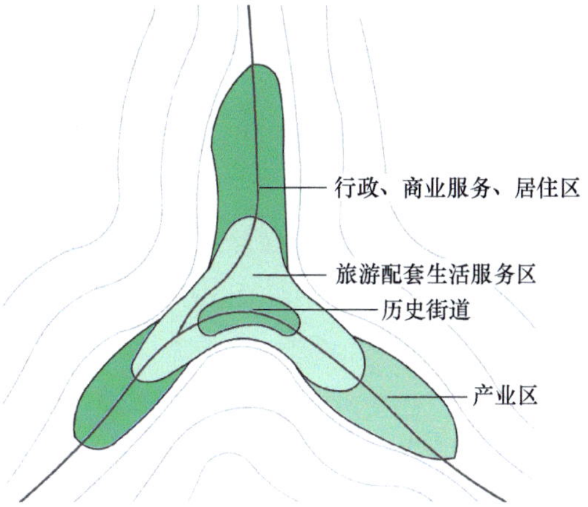

图 8-5　主轴向延展模式示意图

8.2.4　多组团延展模式

1. 街巷延展特征

多组团街巷延展模式基本上是上述两种街巷延展的综合，在历史街道的老组团内，街巷在保留老街的基础上呈不规则网状向外扩展，通过具有对外交通功能的街道延伸至新组团。在新组团内，街巷呈规则或不规则网状发展。青木川镇街巷示意图如图 8-6 所示。

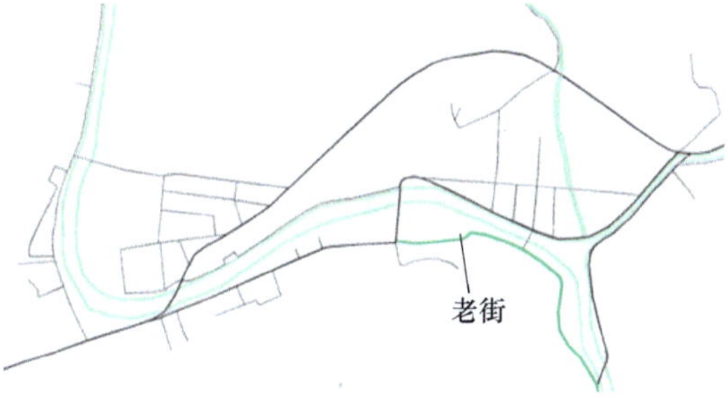

图 8-6　青木川镇街巷示意图

2. 应用要点

多组团发展面临的最大问题就是跨越“门槛”，当老区市政基础设施投入不断增大，镇区受地理环境限制，另建新区成为优选。但是随着新区规模的不断扩张，下一个门槛的跨越需要一次性投入更大的资金，而此时镇区将选择内部集约式发展，增加开发强度，新旧区继续扩张下去，两区将会在空间上连接起来，从而造成自然生态环境的破坏。

3. 保护区划分

为了防止多组团发展使镇新旧两区空间扩张连接，破坏秦岭生态环境，多组团发展模式必须同时控制老区与新区的镇区规模，划定规划区。多组团延展模式的镇，在历史街区所在的老镇区，保护区划与类圈层延展模式划分方式一致，以保护生态、延续历史风貌为主要目的。而新区由于独立成组团，对老镇区的历史风貌影响较小，所以新组团只需划定生态保育区来保护秦岭自然生态环境。在新旧组团之间应划定明确的绿化隔离区域，避免镇区扩张、新老镇区连片，破坏秦岭自然生态环境。

4. 功能布局

多组团发展模式与类圈层模式和轴向延展模式最大的区别就是与老区的联系，这种模式形成的新区受老区的辐射弱，但还是依托老区，成为老区的功能补充和服务基地。由于历史文化保护和用地空间限制，老区旅游服务配套无法建设，均可在新区解决，而新区建设在建筑风貌上也具有更大的自由度。

功能布局上，历史街道所在的组团以老街的居住商业功能为中心，周边配套一部分旅游服务功能，而新组团除了分担老组团的旅游服务功能外，也承担了生活及配套服务功能，以及产业功能（图 8-7）。

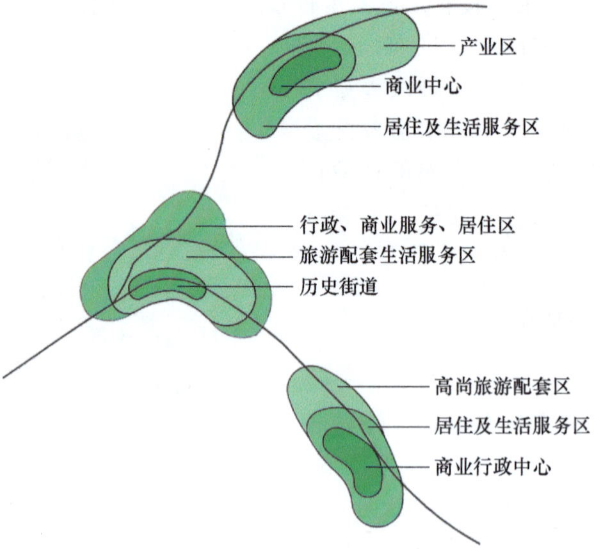

图 8-7　多组团延展模式示意图

8.3　街巷空间营造

街巷作为镇区的骨架，展示镇的风貌，承载人们的生活，体现镇区的历史发展历程。城镇的空间发展体现在街巷的延展上，如何在街巷的延展中传承历史文化，展现地方特色，满足当地居民的生活需求，是研究的重点。

8.3.1　道路分级，融合用地功能

1. 道路分级——内外分离，快慢有别

应明确秦岭山地古镇道路等级及功能，使各镇内部交通性及生活性道路与外部过境道路分离，使过境公路从镇边缘或外围通过，避免镇内居民生活与快速交通相互干扰，以保证镇内居民的生活安全，以及对外交通的畅通。所以，过境交通道路与镇的关系应从“穿越式”转变为“挂果式”（图 8-8）。

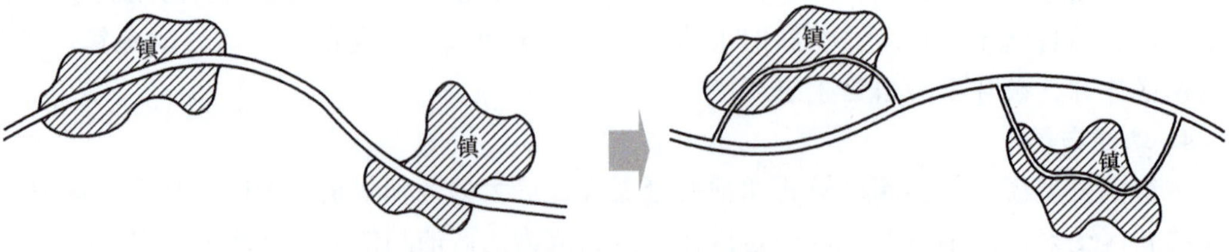

图 8-8　过境交通道路与镇的关系示意图

镇内交通性街道与生活性街道应分级明确、快慢有别。交通性街道应以满足车辆顺畅通行为前提，减少居民活动对交通的干扰。而生活性街道则应兼顾生活交往与车辆通行，人行是街道通行的主体，车辆行驶应避让行人，降低车辆的行驶速度，以保证行人的安全。

2. 用地功能适度融合

生活性街道两侧的用地提倡适度的用地功能融合，主要是指沿街道商业、居住及手工业用地混合（图 8-9）。由于秦岭山地古镇镇区规模小，镇内人口的城镇化程度低，镇内还具有一部分农业生产或家庭手工艺小作坊，当地居民的生活工作、买卖交易，不像大型城市那样分工明确，经常是生活、交易、生产相互混和，例如绝大多数镇前店后宅的居住模式，以及在自家院子酿酒的小作坊等，故混合用地的使用及商业、生产、居住功能融合建筑的发展，既可满足功能要求，又可使生活性街道活力倍增。阿兰 · B. 雅各布斯在《伟大的街道》中提到，每平方英里的区域中包含着的内容越多，其中的街道也就越多，提供给人们活动的场所也就越多，伟大的街道多数均是出现在内容相较丰富的区域[141]。而生活性街道两侧用地的功能融合，更容易在一定的街道长度内，提供更丰富的内容，创造更多功能多样的建筑，有助于营造更多供人活动的场所，吸引各类不同需求的人，使街道更有人气，更具有社会性，也更有生气。

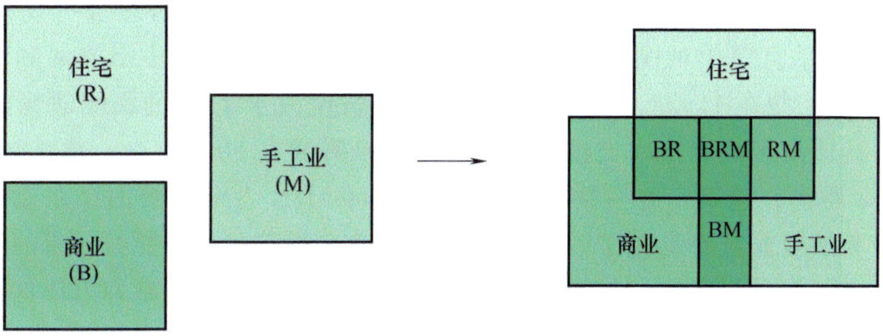

图 8-9　用地功能适度融合示意图

功能融合的用地，会增加生活性街道两侧建筑的密度，建筑越多，建筑自身立面的细部线条或装饰就越多，给人的视觉丰富性就越大，街道的丰富度和趣味性就更强，这也更符合秦岭山地古镇历史街巷两侧建筑肌理及用地特点。街道两侧用地的融合，必然会增加多种功能建筑的相互融合和共处，再加上街道两侧高建筑密度的增加，将使生活性街道充满生机和活力。

用地功能融合也更符合秦岭山地的空间地理特征，由于秦岭山地古镇建设用地宽度有限，多数是沿河或山间谷底呈轴向延伸，功能融合的用地可缩减当地居民购物出行的距离，提高当地居民的生活便利度。

8.3.2　延续格局，贯通视线通廊

1. 延续“曲折”的街巷形式

秦岭山地古镇发展街道应延续弯曲的形态，街道走向顺应秦岭山地地形地貌，使街道转折处的建筑和山体背景成为视觉聚焦点，控制视线通廊，创造步移景异、柳暗花明的街道动态视觉感受，展现秦岭山地的独特自然风貌。“曲折”的街巷，更有利于增加“替代效应”，使穿行于街道的人，有更多的视觉变化享受。

顺应山体河流、地形地貌的街巷曲折形式，更有利于保护古镇赖以生存的自然环境，使自然环境融入镇区的总体空间格局中。

2. 延续“紧凑”的街巷肌理

传统街巷格局还包括街巷的空间肌理，在历史街巷所在区域街巷肌理紧凑，密集的街巷可以给人提供更多的交往活动空间，相关研究表明 70～100m 的街区长度在满足当代居住要求的同时，也是较舒适的步行距离[144]。而秦岭山地古镇由于受限于山河，一般建设用地横向宽度 100～300m 不等，纵向主要街道一至两条就可满足使用要求，由于山地地形高低起伏，居民短距离出行一般以步行为主，所以横向街巷则应适当提高密度，避免过大的区域破坏传统街巷肌理，也不适于居民出行。

3. 控制“通透”的视线通廊

当一个人的视线总是有可及之处时会有舒适的体验感[145]。由于秦岭山地古镇大多拥有山环水绕的自然生态优势，所以在街道转弯的地方，视线所及之处秦岭山体往往成为良好的自然环境背景，成为人视线的聚焦点。故在街道弯曲背靠大山的地方，沿街道走向正对山体方向，依据人的垂直视觉特点控制视线通廊上建筑的高度。19 世纪德国建筑师麦尔登斯研究不同垂直视角与人心理感受的关系（表 8-1），当建筑高度 H 与视距 D 的比值为 1/5，垂直视角为 11.3°的时候，可以观察建筑环境。要想使视线廊道上的建筑不遮挡山体背景环境。可按照 11.3°垂直视角对视线廊道上的建筑进行控制。按照历史街道两侧建筑高度多数为 6m，垂直视角控制在 11.3°，则距离街道转弯处长度大于 23m 的视线通畅的街道就可控制视线廊道。具体高度控制依次类推（图 8-10），距离试点 50m 距离，建筑高度控制 10m，距离试点 100m 距离，建筑高度控制 20m。而由于秦岭山地古镇多数都存在地形高差，所以在视线高度控制的时候应将高差予以考虑，建筑高度控制应在水平视线分析的高度上，减掉地形高差的高度。通过视线通廊控制，控制通廊上建筑的高度，将秦岭山体的自然景观引进街巷内部，借自然生态的秦岭景观为己用，体现秦岭山地古镇的生态特色。

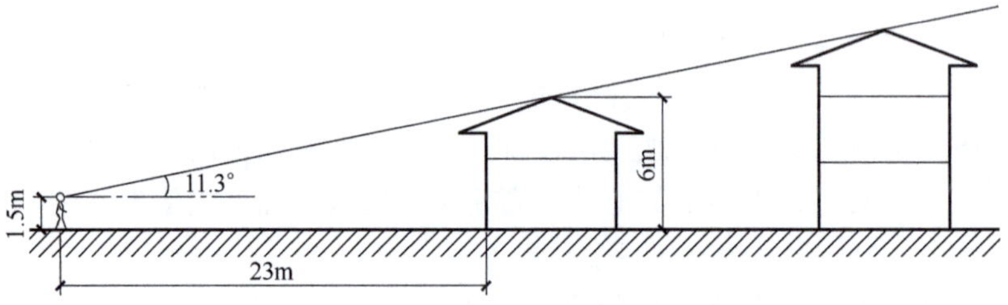

图 8-10　视觉与建筑高度关系示意图

而巷应延续传统街巷的形式，垂直于街道，发挥其连接通行的作用，以及改善镇区通风环境的作用。新建巷道应根据实际通行能力，适当调整巷道宽度，满足使用及消防要求。

表 8-1　不同垂直视角与人心理感受的关系

建筑高度 H/视距 D	垂直视角	观察内容	心理感受
2	63.4°	仰观建筑和天空	压迫感
1	45°	观察建筑细部和局部	亲近感
1/2	26°	观察建筑主体	平等感

（续）

建筑高度 H/视距 D	垂直视角	观察内容	心理感受
1/3	18.4°	观察建筑全局	开放感
1/4	14°	观察建筑轮廓	对比感
1/5	11.3°	观察建筑环境	疏远感
1/10	5.7°	观察城市天际线	空旷感

8.3.3 传承文化，重塑历史风貌

1. 塑造“多层次”的街巷空间

针对历史街巷，应延续现状的通行、交往和商贸功能，避免机动车通行，保留历史街巷的活力。在新建生活性街道空间，应将历史街道空间的“层次性”进行延续和发扬。空间的层次性：由街道空间到檐下空间，再到商铺或院落空间的逐渐过渡；空间开合度的层次性：由开放空间到过渡空间，再到私密空间，速度快慢的层次性：由快行空间到悠闲空间，再到交易生活空间（图 8-11）。

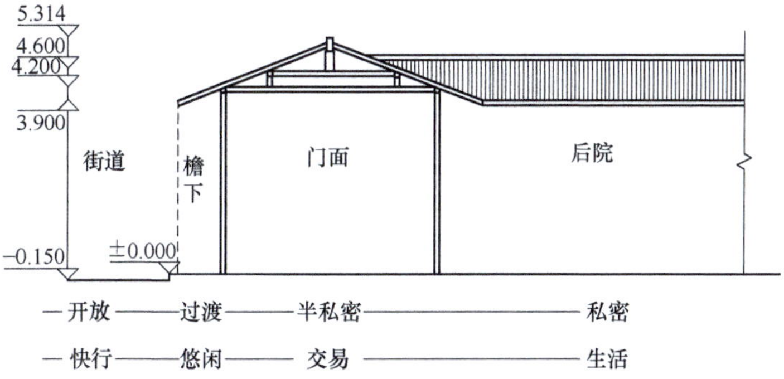

图 8-11　“多层次”的街巷空间示意图

将街巷空间的“层次性”进行延续的同时，也塑造了街巷的功能：打造一级街道通行空间，满足慢行交通的要求；延续二级过渡的檐下空间，提供交流场所；改善三级门户空间，增加沿街商业的通透性，借景入街。

2. 延续“舒适”的街巷尺度

秦岭山地古镇街巷空间的塑造也应包括街巷的尺度，因为街巷尺度的宽窄直接决定人对街巷空间环境的视觉及身心舒适度的感受。秦岭山地古镇大部分历史街巷尺度适合，如何将这种传统街巷尺度在街巷的延展中延续下来至关重要，前述从人的尺度感、街巷风环境的舒适度和街巷使用功能等几方面，最终确定在秦岭山地古镇历史街巷尺度比例范围内，最合适的街巷延展尺度比例：街道宽高比为 0.6~1，街道宽度为 4~20.5m，街道两侧建筑高度为 3~18m，店面宽度与街道宽度比为 $W/D \leqslant 1$。

3. 塑造空间节点，提升文化氛围

秦岭山地古镇均拥有与众不同的文化特色，在拥有优美的自然环境、独特的历史建筑等物质文化遗产的同时，还拥有独具地方特色的手工艺、民俗及民间传说等非物质文化遗产，例如柞水凤凰古镇的柞水渔鼓、汉调二簧、灯会和蜀河镇的庙会等，这些传统艺术表演和风

俗民俗，是千百年来人民智慧的结晶。所以街巷空间应根据各镇地方文化特点，提供承载传统非物质文化的空间场所，延续非物质文化遗产，同时也使历史街巷及其延续段在空间序列上开合有序，塑造成街道新的空间节点。

在为非物质文化提供物质空间场所的同时，还应采取一定的措施加强各镇的非物质文化氛围。客观来看，秦岭山地古镇多数的历史发展历程相似，镇的空间环境格局也具有较大的相似度，产业上均是“半农半商”，那么要体现出自身的不同，非物质文化的挖掘和发扬是重要的举措。所以，应与时俱进从社会需求及人的需求角度，挖掘当地文化内涵，同时借助一些手段来营造和发扬文化氛围，例如通过拍摄影片、结合当地传统民俗节庆举办各种文化节、民俗展或是庙会，来提升古镇的知名度和给游客提供参与体验的机会；另外，可挖掘各镇独具地方特色的历史传说、历史事迹等文化资源，编写成故事，结合当地的戏曲进行演绎，既对曲艺等当地的非物质文化遗产进行了保护，也提高了古镇的知名度，加强了人们的印象。所以是否能够依托古镇资源充分挖掘其内涵，选择与其传统特色相适应的文化功能，是成败的关键。

8.3.4 保护界面，修复街侧建筑

保护不是要一成不变，便利的交通、网络和现代化的配套设施，是延续古镇生命力的重要前提。如何在将传统空间特质保存的同时，满足现代人生活品质提升的要求，是历史文化城镇改善的基本目标。在修复历史建筑外观的同时，更要对历史建筑的内部设施进行彻底改善[146]。秦岭山地历史民居建筑大都在使用中，所以建筑修复在满足“修旧如旧”的前提下，也应满足人们对舒适、安全生活条件的需求，更好地发挥其使用功能，方能使历史古街道的生活气息和生活方式得以延续。

针对历史建筑，在采取修复或保护措施前，应做好鉴定分析和制定保护清单。在鉴定分析和保护清单制定的基础上，选择相应的修复保护模式。鉴定分析指的是对镇区保护区范围内的各个建筑的风貌、类型、建筑现状和文化特征进行综合评价及分类；制定保护清单指的是将镇区中需进行修复保护的建筑逐个编号，并进行保护等级及类别的划分。以下针对秦岭山地古镇具有使用功能的民居类历史建筑、保护为主的文保单位及新建建筑几种类型提出具体建议。

1. 民居类历史建筑——分解修复，改善人居

由于秦岭山地古镇民居建筑多数仍具有使用功能，建筑多为土木结构，在建筑进行修复时应保留原来的木框架结构体系，由于木构架支撑框架体系与土石填充墙面的独立性，以及部分木构件之间采用榫接，多数历史建筑都可采用“分解修复”的方式：对老化损坏的构件进行解体，拆除风化土坯，对损坏的木构架进行修复或替换，保证原木构架的完整性，恢复原貌和结构性能，提高建筑的安全性能。

墙体改造时应增加保温层，地面处理应增加防潮措施，来提高改善历史建筑的居住舒适度。但是建筑外墙面色彩风貌必须与原风貌保持一致。“分解修复”方式，可维持历史建筑风貌，保留建筑木构架体系，增加建筑防潮保温功能，提高建筑居住的安全性和舒适性，是秦岭山地古镇历史民居建筑修复推荐的一种方式。

对历史传统建筑院落进行私自搭建或后期院落损坏破坏其传统格局的，应拆除私自搭建的构件，恢复传统院落空间格局和建筑风貌，或对损坏的院落进行修复。如柞水县凤凰古镇

孟家大院在修复的过程中应恢复前后双天井院落，恢复一进天井东侧厢房和正屋（图 8-12）。

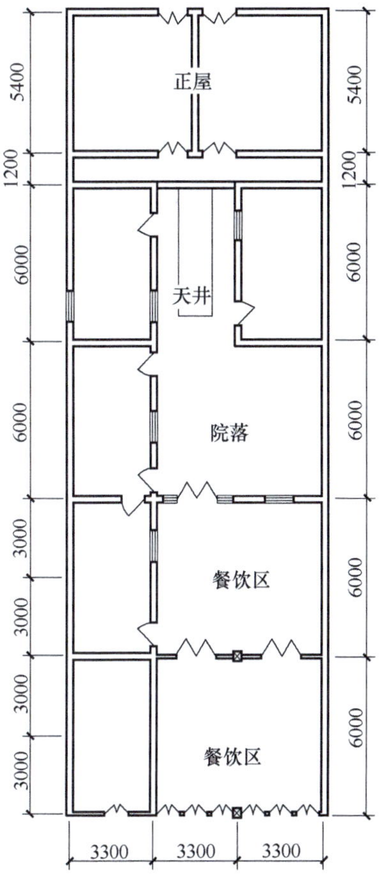

a) 现状平面示意图

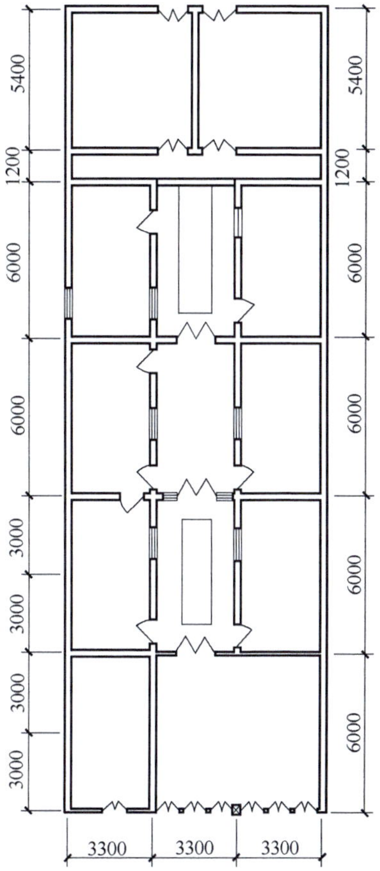

b) 恢复后平面示意图

图 8-12　孟家大院院落格局恢复示意图

《历史文化名城名镇名村街区保护规划编制审批办法》提出，城市、县人民政府应当对历史建筑设置保护标志，建立历史建筑档案。其内容包括建筑的有关技术资料；建筑艺术特征、历史特征、建设年代及稀有程度；建筑的使用现状和权属变化情况；建筑的修缮、装饰装修过程中形成的文字、图纸、图片、影像等资料；建筑的测绘信息记录和相关资料。所以，历史建筑修复修缮过程中形成的文字、图纸、图片、影像等资料，必须纳入该历史建筑的档案。

2. 静态保护的文保单位——建立档案，原真保护

对于历史街巷中以静态博物馆式保护为主的历史建筑或文保单位，现状主要以参观为主，不具有使用功能。例如荆紫关镇的山陕会馆，漫川关镇的马王庙、关公庙，青木川镇的魏辅唐老宅，对于这些文物保护单位，应按照原址原状保护的原则，保护其原真性，不得拆除，对损坏严重构件进行修复的，都应进行拍照记录，建立历史档案。对于已经全部损坏的不可移动的文物保护单位，应保护其遗址，严禁在原址进行重建。

3. 新建建筑——延续风貌，满足人需

对历史街巷已经彻底坍塌的历史民居建筑，在原址建设时应采用当地的传统院落形式，建筑色彩、风貌必须与历史街道风格保持一致。在历史街道以外的街巷两侧建设的，建筑风格可采用现代与历史相结合的方式。

新建建筑设计建造应植入“绿色建筑”理念，建筑设计与秦岭山地古镇的自然、经济、技术、文脉传承等相适应，选择合适的外部形体、色彩搭配、平面布局、空间组织、构造选材等，建筑的围护结构构造、门、窗、室内外装饰等用材，尽可能使用本地材料，在结合文化特点满足“安全、实用、美观”后，使新建建筑又可达到“节能、节地、节水、节材、污染物排放少”等社会公益指标和性能。创造高舒适度的居住条件，满足居民保温防潮以及室内照度等要求。

民居建筑可以采用传统院落形式，也可采用在传统院落基础上改造的建筑形式，可增加建筑二层的高度，将传统院落“前店后宅，下店上储”的功能模式，改造为“临街下店上宅，后院下辅上居”的模式，即临街建筑一层为商业店铺，二层为居住，后院一层为厨卫、客厅、储藏等辅助功能，二层为起居卧室，以减少地面潮气对居室的侵袭。

8.4 本章小结

本章在对秦岭山地古镇空间演变机理、预测及街巷的研究和分析的基础上，重点提出了秦岭山地古镇街巷延展模式及街巷空间营造策略。

街巷延展模式针对秦岭山地古镇空间演变的三种基本模式：类圈层模式、主轴向延展模式和多组团式发展模式。分别从街巷延展特征、应用要点、保护区划分和功能布局几方面对上述三种街巷延展模式进行研究论述，以期镇区在这三种发展模式的街巷延展过程中，协调处理好生产发展、生态保护和生活改善三者之间的关系。

本章提出街巷空间营造的四个策略，具体如下：

(1) 道路分级，融合用地功能　强调道路分级——内外分离，快慢有别，以及用地功能适度融合，鼓励沿街道商业、居住及手工业用地混合，以创造更多功能多样的建筑，有助于营造更多供人活动的场所，也可缩减当地居民购物出行的距离，提高当地居民的生活便利度。

(2) 延续格局，贯通实现通廊　主要是指延续“曲折”的街巷形式，延续“紧凑”的街巷肌理，控制“通透”的视线通廊。

(3) 传承文化，塑造街巷空间　主要从塑造“多层次”的街巷空间、延续“舒适”的街巷尺度和塑造空间节点、提升文化氛围三方面对街巷空间营造提出对策。

(4) 保护界面，修复街侧建筑　民居类历史建筑采用分解修复的方式以改善人居，静态保护的文保单位采用建立档案保护其原真性，新建建筑应延续历史风貌，满足人的使用需求。

第9章 秦岭山地古镇传统院落空间特征

第9章 秦岭山地古镇传统院落空间特征

9.1 传统院落空间演变

9.1.1 院落调研

通过对秦岭山地古镇进行广泛实地调研，选取院落保存完整、文化特征突出、历史价值丰富的山地古镇进行重点调研，并对其传统院落进行详细调查测绘，了解秦岭山地古镇院落空间现状，总结秦岭山地古镇传统院落空间特征。

1. 甘肃省陇南市哈达铺镇张家大院

张家大院为独立一进四合院。院落由一条单独巷道与主街连通。院门位于西南角，由正房、厢房及院墙围合而成。院落基地形状接近正方形，建筑对称布置，各建筑独立设置，屋顶不相连接。正房位于院落轴线尽端，厢房位于轴线两侧，另在正房西侧设偏房一座，正房对面建有倒座房。室内外地面皆为青砖铺地，正房位于0.8m台基上，两层双坡硬山顶，上覆青瓦，面阔三间，入口向内收进与两侧凸出的侧房形成“凹”字形平面。二层设檐廊，木楼梯联系上下两层。正房建筑构架为“四柱落脚”式穿斗构架，正房窗户是较为高级的摘窗，其余为支窗。厢房位于高出地坪0.15m的台基上，双坡硬山顶，一层三开间，建筑构架为“二柱落脚”的斜梁式。院落墙体材料以土坯墙为主，加入一定量的秸秆以增加强度，墙底砖垛高约360mm。墀头由矩形断面的挑檐木及砖组成。屋顶正脊和垂脊都由砖、板瓦和筒瓦组合而成，端部相当于脊兽的部位做出当地称为“鸡头”的造型，非常精美[147]（图9-1）。

2. 甘肃省天水市麦积区街亭古镇院落

（1）街亭古镇王金祥故居　王金祥故居（东街8号院）位于古镇东街。院落两重院门，第一进院门位于院落东北角。进入院门向东拐入庭院。院落为单进三合院形式，面宽为13.9m，进深为24.5m，占地面积约为340.6m²，长宽比为1.8。院内分别在东侧、西侧和南侧建有土木结构三开间建筑。正房（东房）双坡顶，开间8.7m，进深4.9m，廊宽2.7m，设踏步三级。西侧倒座三开间，单坡顶，廊宽2.25m，廊高3.4m。南侧为厢房，单坡顶，台基0.23m，廊宽2.2m，开间8.25m，进深2.61m。平板枋间雕花古朴。庭院地面素土夯实，房屋前有0.8m宽卵石小路，便于阴雨天行走（图9-2）。

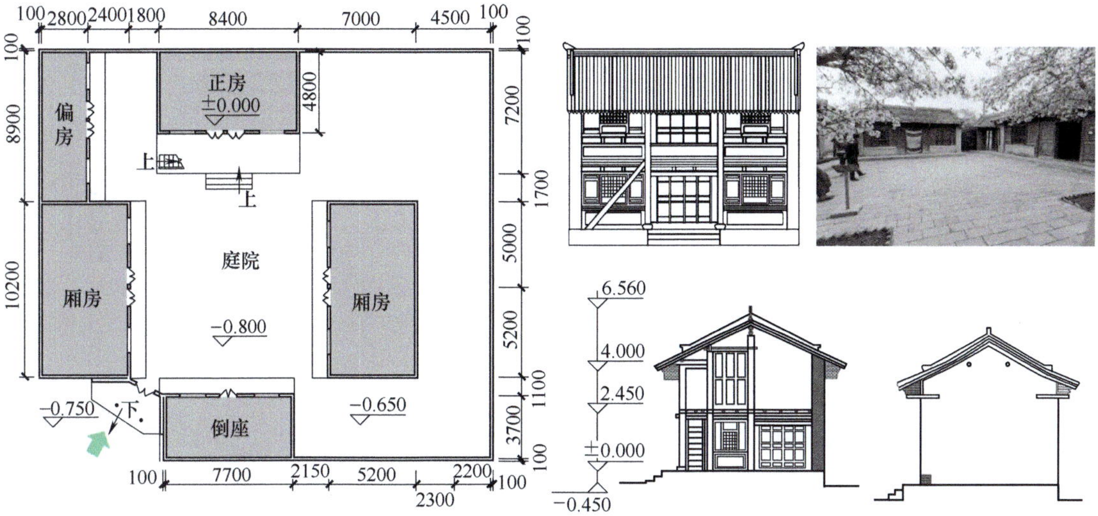

图 9-1　哈达铺镇张家大院现状及测绘图

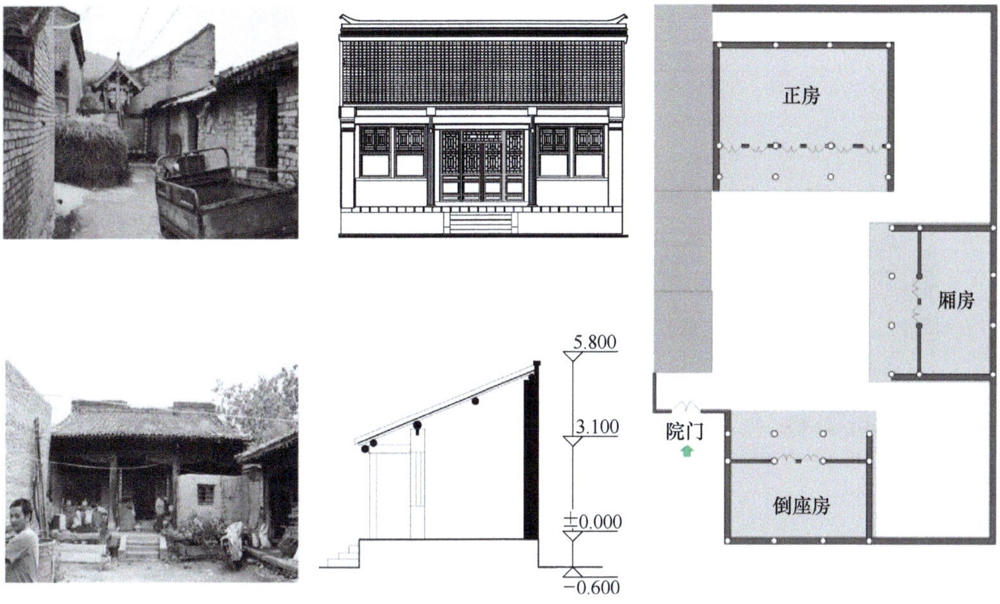

图 9-2　街亭古镇王金祥故居现状及测绘图

（2）街亭古镇穆家院　穆家院（北街 23 号院）地理位置优越，距离十字街中心约 80m，由巷道与主街连通。院落为两进合院，整体呈二进串联式空间格局。院门双坡顶，正脊饰莲花草叶纹，门高 1.8m，宽 1.6m，通过院门左转进入庭院。设有二门，为屋宇式大门。院落正房开间 8.8m，进深 5.9m，屋顶为双坡硬山顶。墙体为砖包山墙，檐柱高 3.6m，鼓状柱础。正房前设廊，高 3.5m，宽 2.4m。左右厢房各三间，院内东南角有一古井（图 9-3）。

3. 甘肃省天水市武山县滩歌镇院落

滩歌镇 1 号测绘院落位于古镇主街北侧，单进四合院。院落内建筑皆为一层，正房双坡硬山顶，屋顶出檐 1.5m。两侧厢房为单坡硬山顶，坡度约 22°。庭院高宽比为 0.54，室外地面为素土夯实。建筑结构为土木结构，土坯墙体厚 400mm。正房位于高 0.8m 的毛石台基上（图 9-4）。

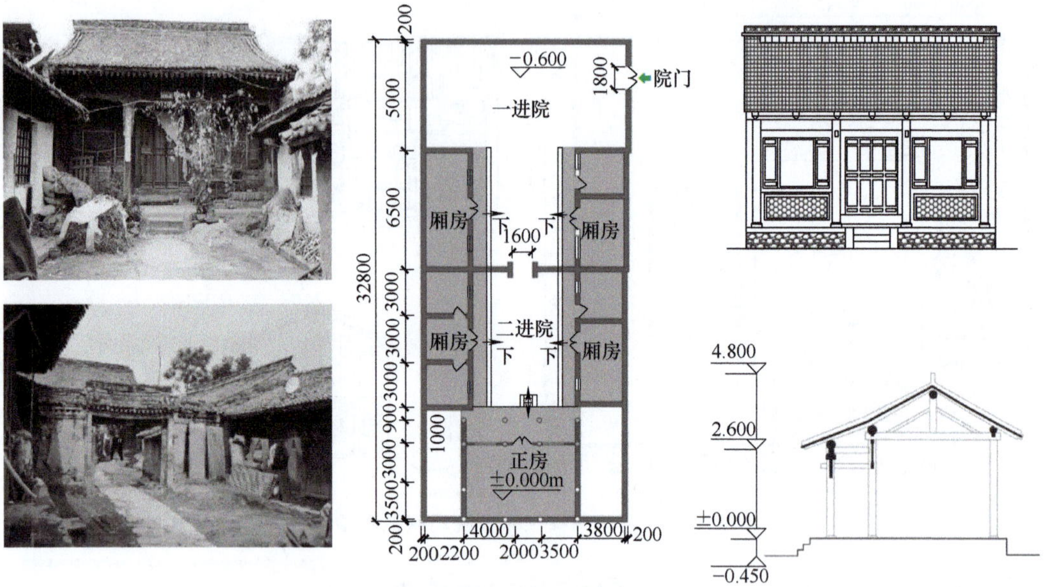

图 9-3　街亭古镇穆家院现状及测绘图

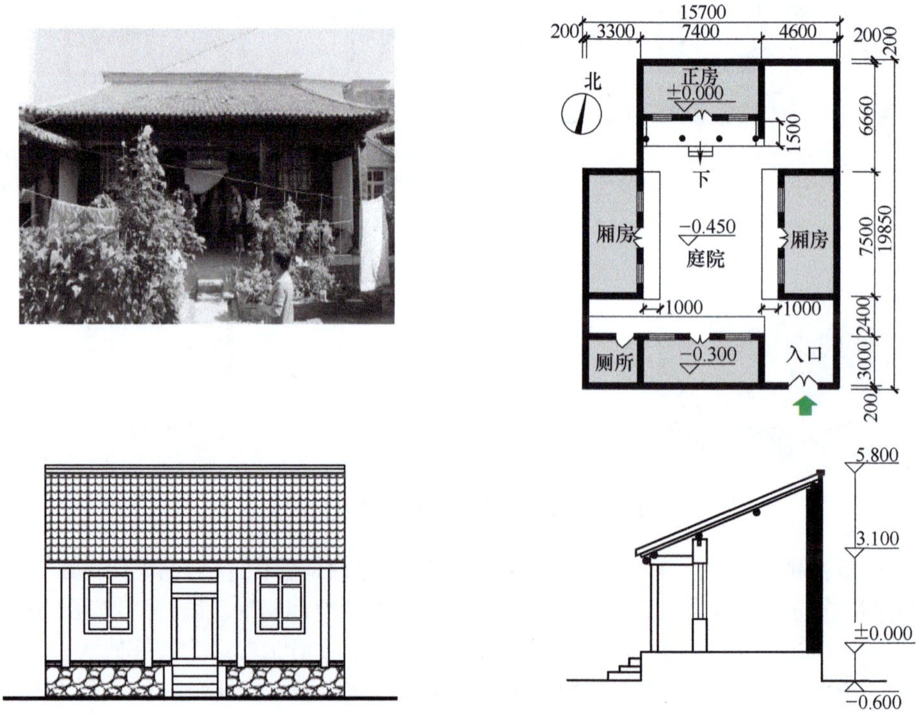

图 9-4　滩歌镇 1 号测绘院落现状及测绘图

4. 陕西省汉中市上元观镇院落

（1）衡家大院　衡家大院（新盛德）是镇上规模最大的合院式传统院落。院落空间形式为两进四合院，各建筑均为双坡屋顶，院门位于东南角，进门设砖雕影壁。一进院落由过厅、东西算房与门房围合而成，庭院为面积较小的浅长形。东西算房仅有一开间，过厅五开间，当心间较宽为 6.6m，由过厅进入二进院落。二进院落平面方正，空间开敞。正房五开间 19.6m，堂屋较宽，两侧为卧室。左右厢房三开间 9.9m，进深 3.3m。院落以夯土墙或土坯墙作为围护结构，结构体系为抬梁、穿斗或混合式。屋面铺设小青瓦，庭院地面铺设青砖，门窗窗格样式考究，柱础、樨头、屋脊中花等部位装饰精致（图 9-5）。

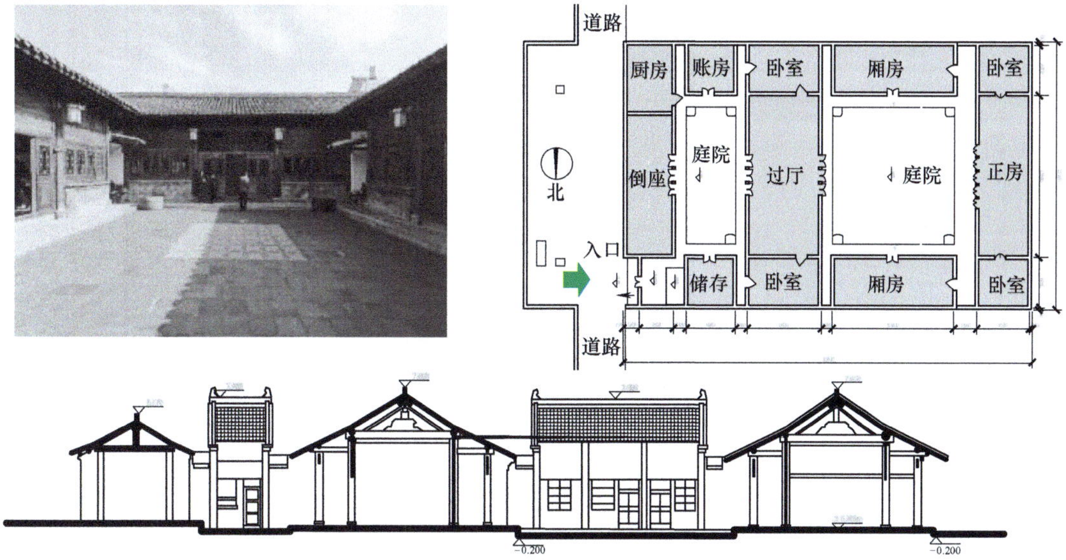

图 9-5　上元观镇衡家大院现状及测绘图

（2）乐丰村 3 号院　乐丰村 3 号院为独立式四合院，由巷道连接院落与十字古街。院落现为年长的夫妇居住，建筑部分被改建，对建筑室内空间进行重新划分，以黏土砖代替夯土墙。正房三开间，屋顶为双坡悬山顶，上覆小青瓦。正房当心间内凹，形成“凹”字形平面。上设阁楼储存杂物，中间一间通高，用于供奉神佛，西侧一间用作储存和卫生间。左右各建一座厢房，单开间，双坡悬山顶。两厢房功能为起居和卧室。厢房皆被改建，但保留原有木质窗格，设有阁楼。倒座三开间双坡屋顶，当心间为院落入口，两侧划分为卧室并设二层。二层外廊朝向院内，走廊西端有楼梯与庭院相连。正房前设庭院，四周设回廊，高出庭院地面 0.2m。庭院地面为水泥抹面，空间方正，长宽比为 0.9，庭院内有水井和绿化（图 9-6）。

5. 陕西省汉中市洋县谢村镇

谢村镇 1 号院　该院为两进四合院落，坐北朝南垂直于街道，沿中轴线对称纵深布局。院落三开间，院门位于门房当心间。以过厅连接两进天井院。屋顶形式为双坡悬山顶，出檐约为 1.3m，屋面覆以小青瓦。院落内建筑均设有阁楼，建筑为土木结构。院落目前处于废弃状态，破损严重（图 9-7）。

6. 陕西省汉中市青木川镇院落

（1）1 号院（荣盛昌）　青木川镇 1 号院位于回龙场老街南侧，整体空间形式为单进四合院，院落朝北，中轴对称。屋顶为双坡硬山顶，出檐深远，形成宽阔的檐下空间。院落沿街部分为两层，上设阁楼。院落面阔三间，门房当心间为院门，两侧现为卧室。厢房位于庭院两侧，双坡硬山顶，设有阁楼。院落内存在高差，正房位于院落最高处，由台阶连通庭院，前设檐廊，三开间穿斗抬梁混合式木构架。堂屋顶部为彻上露明造，暴露梁架，空间宽

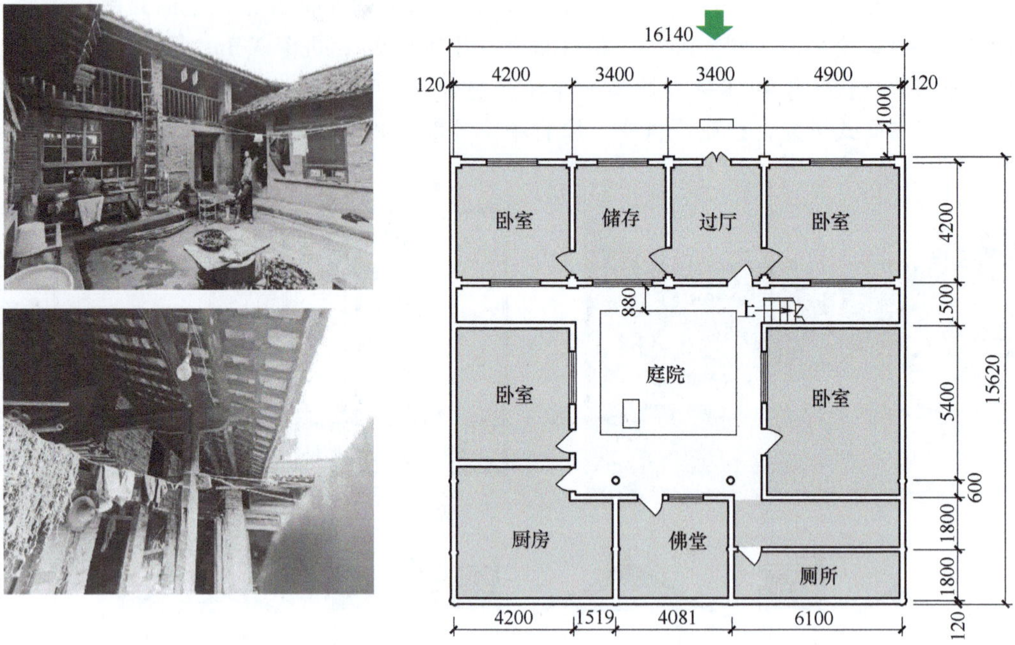

图 9-6　乐丰村 3 号院现状及测绘图

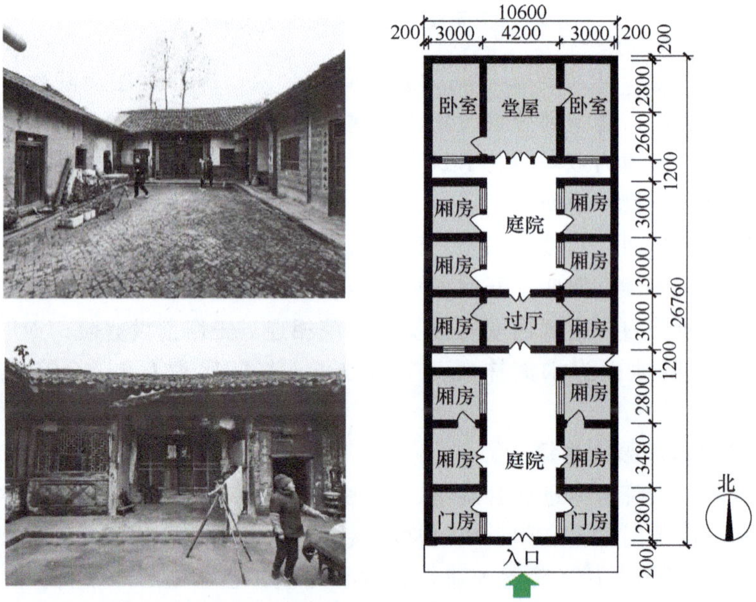

图 9-7　谢村镇 1 号院现状及测绘图

敞。庭院四周形成一圈檐廊，庭院内部有大量绿植高低错落分布在院落中，配合青石板铺地与苔藓，使得院落内生机盎然（图 9-8）。

（2）2 号院（土特产专卖店）　青木川镇 2 号院位于回龙场老街南侧，单进四合院，院落朝北，中轴对称。院落建于民国时期，三开间，沿街部分立面特殊，青砖饰面，窗户为木质窗框的矩形玻璃窗，不同于镇内其他传统院落。除正房外，其余建筑均为两层。二层层高

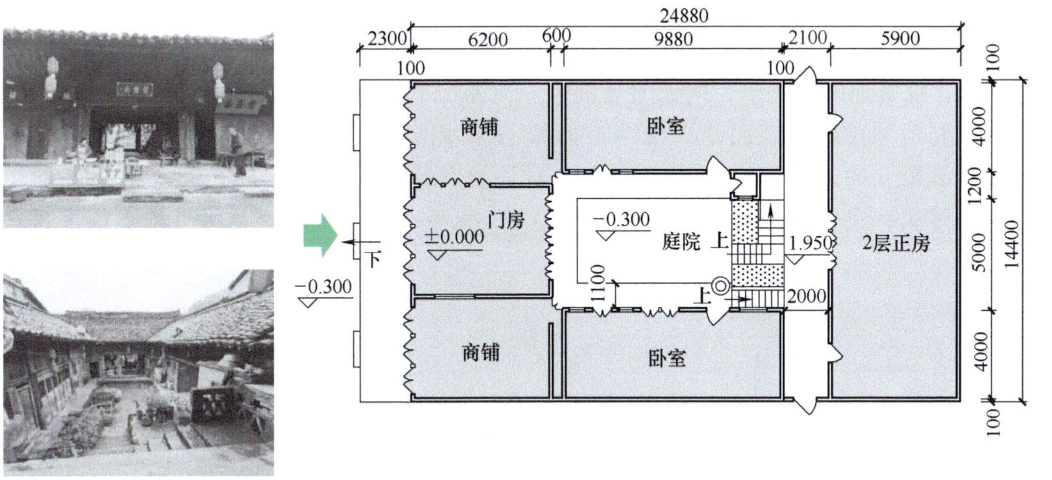

图 9-8　青木川镇 1 号院现状及测绘图

为 2.8m，作居住使用。正房建于轴线尽端最高处，利用院落内部高差，突出正房位置。正房三开间为彻上露明造，暴露梁架结构，由台阶连通院落庭院。院落内部利用自然高差使正房前廊和厢房二层地面处在同一标高上，围绕庭院形成一圈檐廊。庭院青砖铺地并配合绿植点缀（图 9-9）。

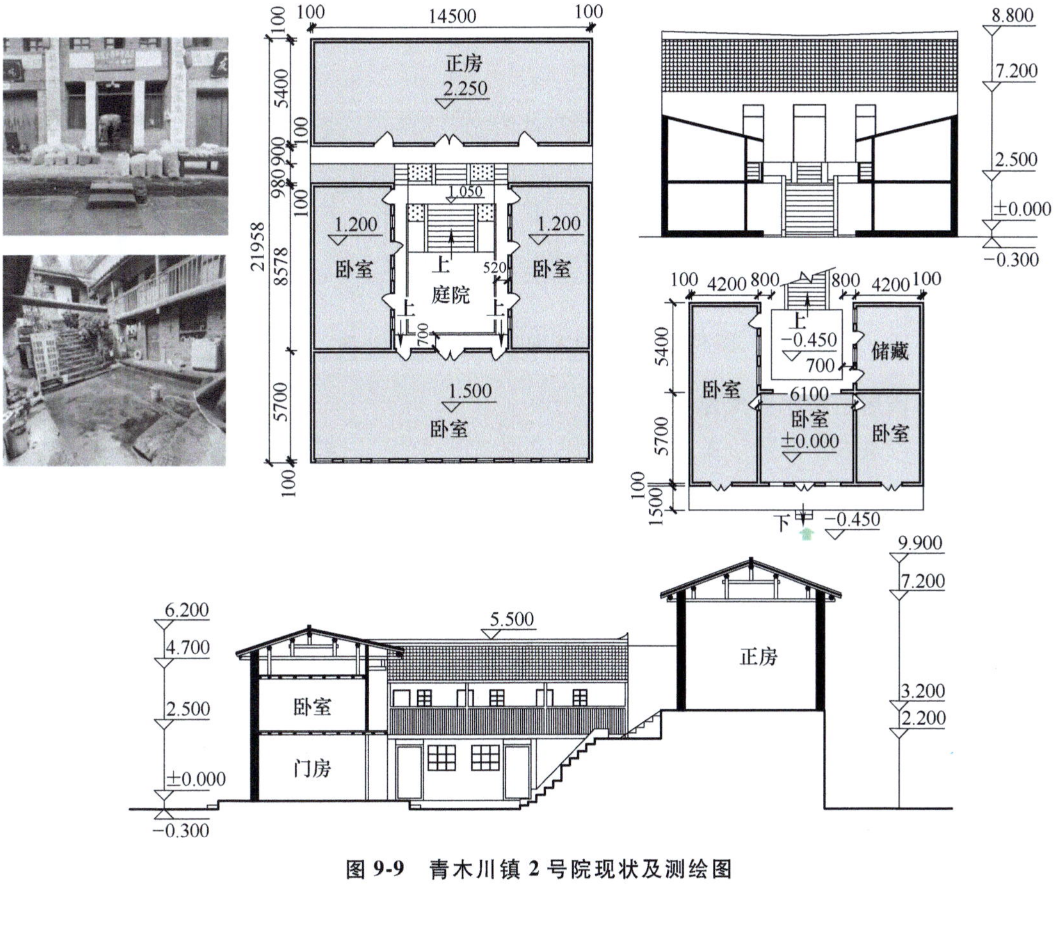

图 9-9　青木川镇 2 号院现状及测绘图

7. 陕西省安康市石泉县熨斗镇院落调研

该天井院落位于老街西段南侧，院落朝向为西北向，背靠山体。院落整体位于高 0.6m 的台基上，院基地较为平整，内无明显高差。院落三开间，屋顶形式为双坡硬山顶，由门房、左右厢房和正房围合而成，院落空间形态呈窄长型，是典型的合院式院落。院落经过修缮，沿街立面外墙青砖饰面，其余墙面为石灰抹面。屋顶加固，铺设吊顶，已经看不到原有建筑构造，但仍然保留传统院落形制。天井下部地面作下沉天井池，内设排水口（图 9-10）。

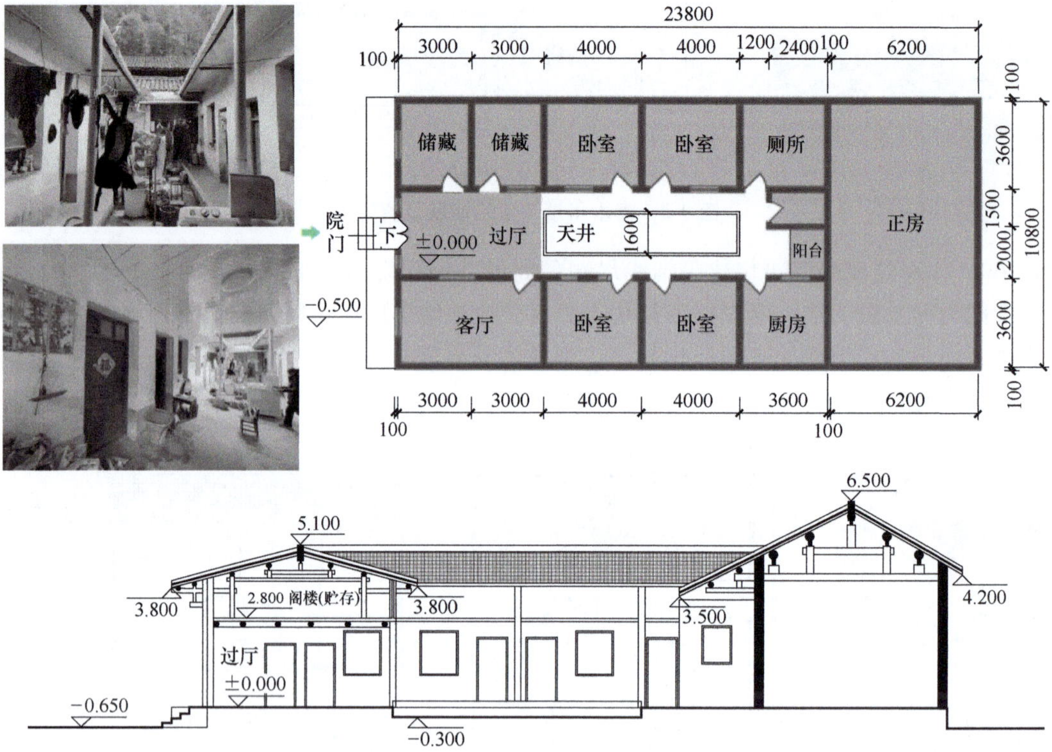

图 9-10　熨斗镇天井院落现状及测绘图

8. 陕西省商洛市柞水县凤凰古镇

（1）凤凰古镇孟家大院　孟家大院建于清道光三十年（1850 年）。院落为两进双天井院落，中部设有“U”形庭院。院落整体呈窄长型，上设阁楼。院落三开间约 9.9m，两侧厢房进深 6m。除正房外，皆作对外经营使用。正房为双坡硬山顶，厢房为单坡硬山顶，院落厢房与两侧院落共用后墙，屋面铺设小青瓦（图 9-11）。

（2）凤凰古镇单进天井院落　该院落始建于清代，现改为凤凰古镇图书馆。院落基地面积 205m^2，位于古街北侧。门房进深 5.3m，面阔三开间，当心间较宽为 3.9m，次间较窄为 3.6m，采用抬梁式构架形式，屋面铺设小青瓦，屋顶为两坡硬山屋顶。院落左右两侧是厢房，厢房面阔三开间，厢房的开间 4.0m，进深 3.6m，屋顶为单坡硬山顶。门房及左右厢房均设有阁楼作储藏用。天井空间窄长，内有少数绿植点缀。整个院落临街，沿南北向纵向布局。正房位于院落尽端，堂屋通高，彻上露明造，暴露梁架，后有退堂，后墙有通向后院的小门（图 9-12）。

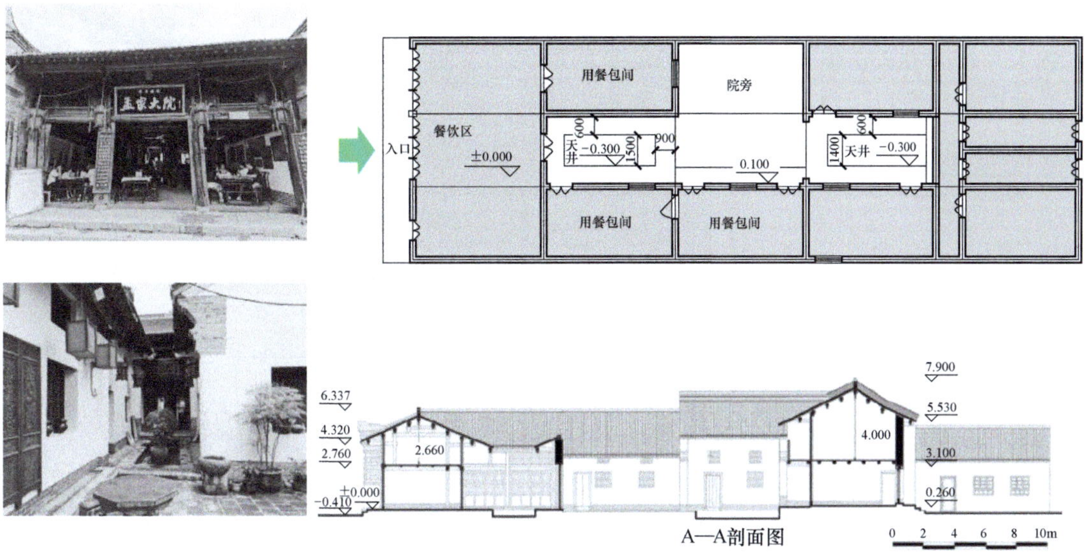

图 9-11　凤凰古镇孟家大院现状及测绘图

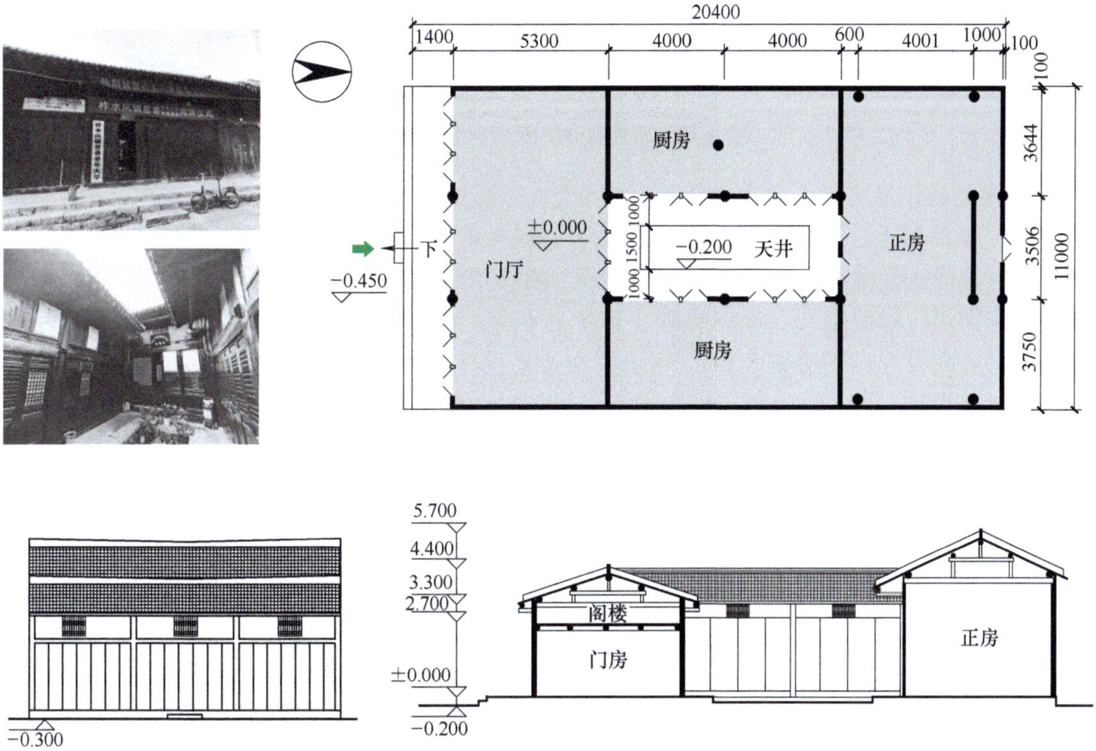

图 9-12　凤凰古镇单进天井院落现状及测绘图

（3）新春村 329 号院　该院位于凤凰古镇古街东部。院落始建于清代。院落临街，坐北朝南。采用抬梁式木构架，两坡硬山屋顶，屋顶出檐深远达到 1.4m。院落面阔三开间，院落开间较小，整体两层，二层为阁楼，两进天井以过厅串联布置，沿南北向纵向延伸。沿纵轴方向依次为门房、一进天井、过厅、二进天井和正房，正房有后院。天井左右两侧对称布置厢房，厢房面积较小，每个开间在 6.0m 左右，进深为 2.5m。第二进天井高于第一进天井 0.45m，正房位于最高处，高出街道 0.9m。一进天井呈窄长矩形，下设有盆景绿化。二进天井较为方正，但面积较小，檐下空间局促。为便于行走，在二进天井池内设有石板。天井池内有排水口。门房放置杂物，厢房作卧室。阁楼开木格窗用以储存杂物（图 9-13）。

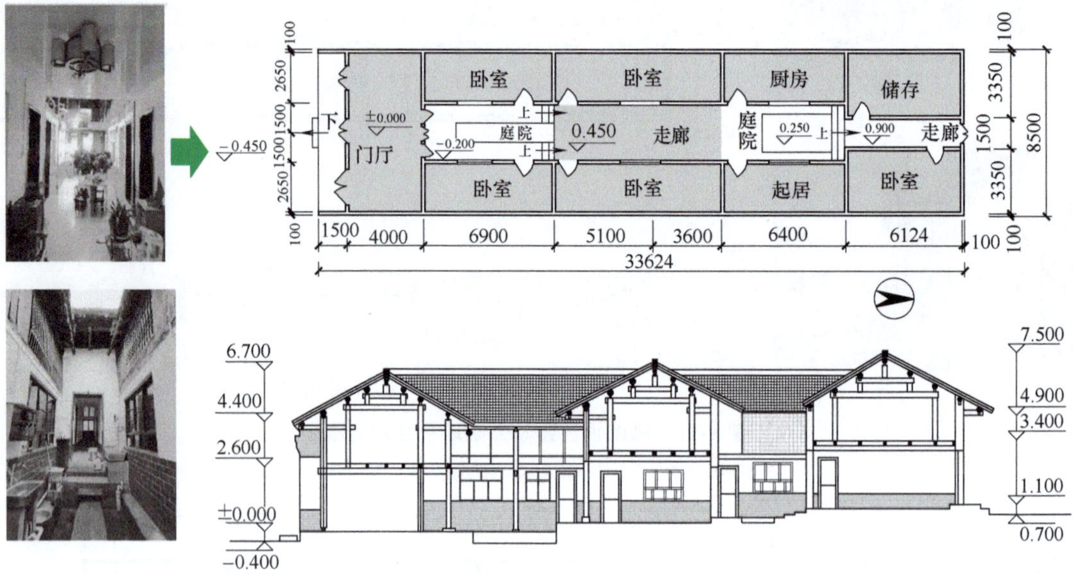

图 9-13　新春村 329 号院现状及测绘图

9. 湖北省十堰市郧西县上津镇

（1）上津镇单进天井院落一　该院位于古城外老街西侧北段，院落空间形式为单进合院。院落轴线垂直老街，沿东西向纵深布置。临街门房面阔两开间，大门为木槽门可自由拆卸，设有阁楼，庭院窄长，青砖铺地，下设天井池，池内有排水口，点缀绿植。两侧厢房进深较浅，通高设置。正房高 5.6m，彻上露明造，设有退堂，后门通向后院，屋面上设亮瓦。正房用料粗大结实，瓜柱上雕有精美图案，不同于一般院落建筑（图 9-14）。

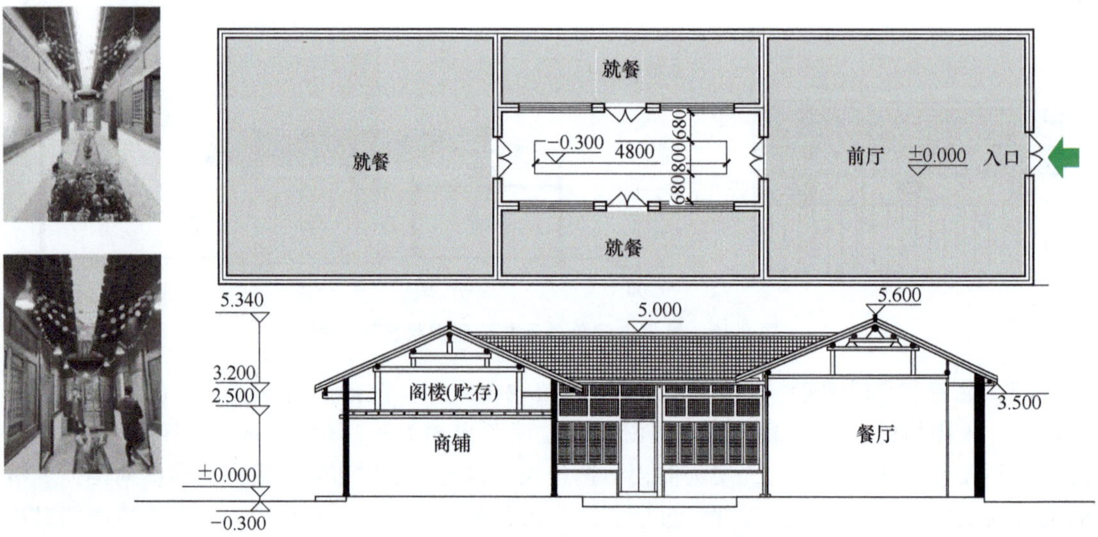

图 9-14　上津镇单进天井院落一现状及测绘图

（2）上津镇单进天井院落二　该院落位于古城外老街西侧前段。院落为单进天井四合院，抬梁穿斗混合式木构架。院落整体沿轴线东西向纵深布置，临街门房面阔三开间，屋顶两侧设有高出屋面的风山墙，大门为木槽门可自由拆卸，上设有阁楼作为储存使用，设木质楼梯通向阁楼，屋面上设亮瓦采光。天井呈窄长型，下部作天井池，内置排水口并设有绿化。天井左右设厢房，上设阁楼。正房位于轴线末端，经过划分改造，现作为厅堂和厨房起居使用。正房通高 6m，彻上露明造。设有退堂，后有木门通向后院。后院整体较为自由呈不规则矩形，设有卫生间并种植蔬菜，生活气息浓厚（图 9-15）。

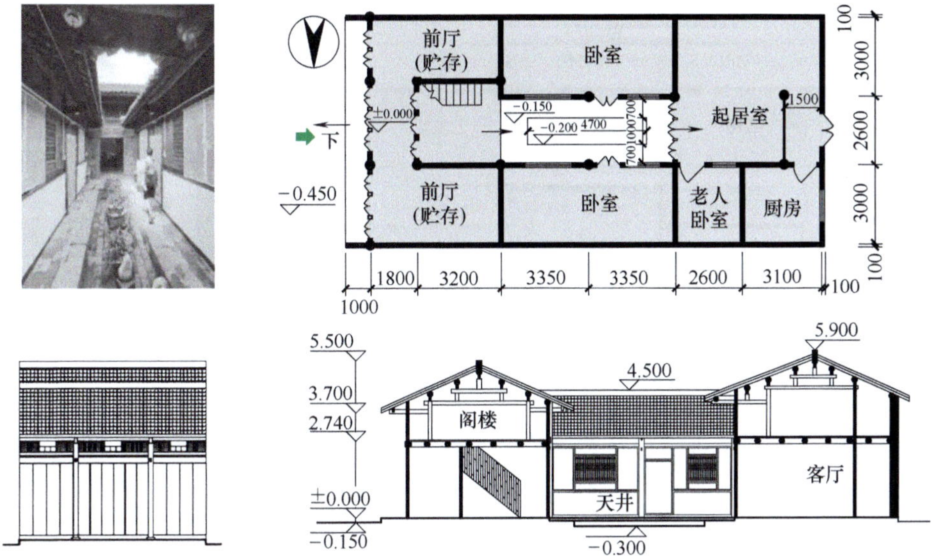

图 9-15　上津镇单进天井院落二现状及测绘图

（3）上津镇两进天井院落　该院落位于古城外老街西侧后段，为两进天井院，抬梁穿斗混合式木构架。院落垂直老街沿轴线东西向纵深布置，院落面宽较窄，临街仅一开间。大门为木槽门可自由拆卸，上设有阁楼作为储存使用，屋面上设亮瓦采光。一进天井呈窄长型，下部作天井池，内置排水口并设有绿化，天井两侧厢房通高。第二进院落大于第一进院落，三面围合。窄长走廊连接两进天井，正房位于轴线末端，通高 7.2m，彻上露明造。设有退堂，后有木门通向后院。后院整体较为自由呈不规则矩形（图 9-16）。

9.1.2　院落空间演变过程

对秦岭山地古镇院落空间分析，将院落的面宽以 W 表示，院落的进深以 D 表示，庭院两侧厢房的檐下高度设为 H。以院落空间的长宽比 D/W 和庭院空间的高宽比 H/W 对院落空间进行量化分析。

不同的高宽比 H/W 引发人的空间感受不同。当 H/W 小于 1 时，视线被严重收束，空间内聚性较强，给人以强烈的内聚感。当 H/W 约等于 1 时，空间处于内聚与压抑的过渡，空间具有内聚性但不至于压抑。当 H/W 约为 2 时，空间内聚性较弱，但没有开敞离散的感觉。当 H/W 大于 2 时，空间开敞性强，空间各围合要素独立性和排斥性强。

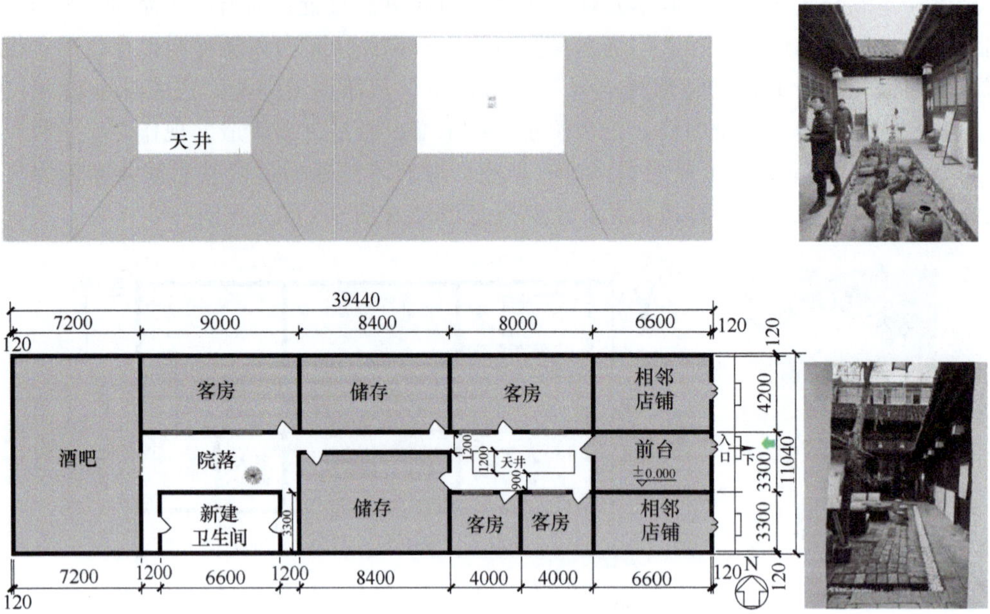

图 9-16 上津镇两进天井院落现状及测绘图

通过对秦岭典型山地古镇院落调研结果分析，依据古镇院落空间长宽比可分为方正型和窄长型两种，方正型院落的长宽比 *H/W* 在 1 左右，窄长型院落的长宽比 *H/W* 在 2 左右。两类院落空间在空间特征和建筑特征方面具有较大差异（表 9-1）。

表 9-1 不同空间形态的古镇院落图示与特征

类型		图示		特征介绍
合院	窄长型	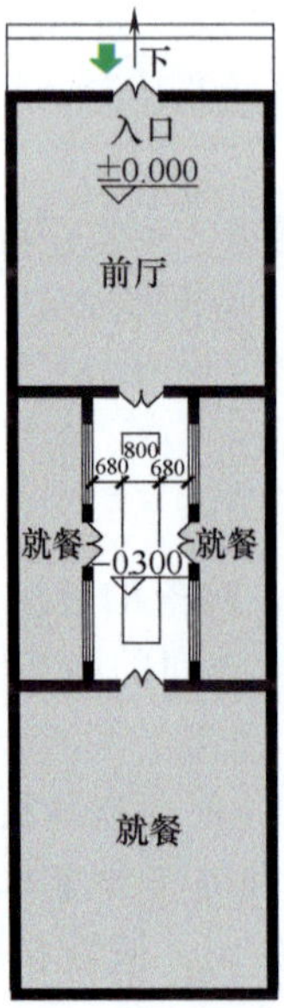		多位于秦岭条带形山地古镇中。院落基地面积较小，长宽比平均值为 1.89。由于该类型古镇空间形态沿河呈窄长的带状，古镇院落多与平行于河道的主街垂直，沿街紧密排列。在院落空间扩展上，以合院为单元，纵向串联形成两进院。由于院落面宽较窄，院门多开在门房中间。内部庭院空间形态延续院落整体空间形态，高耸窄长，长宽比平均值为 1.62，高宽比平均值为 0.93。内部建筑围绕庭院紧密排列，屋檐相连类似于南方的天井院

（续）

类型		图示		特征介绍
合院	方正型		 	多位于秦岭团块形古镇中。院落用地条件较为宽松，长宽比在 1.22 左右。院落面宽较大，院门多位于门房一角。内部庭院空间形态为浅长型，长宽比平均值为 1.33，高宽比平均值为 0.34。内部建筑围绕庭院布置，但相互独立，屋顶不相连接

1. 院落空间特征的演变

根据调研结果（表 9-2），方正型山地古镇院落多为南北朝向，面积 272m^2 左右。院落空间宽敞方正，内部建筑相互独立，屋顶互不相连，外有高墙，院落封闭性强。院落基地长宽比的平均值为 1.22。庭院空间开阔，长宽比平均值为 1.33，高宽比平均值为 0.34，四周屋顶出檐 1m 左右。院落正房位于轴线尽端，面积较大，面阔三间，当心间为堂屋，双坡硬山顶。厢房对称布置，位于正房前院落轴线的两侧，平面三开间，面积与高度均小于正房，以单坡硬山顶为常见，坡向内院。倒座与正房相对，平面三开间，院门位于院落一角，受关中地区文化和少数民族影响，建筑风格古朴庄严。

表 9-2　秦岭典型方正型山地古镇院落空间特征统计表

典型院落	朝向	院落（长/m）×（宽/m）（院落面积/m^2）	院落长宽比	挑檐距离/m	庭院（院落面积/m^2）	庭院长宽比	庭院高宽比
觉皇寺 1 号院院落	南	16.5×15（247.5）	1.1	0.8	7.2×12.1（87.1）	1.83	0.40
觉皇寺 2 号院院落	南	14×14.1（197.4）	1	0.6	11.1×7.2（79.9）	1.54	0.35
觉皇寺 3 号院院落	南	18.6×16.4（279.2）	1.13	1.5	13.5×7.8（105.3）	1.73	0.34
蔡家寺村 1 号院落	南	20×16（320）	1.25	1.2	11×8（88）	1.37	0.33
蔡家寺村 2 号院落	南	18×16.9（304.2）	1.06	1.5	8.7×6.5（56.5）	1.33	0.48
南坡寺村 1 号院落	南	18.6×18（334.8）	1.03	0.8	9×10.1（90.9）	0.89	0.26
南坡寺村 2 号院落	南	16.3×12.3（200.4）	1.33	1.5	7.8×8.0（62.4）	0.97	0.32
南坡寺村 3 号院落	南	18.5×12（214.8）	1.4	0.8	9.3×8.6（79.9）	1.08	0.25

（续）

典型院落	朝向	院落(长/m)×(宽/m)（院落面积/m^2）	院落长宽比	挑檐距离/m	庭院（院落面积/m^2）	庭院长宽比	庭院高宽比
家坡村1号院落	南	17.9×12（214.8）	1.4	0.8	10.2×8.6（87.7）	1.18	0.26
家坡村2号院落	南	17.7×12.6（223.0）	1.4	0.8	9.6×6（57.6）	1.6	0.37
滩歌镇1号院落	南	19.6×15.3（299.8）	1.24	1.16	8.5×6.8（57.8）	1.25	0.32
滩歌镇2号院落	南	18.6×15（279）	1.24	1.5	8.8×5.4（47.5）	1.62	0.48
哈达铺1号院	南	27.1×24.1（623）	0.89	1.1	10×12（120）	1.2	0.3
胡大村256号院落	东	16.2×17.4（281.8）	0.93	1.8	8.5×6（51）	1.42	0.32
胡大村32号院落	南	17.2×14.6（251.1）	1.17	0.9	5.9×5.2（67.2）	1.13	0.36
胡大村20号院落	东	21.3×17.3（368.4）	1.23	1.2	8.7×7.4（64.3）	1.17	0.28
平均值	—	272.29	1.22	1.11	73.51	1.33	0.34
最大值	—	368.4	1.76	1.8	105.3	1.83	0.48
最小值	—	197.4	0.93	0.6	47.5	0.89	0.25

根据调研结果，（表9-3），窄长型山地古镇院落朝向非正南正北，较为自由，院落之间同山共脊紧密连接。院落以合院式为主，面积在249m^2左右。院落空间形态呈窄长高耸，院落基地长宽比平均值为1.89。院内建筑多设阁楼，紧密围绕在庭院周围，屋顶相互连接。庭院空间较为局促，长宽比平均值为1.62，高宽比平均值为0.93，四周屋檐深度在1.32m。正房面积较大，位于轴线尽端，多通高设置，平面三开间，当心间为堂屋。厢房对称布置，位于正房前院落轴线两侧，平面三开间，厢房层高及面积皆小于正房。门房对外，三开间，上设阁楼。

表9-3　秦岭典型窄长型山地古镇院落空间特征统计

典型院落	朝向	院落(长/m)×(宽/m)（院落面积/m^2）	院落长宽比	挑檐距离/m	庭院(长/m)×(宽/m)（庭院面积/m^2）	庭院长宽比	庭院高宽比
上元观镇乐丰村23号	西	14.8×9.0（133.2）	1.64	1.2	5.8×4.3（24.9）	0.74	1.02
上元观镇乐丰村3号院	西	15.6×16.1（251.1）	1.03	1.2	6.6×7.2（47.5）	0.91	0.69
谢村镇东韩村1号院	南	25.9×10.2（264.1）	2.5	1.4	7.5×4.2(31.5) 7.2×4.2(30.2)	1.78 1.71	1.09

（续）

典型院落	朝向	院落(长/m)×(宽/m)（院落面积/m²）	院落长宽比	挑檐距离/m	庭院(长/m)×(宽/m)（庭院面积/m²）	庭院长宽比	庭院高宽比
青木川镇荣盛昌	北	24.6×14.2（349.3）	1.73	1.5	6.0×9.8（58.8）	1.63	0.70
青木川镇2号院	北	21.7×13.0（282.1）	1.5	1.6	5.9×9.6（40.7）	1.62	0.79
青木川镇3号院	南	20.7×9.1（188.3）	2.27	1.4	4.0×7.3（29.2）	1.82	1.07
熨斗镇天井院落	北偏东	23.8×10.8（257.0）	2.2	0.9	3.6×9.0（32.4）	2.5	1.05
凤凰古镇老年大学	南	20.7×11.0（227.7）	1.8	1.3	3.5×8.0（28）	2.28	0.91
大安镇何家老宅	南	12.0×26.0（312）	2.1	1.5	9.6×6.0（57.6）	1.64	0.76
燕子砭镇李家大院	北	18.4×12.6（231）	1.4	1.5	6.3×6.7（42.2）	1.06	1.11
阳平关镇杨家老宅	北	24.1×11.4（248）	2.1	1.2	10.2×6.2（63.2）	1.64	0.88
谢村镇2号院	南	25.9×10.2（246）	2.5	1.2	7.5×4.2(31.5) 7.2×4.2(31.5)	1.78	1.09
平均值	—	249.15	1.89	1.32	39.22	1.62	0.93
最大值	—	349.3	2.5	1.6	63.2	2.5	1.11
最小值	—	133.2	1.03	0.9	24.9	0.74	0.69

对比秦岭山地方正型院落与窄长型院落空间特征可以看出，秦岭山地古镇院落空间形态的演变规律（表 9-4）。秦岭山地古镇院落从方正型到窄长型，院落基地面积不断减小，长宽比增加，院落平面从开阔的横宽竖窄向横窄竖长的形式变化。院落朝向由正南正北向着自由化发展。院落从一进院落，向两进甚至多进院落组合演变。院落之间的联系越发紧密，从独院式互不相连发展到同山共脊、共用侧墙的院院紧密相连的形式。院落中庭院的面积也随着院落面积变化呈现同样的变化趋势，从方正型院落到窄长型院落，庭院面积在院落中的占比减小，长宽比和高宽比均增加，庭院空间从开阔方正发展到窄长高耸。院落内部建筑之间从互不相连、各建筑紧密围合到屋顶相互搭接，同时出檐深度也更加深远，院落空间越发狭窄封闭。

表 9-4　秦岭山地古镇院落空间形态特征对比

古镇院落	院落面积/m²	院落长宽比	庭院面积/m²	庭院面积占比(%)	庭院长宽比	庭院高宽比	挑檐距离/m
秦岭方正型古镇院落	272.29	1.22	73.51	26.9	1.33	0.34	1.11
秦岭窄长型古镇院落	249.15	1.89	39.22	15.7	1.62	0.93	1.32

2. 院落建筑形态特征的演变

院落建筑形态特征要素主要有建筑的使用功能（反映在平面形式上）、建筑的色彩与质感（通过材料体现）、营造技术（体现在院落建筑的主体结构和细部构造上）、建筑式样（表现为艺术形式、建筑风格以及装饰装修等方面）[148]。

正房：从方正型院落到窄长型院落，院落正房面积减小，但高度增加。古镇院落建筑平面基本形式为“一明两暗”三开间的“一”字形平面。该种平面形式开间多 3m 左右，进深 4.2~6.2m 不等。堂屋居中，两侧为卧室或储藏间、厨房等功能。根据不同地形和需求，“一”字形平面形式可以演变出以下多种形式（表 9-5）：

1）变式一。在两侧各增加一间房间，形成五开间平面，增加的空间多用来承载厨房、卫生间等生活性辅助空间功能。

2）变式二。当心间或三开间全部后退一定距离，在堂屋前形成宽大檐廊，廊下空间成为人们交谈休息、遮风避雨的主要场所。

3）变式三。在第一种变式的基础上，将原有三开间向后退一定距离，同样创造了屋前宽敞的檐下空间。

表 9-5　古镇院落平面基本形式及其变式

<table>
<tr><th>平面形式</th><th>图示</th></tr>
<tr><td>基本形式</td><td>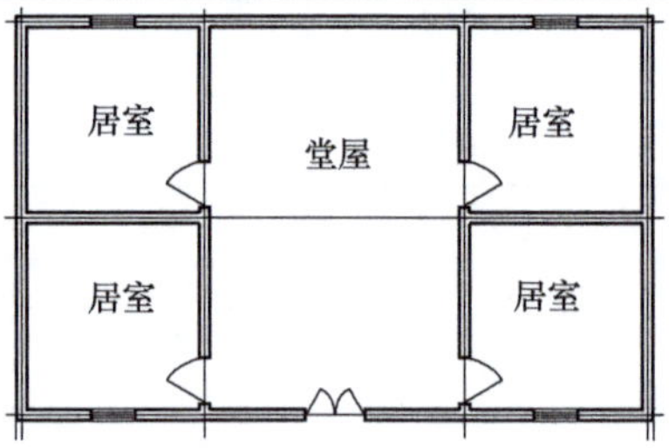
</td></tr>
<tr><td>变式一</td><td>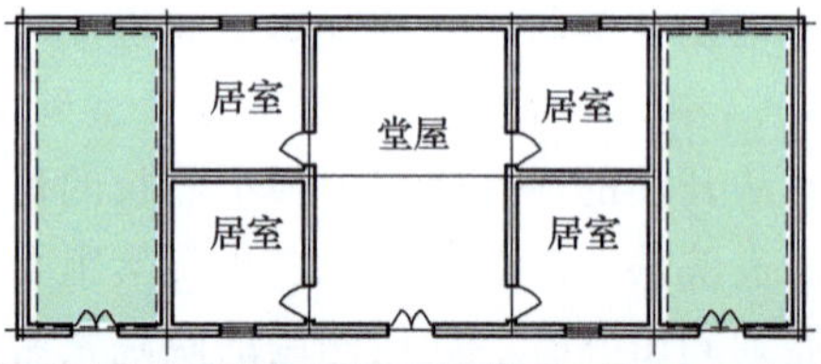
</td></tr>
<tr><td>变式二</td><td>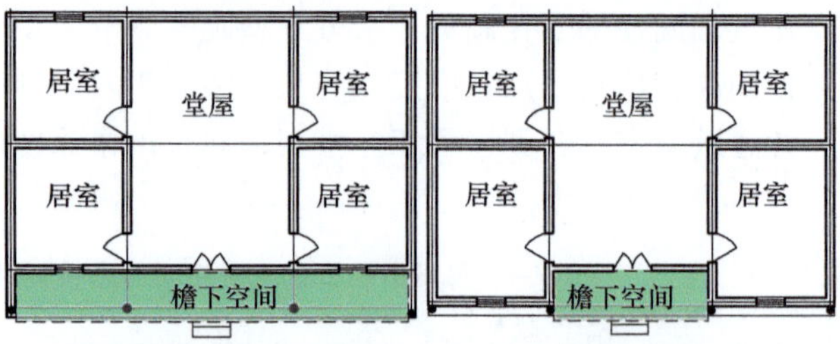
</td></tr>
<tr><td>变式三</td><td>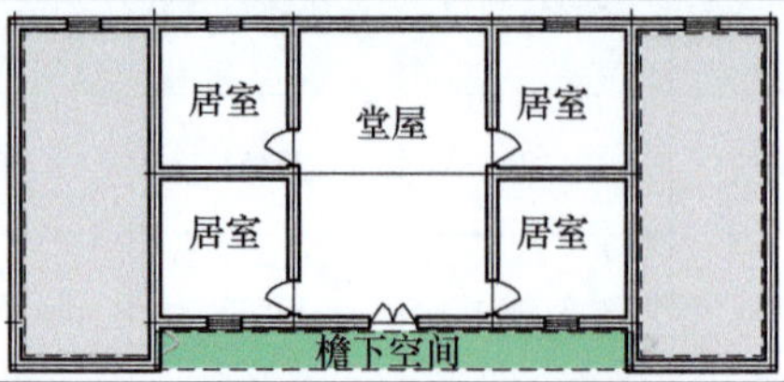
</td></tr>
</table>

阁楼：从方正型到窄长型院落，建筑的阁楼向着多样化的趋势发展，从单一的储存功能发展到居住、储存，将屋面取平便于建造的功能多样化。演变出和岭南建筑骑楼形式类似的临街“超楼”，形式多样化。

厢房：面积和高度的变化趋势与正房相同，厢房屋面形式由单坡变为双坡。

倒座：倒座的功能发生了变化，方正型院落倒座以储存、居住和作为院落出入口为主，窄长型院落倒座对外开敞，成为对外经营空间，形成了前店后宅的院落功能布局。

院门：从方正型院落到窄长型院落，院门位置由倒座一侧移至正中，院门逐渐和倒座融为一体。方正型院落院门只占倒座的一部分，院门高度高于外墙，形式突出，板瓦、筒瓦相互搭接，有樨头装饰，屋脊凸出，其余为外墙。窄长型院落院门多由可拆卸木板制成，占到了整个院落的开间尺寸，与院墙融为一体。

建筑承重方式：逐渐呈现出混合多样的特征。方正型古镇院落以抬梁式和墙承重为主，窄长型院落出现了抬梁与穿斗结合的混合式建筑承重方式。

建筑材料逐渐多样化。从砖石、土坯发展为土木、竹木及砖石，多山地区院落还建有以石片相互搭接而成的石板瓦屋面。

屋顶结构从厚重转变为通透轻盈。方正型院落屋面瓦片铺设在椽板上，其上再抹一层草泥，窄长型院落瓦片直接搁置在椽子上。

方正型古镇院落墙体多为夯土墙，墙体较厚。受关中地区文化和少数民族文化影响，建筑风格古朴庄严。窄长型院落建筑风格杂糅，特征突出，秦岭中段汉中地区山地古镇院落，建筑风格具有巴蜀特色，东段安康市、商洛市和郧西县近湖北，建筑风格具有荆楚特征。

9.1.3　演变影响因素

院落建筑的营造，是人类对其所居住环境进行适应性改造的活动，主要受人的主观意识和地缘条件两个因素制约。秦岭山地古镇院落空间正是历代建造者在长期的实践活动中适应秦岭山地环境的物质体现，是当地居民生活方式和价值观念的载体，是在长期的自然与人为因素选择后的产物[149]。

通过对以往研究的梳理和实地调研总结，秦岭山地古镇院落空间演变的地缘影响因素主要有气候条件、地形地貌及自然资源。主体人的主观意识影响有地域文化、生产生活方式和价值观念。

1. 气候地理环境对院落空间演变的影响

秦岭是我国的重要山脉，东西长 1600 多 km，海拔在 1500~2500m，地理环境多样，呈现出丰富多彩的自然景观，同样造就了多样的聚落形式与院落样式。由于秦岭的阻隔，山脉南北两侧的降水、温度、太阳辐射均存在较大差异。秦岭北麓处于我国寒冷气候区，春暖多风，夏热多雨，秋凉湿润，冬寒少雨，四季干、湿、冷、暖分明。年平均气温 8.7~12.7℃。在地形地貌上，秦岭北麓处于山前冲积扇区，且冲积扇多坡度平缓，不会对聚落的营建产生较大制约[150]。秦岭内方正型山地院落多位于秦岭北麓或用地条件限制较小的聚落内。院落营建侧重防寒保暖，同时又兼顾夏季防热，消除并缓和冬季不利的自然条件影响。

秦岭南麓较少受冷空气侵袭，具有北亚热带气候特色和典型南方气候特征。该地区四季分明，气候湿润，雨量充沛，冬干夏湿，干湿分明。年平均气温 7.8~13.9℃，年平均降水量 710~930mm。秦岭南麓坡势较北麓平缓，使得区域内水网密集，南北向河流阻隔，山脉易形成峡谷，又有洛河、丹江等穿流盆地，形成冲积小平原，峡谷、盆地和河谷地带成为该地区聚落营造的摇篮[151]。独特的地形地貌使得聚落及院落营建必须依山就势，沿着峡谷河流呈现带状分布。院落营建注重通风隔热，兼顾冬季防寒。院落空间形态狭窄高耸，出檐深远，与方正型院落对比鲜明。

2. 自然资源对院落空间演变的影响

秦岭的自然资源是当地居民生产生活的根本，深刻影响着当地居民的居住行为模式和院落营建方式，体现在院落营建材料的选择与运用方式上，院落空间反映着当地的地域特征。其中，生产资源有丰富的林业和农业资源，特色农作物有烟草、中药等，烟草和药材的加工就成为院落空间承载的功能之一，院落空间的尺度和布置应适应生产生活方式。秦岭内丰富的水资源不仅利于农业灌溉，同时密集的河网形成了许多临河而建、因商而兴的古镇，沿商业街布置的前店后院院落形成了适应商业经营的独特的院落空间形式。生活资源上，当地土质细腻，黏度适中，热工性能稳定，是院落营建的优质材料。盛产石材的地区更是将石片制成屋瓦，形成了独具特色的石板瓦房。当地居民利用竹木制成了独具特色的“竹编夹泥墙”。

3. 地域文化对院落空间演变的影响

“三千里大秦岭，五千年华夏史。”秦岭是中华文明的发祥地，秦岭与黄河、长江一同构成了“一山两河”的华夏轴心，同时也是南北文化、汉族文化与少数民族文化的交融点。北部有秦汉文化，西部有陇文化，西南有巴蜀文化，东南有荆楚文化，东边有中原文化。秦岭复杂的地理环境也成为周边地区历史上人们躲避战乱的理想居住地，经历过数次的人口迁移，以安徽两湖地区的人口为主。体现在院落空间上，文化交流使得各地区院落营建技术融合，体现在多元杂糅的院落建筑风貌上。

4. 价值观念对院落空间演变的影响

古镇选址多参考古代风水理论，聚落位于山水之间，背靠山峰，面临河流，左右也有小山环绕，符合我国传统风水观念中“负阴抱阳、枕山面水”的最佳聚落选址理念，形成“藏风聚气”的山水格局[152]。我国传统文化以血缘伦理关系为核心，讲求等级制度，长幼尊卑，很大程度上影响了古镇院落空间布局方式，在院落建筑布局上存在着空间秩序，院落建筑排列有着明确的对称轴线关系，沿着纵深方向发展空间。可以用“进深”来描述，“进”不仅是院落空间序列中的空间单位，同时体现着行进的、流动的空间关系，空间随着人的“进”而深入和延续，院落空间成为有节奏、有厚度、有深度的空间序列。

9.2 传统院落空间类型

9.2.1 按空间布局划分

由于秦岭特殊的地理与文化背景，古镇院落普遍的类型是院落形制完备、围合程度高、封闭性强的“回”字形合院，但为了适应秦岭内复杂的地理环境，院落空间在围合封闭的基础上进行了多样的变化。

1. 根据围合紧密程度划分

根据围合的紧密程度，可分为松散围合型和紧密包围型。在用地条件平坦或冬季寒冷地区，古镇院落多采用松散围合型，此类围合形式院落面积较大，院落呈现方正的空间形态，院内建筑之间互不相连，以院墙连接院落内各建筑。紧密包围型院落，多出现在用地条件限制较大或气候较为潮湿炎热的古镇内。紧密包围型院落面积较小，高度较高，出檐深远，院落空间呈现窄长高耸的形态。院落内建筑之间紧密相连，屋顶相互搭接，类似于南方的天井院。院落之间多紧密排列，出现了两个院落共用山墙屋脊的“同山共脊”现象。

2. 根据空间组织方式划分

秦岭山地古镇院落空间组织方式一般有独院式、纵向串联式和横向并联式。

独院式院落是古镇院落的基本形式。以庭院为核心，正房位于院落尽端，朝向庭院，三开间。厢房对称布置于庭院两侧，门房与倒座合并布置。

若用地条件较为宽裕或独院不能满足功能需要，则沿着院落轴线纵向增加一进院落，以过厅连接前后两进院。第一进院落对外，内院则包括正房及日常起居功能的房间，属于内部生活性空间。

横向并联式院落在古镇院落中数量最少，只有当地人力、财力十分雄厚的大户人家才能建造，实例只出现在青木川镇的魏家大院中。

3. 根据院落内是否存在高差划分

秦岭内地形复杂，古镇多依山而建。为了最大限度利用建设用地，古镇院落内多存在自然高差。在建造时，多采用修建台阶或将正房建于高处、厢房门房设为两层的方法来化解高差带来的影响。

9.2.2　按院落功能划分

按院落功能划分，主要有纯居住式院落和商住混合型院落。秦岭处于文化交融区，商贸活动十分频繁，古镇也多因商而兴，沿着商道建立。临商业街的院落便将门房对外经营，形成了前店后宅式商住混合型院落。

9.3　传统院落空间特征

9.3.1　院落空间普遍性特征

通过以上对秦岭山地古镇院落空间演变和空间类型的分析可知，秦岭山地古镇院落大量而普遍的类型是院落形制完备、围合程度高、封闭性强的“回”字形合院，选址多位于镇内中心街道两侧，集中布置，形成前店后宅的合院形式，以合院为基础进行院落空间组织，平面形式规则，边界清晰，有明确的中轴线，建筑主次分明。总结秦岭山地古镇院落空间特征为院落沿街布置，围合封闭，前店后宅，纵向延伸。

院落内正房位于轴线尽端，层高较高，堂屋通高。厢房位于正房前，沿院落轴线对称布置，层高与面积均较正房低，倒座或门房与正房相对。院落屋顶形式皆为坡屋顶，院落建筑结构有抬梁式、穿斗式及抬梁穿斗混合式；建筑材料以当地自然材料为主，多土木石材，土墙多为夯土版筑，内部有竹片或麦秆增加墙体整体性，为防潮下部墙脚用砖石砌筑。木材多用在梁柱结构、屋顶及门窗上。石材多用于墙脚柱础及铺地，屋顶装饰多以青砖为材，兼顾防水防潮。院落门窗均向内开，外墙极少或不设窗户，封闭性较强。

下面主要从古镇的院落布置、平面空间组织、竖向空间组织、营建特征和装饰特征这几方面具体分析秦岭山地古镇院落空间特征。

9.3.2 院落布局特征

秦岭山地古镇院落多坐落于街道两侧，并垂直于街道布置。秦岭山地古镇多依山而建，街道多顺着等高线平行布置，为了在有限的建筑用地上容纳更多建筑，院落便将较窄的一侧垂直于街道布置。其次，根据前述分析，秦岭内部古镇多因商而兴，为争取商业街道上的有利位置，商业街道两侧的院落减少开间扩大进深，沿街紧密排列，以高大凸出于屋面的马头墙分隔。

9.3.3 平面空间组织特征

古镇院落以封闭合院为空间组织单元，呈现出独院式和串联式多进院落形式。

依据秦岭山地古镇居民的生产生活特点，将院落功能分为三大类，对应三大类功能空间：第一类是居住类功能空间，包括堂屋、卧室等，是院落的核心功能空间；第二类是辅助类功能空间，包括厨房、厕所、储藏室等生活类辅助空间，另外还有用于居民生产的辅助类功能空间，包括庭院、阁楼和牲畜棚等；第三类为交通功能空间，包括楼梯、走道、檐廊等。

总体上看，居住类功能空间围绕院落沿着院落轴线排列布置，在院落中的位置突出，是院落空间主要的组成部分，面积较大，层高较高。辅助类功能空间面积小，在院落中分散布置，较为隐蔽。交通功能空间连接各主要功能空间，布局灵活，多依附在主要功能空间周围（图 9-17）。

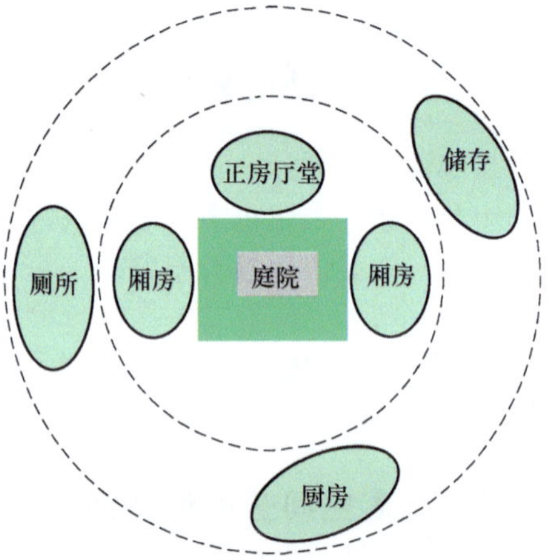

图 9-17 古镇院落空间模式

院落平面反映着居民的生活方式、行为习惯和功能空间的形状尺度。院落内各建筑围绕庭院布置，庭院也兼具了院落通风采光的重要作用。庭院同正房堂屋共同组成了院落平面布局的中心。

院落内空间的等级性体现在平面布置与中心庭院的距离上，越是重要的功能空间在平面布置上距离中心庭院越近，院落内等级最高的正房堂屋正对庭院向庭院开敞，承担主要起居活动的厢房也面向庭院，其余辅助空间（如厨房、厕所和储存空间）多分散在院落周围，与庭院之间距离较远，这些辅助空间的采光与通风较差。

堂屋是古镇院落的礼仪性功能空间，主要功能有起居、祭祖供神等，空间功能公共性质强。多位于院落中位置较高、朝向较好的正房当心间，且面积较大，通高布置，层高较高。

院落厢房进深尺寸与正房次间开间一致，其面阔是院落进深的主要影响因素。厢房多承载着院落中晚辈居住或厨房、储藏等生活类辅助功能空间。庭院与牲畜棚等生产类辅助功能空间面积较大，开敞性高，灵活性强，可以进行多种功能转换。

秦岭山地古镇多因商而兴，故镇上院落多沿商业街道布置。临街院落将门房作为对外经营空间，后侧厢房与正房作为起居空间，以庭院分隔，形成了前店后宅的院落功能组合形式。

9.3.4　竖向空间组织特征

院落竖向空间体现着院落内部的竖向功能组织、交通组织和空间形态。为适应当地气候、地形地貌条件，古镇院落形成了独特的院落竖向形式，主要有阁楼、檐廊、单双坡结合的屋顶形式（图 9-18）。

（1）阁楼　古镇院落多在门房、厢房处设置不高的阁楼。阁楼是位于底层房屋楼板与坡屋顶之间的三角形空间，是对坡屋顶内部高大空间的夹层利用。阁楼的设置弥补了院内不平整的空间形态，将相邻建筑取平，院落各部分联系更加紧密，提高了土地利用率。矮小的阁楼可以用作储存空间，大大增加了院落的容积率，在用地条件苛刻的山地环境至关重要。根据需求阁楼形式可发生变化，形成多样的阁楼变体。若用作居住则加高阁楼层高，或加长平面尺寸，形成临街“超楼”。古镇院落还利用阁楼夹层空间来起到保温隔热作用。

图 9-18　古镇院落阁楼形式

（2）檐廊　檐廊指的是“附属于建筑物底层外墙，有屋檐作为顶盖，其下部一般有柱或栏杆、栏板等的水平交通空间”[153]。秦岭山地古镇院落中的檐廊空间多是指屋顶出檐下部的空间，是古镇院落空间的重要组成部分。方正型院落檐廊平面宽度较窄 1.1m 左右；窄长型古镇院落檐廊平面宽度较大 1.3m 左右。为了支撑深远的出檐，演化出了多样的出挑形式与构件（图 9-19）。檐廊高度与建筑高度相同。檐廊空间的形成受地形、气候与地域文化的影响。檐廊的设置要求，首先是可以遮阳避雨，保护建筑结构与墙体；其次，随着经济发展，室内空间不能满足居民商业活动的需求，沿着商业主街布置的院落多加宽院落沿街面的屋顶出檐深度，在檐下空间进行贸易活动，成为一种具有半公共性质的功能空间。

图 9-19　古镇院落屋顶出挑构件

（3）单双坡结合的屋顶形式　在院落屋面上，秦岭山地古镇院落屋顶形式为单双坡结合，院落正房均为双坡屋顶，厢房多为单坡屋顶，坡向内院，坡度平缓。方正型院落单坡顶多独立布置，窄长型院落因用地面积小，院落紧密排列，相邻院落厢房共用后墙，在院内厢房上形成了单坡屋顶。

9.3.5 营建特征

1. 建筑结构

古镇院落建筑以木构架为主，主要有抬梁式、穿斗式和混合式三种（图 9-20）。

a) 抬梁式　　b) 穿斗式　　c) 混合式

图 9-20　古镇院落建筑结构

（1）抬梁式　抬梁式木构架是典型的梁柱支撑体系，屋面荷载由椽子传到檩条，再由檩条传到梁柱，最后传至台基。具体做法为在建筑台基上沿建筑进深方向立柱，柱上架梁，梁上施短柱，短柱上再承稍短次梁，最后至屋脊处架设瓜柱，瓜柱连接檩条，以此形成一榀屋架。各木构件之间用榫卯固定连接，各榀屋架由枋连接形成稳定框架[154]。

（2）穿斗式　穿斗式构架不设梁，灵活程度高，柱子直接承檩，屋顶荷载由椽板传至檩条后直接传于柱子，最后到台基。具体做法为在建筑台基上沿进深方向立柱，柱子上承接檩条，形成一榀屋架，屋架沿建筑开间方向排列，各榀屋架由斗枋和椽子连接，形成建筑整体构架。随着居住空间需求的增加，满柱落地穿斗构架变化为隔柱落地或局部落地，没有落地的柱子由穿枋连接。

（3）混合式　传统的抬梁式木构架在古镇院落中运用较少，多用在大型院落中需要大空间的部位。秦岭山地古镇院落受地形限制，进深较小，常将抬梁式与穿斗式木构架结合使用，形成混合式木构架。小空间使用穿斗式，下部结构的梁承接上部穿斗短柱，屋顶荷载由穿斗短柱转移到抬梁式的柱上，处理手法成熟。依据落地柱子数量不同，又可分为两柱落地、三柱落地和中柱落地（表 9-6）。

表 9-6　抬梁式与穿斗式木构架形式

木构架	木构架变式
抬梁式	 二柱落地　三柱落地　三柱落地　四柱落地

（续）

木构架	木构架变式
穿斗式	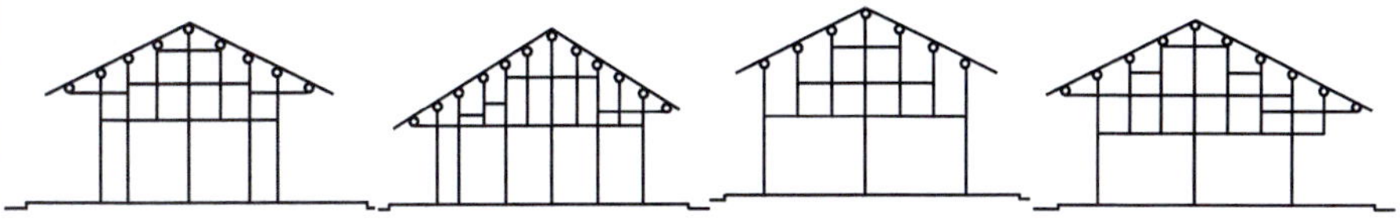 隔一柱落地　隔一柱落地　隔二柱落地　隔二柱落地

2. 建筑材料

秦岭山地古镇院落建筑材料的选取和加工方式是该区域的自然资源与技术手法的反映。古镇院落常用的自然材料有土、木、石和秸秆草等，人工材料多是由自然材料进一步加工而成的，如砖、瓦、石灰等。

通过调研可知，古镇院落营建以土、木（竹）、石作为主要建筑材料。土材多用在外墙、屋顶等院落外围护结构上，经常与竹、草、秸秆等其他材料混合使用。在材料的使用上，木（竹）材多用在梁柱等建筑结构框架和室内隔断及门窗上。由于运输不便，石材多就地使用，因其具有较好的抗压防水性，多用在院落底部作为建筑、墙体与木柱的基础。

（1）土　古镇院落外围护墙体多以夯土或土坯砖砌筑而成（图 9-21）。夯土墙，又称版筑墙，做法是将黄土逐层分段夯实，形成坚固稳定的墙体。为增强墙体的整体性，通常会在墙内加入秸秆。土坯砖墙的砌筑方式为将夹带小石子或麦秆的黄土填入如砖块大的方槽模具内，晾干脱模制成土砖，麦秆和小石子的加入增加了墙体的稳定性。但黄土砌筑的墙体吸水性强，易受潮腐坏，是古镇院落破损的主要原因之一。

a) 夯土墙　　b) 土坯砖墙

图 9-21　古镇院落墙体

院落屋面铺设的小青瓦均由黏土烧制而成，显得素雅、沉稳。小青瓦种类多样，主要有板瓦、筒瓦和滴水瓦。构造做法主要有两种：一种是在檩条上固定好椽板，在椽板上抹上一层草泥，然后挂瓦片；第二种是在椽子上直接挂瓦，称为冷摊瓦[155]。冷摊瓦屋面透气性好，有助于院落室内湿气的排出，在冬季效果更加明显。其做法为沿屋面长坡在檩条上置木椽条，椽条断面多为 40mm×60mm 或 50mm×50mm，中距 400mm 左右，在椽条上钉挂瓦条，最后盖瓦。挂瓦条断面尺寸多为 30mm×30mm，中距 330mm[156]。瓦片也被用在院落装饰上，形成各种屋脊样式。

（2）木（竹） 秦岭山地古镇院落建筑普遍运用木构架，梁、柱、檩条、椽子、穿枋等均为木质。院落门窗、雕刻装饰和室内家具上也普遍运用木材。竹子是秦岭南麓地区常见的植物，因其柔韧，承载力有限，作为建筑材料常用于墙体围护结构中的牵拉构件。竹编夹泥墙作为围护结构，以竹子代替木头作为墙壁的“骨”，以竹篾或草秆填充在木骨架之间，然后在墙体内外抹泥浆，砌筑成墙（图 9-22）。这种墙体自重轻，热容量较小，还具有防潮耐腐蚀的优异特性。但墙体较薄，承载力有限，不能作为承重结构，保温效果不如生土墙体好，加之容易受潮发霉，多用在墙体上部与砖、石、夯土等材料组合砌筑成墙体[155]。

图 9-22 竹编夹泥墙

（3）石 石材因其具有较强的耐久性和抗压性且防潮防水，多见于院落台基、墙脚、阶梯和柱础等对防潮和受压要求较高的部位。秦岭山地古镇多临水而建，因而有充足的砂石作为建筑材料，便以砖石砌筑院落墙体。石材与夯土结合垒砌墙体，以石头为墙基，可以避免潮气侵蚀墙体，提升墙体的承载力和耐久性。墙脚的高度在 0.6～1m。雨水量大的地区，砖石墙角修筑也会高一些（图 9-23）。

a) 砖墙 b) 砖土混合墙体 c) 石柱础

图 9-23 古镇院落石墙石柱

古镇院落砖石墙体主要以毛石青砖砌筑。我国传统的青砖建筑分为清水砖建筑和浑水砖建筑。清水砖是指出窑后进行过截头、刨直、磨平后的砖，对于出窑不再加工的砖称为浑水砖。青砖砌筑方式多样，有全顺砌筑，也有砌筑形式更为复杂的空斗墙。空斗墙是一种空心墙体，由砖侧砌或平侧结合砌筑而成。具体分为有眠和无眠两种空斗墙，侧砌的砖称为斗砖，平砌的砖称为眠砖。有眠空斗墙每 1～3 层斗砖砌筑一层眠砖，分别称为一眠一斗、一眠二斗和一眠三斗，也有两眠一斗的形式。无眠空斗墙也称全斗无眠，因只有斗砖砌筑而无眠砖得名[157]（图 9-24）。古镇院落墙体下部多设条石以防潮，上部空斗墙体以一眠三斗和全斗无眠砌筑形式为主。

秦岭内柞水、镇安及安康部分地区黏土缺失，但盛产石材。古镇院落屋顶便采用石板进行铺设。石板瓦具有较好的防水性，但自重较大，不适用于大空间建筑。

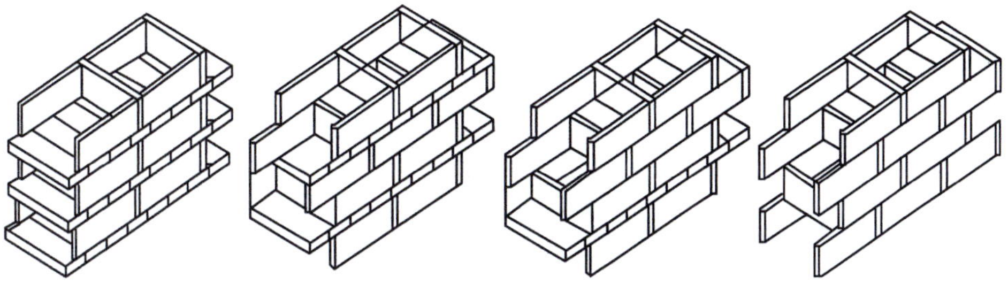

图 9-24　空斗墙体做法

9.3.6　风貌特征

历史环境决定着建筑的产生过程，影响着建筑文化特征及表达方式。秦岭古镇院落形成于秦岭特殊环境中，受地域自然条件和文化环境影响。秦岭多元杂糅的文化环境赋予了古镇院落的特殊性。建筑形象风格的多元化正是古镇特殊性的一种外在表现。秦岭古镇院落立面可按三段式分为屋顶、屋身和台基（图 9-25），此三部分通过不同的比例关系和造型装饰体现着古镇院落多元的院落风貌特征。

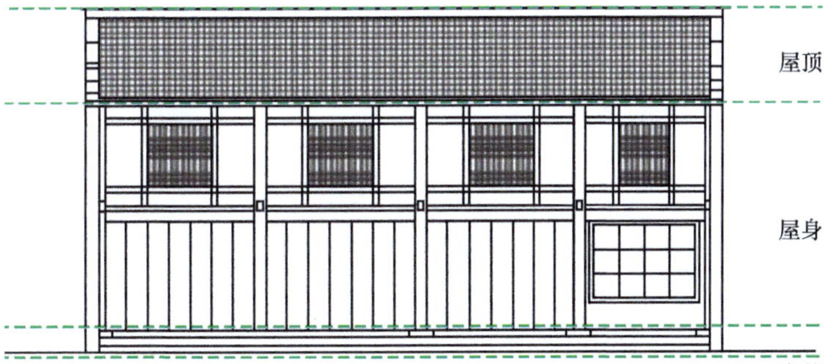

图 9-25　院落建筑立面三段式示意图

1. 屋顶

屋顶作为建筑重要的组成部分之一，被称为我国传统建筑的第五立面，影响着人们对建筑的第一感受。秦岭山地古镇院落屋顶以硬山和悬山为主，秦岭内临近关中地区，受关中文化影响，院落厢房设单坡屋顶，而临近湖北地区的古镇受荆楚文化影响，在屋顶两侧有高出屋面的各式风火墙。

（1）屋面瓦　秦岭中位于多雨地区的古镇院落在屋檐处的木椽子尽端盖以滴水瓦，防止木椽子受潮，同时也具有一定的装饰美化作用。瓦当多刻有花纹，主要以兽面、花草为主题，展现出当地人民的生活情调和乐趣[158]（图 9-26）。

（2）屋脊装饰　屋顶装饰主要体现在屋脊处，丰富美化建筑立面。屋脊有正脊和垂脊之分，以瓦、砖等砌筑而成，起分水防水作用。古镇院落垂脊少做装饰，造型简单古朴。正脊装饰多样，清水脊用板瓦片错落相连，简洁朴素，一般多用于硬山和悬山类屋顶屋脊。花砖脊是用花砖或者花节砌出屋脊的做法。雌毛脊俗称“翘头脊”，屋脊两头向上翘起呈现出

a) 石板瓦

b) 板瓦

c) 筒瓦

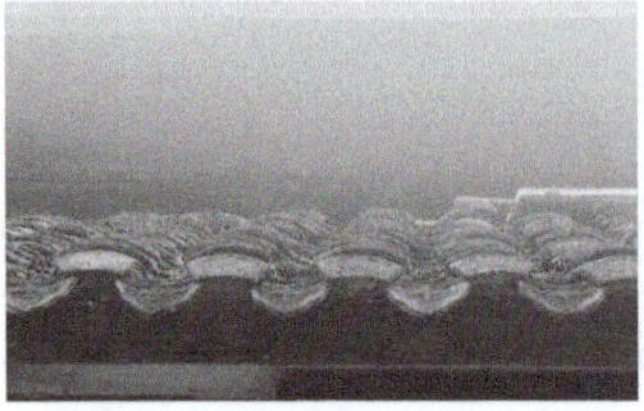
d) 瓦当

e) 滴水瓦

f) 小青瓦

图 9-26　古镇院落屋面瓦

尖嘴的形状。中花是房屋正脊中部的装饰，一般以祥禽瑞兽为造型，各具特色。悬鱼与惹草是位于院落建筑山墙面屋顶的装饰，其实际用途是遮盖柱头露出的部分以避免雨水侵蚀，古代匠人对其做了一定的艺术处理，以表达人们对幸福安定生活的美好期盼[159]（图 9-27）。

a) 清水脊

b) 花砖脊

c) 翘头脊

d) 悬鱼

e) 不同屋脊中花的造型

图 9-27　古镇屋顶装饰

（3）马头墙　秦岭古镇院落凸出屋面的马头墙兼具实用性与装饰性，具有防火、防盗和装饰作用。造型优美的马头墙增添了坡屋顶的起伏变化，形成了古镇丰富的屋面景观和装饰艺术。马头墙形式有双跌落、云纹式、人字形和三跌落等[160]（图 9-28）。

2. 屋身

屋身形态特征受建筑功能和布局的影响较大。例如，古镇沿街院落为储存物品将阁楼层

a) 双跌落　　b) 云纹式　　c) 人字形　　d) 三跌落

图 9-28　古镇院落马头墙形式

高加高或挑出一层，形成位于街道上空的“超楼”，屋身占比增加。

（1）门窗　古镇院落门窗兼顾了实用性和美观性，装饰图案以直线线条为主，对称均衡布置，但又有变化（如田字形、井格式和金钱格等），呈现出一定的韵律。门窗材料就地取材，多为木料。形态以长方形为基础，与建筑整体形态相适应。

院门区分院落内外空间，形式有两种：一种为普通宅门，单开或双开门，可设置为门楼样式；另一种设于临街院落，为方便对外进行商贸活动，院门门板变为可拆卸木板，向主街打开。院落内部建筑多为隔扇门，即可用于建筑的外门也可在内部作为隔断使用，多镂空雕刻、图案精美。院门上部凸出的对称簪头称为门簪。门簪的作用为固定门扇转轴，因其凸出于门板成为门上装饰部分。造型以圆、方、多瓣为主。古镇院落门样式如图 9-29 所示。

a) 门楼　　b) 木板门　　c) 隔扇门　　d) 门簪

图 9-29　古镇院落门样式

窗户作为屋身的主要组成部分，具有采光通风的作用，兼顾了装饰性与实用性。古镇院落窗的形式主要有气窗、直棂窗、槛窗、雕木花窗和支摘窗等（图 9-30）。气窗一般位于山

a) 气窗　　b) 直棂窗　　c) 槛窗　　d) 雕花木窗　　e) 支摘窗

图 9-30　古镇院落窗的形式

墙顶部，主要用来给阁楼通风换气，窗格渐渐具有装饰性。直棂窗是古镇院落中最为普遍的形式，由竖向木条组成，简单古朴。槛窗与隔扇门样式相近，位于槛墙之上，主要分为花心和绦环板两部分[158]。花窗又称为雕木花窗，多以木构件透雕做花窗，图案精美复杂。支摘窗最大的特点是可以开启，开启方式有水平和垂直两种，窗格形式简洁。

（2）墙体　墙体作为屋身的实体部分，与门窗形成对比，墙身通过不同的材料和砌筑方式体现不同的外观和质感。墙体按不同材料可分为砖墙、土墙与石墙，也有以木板和竹子为材料的轻质隔墙。土墙以黄色为基调，给人稳重亲切之感；砖石则以灰黑色为主，具有高大威严的压迫感；石墙多为毛石砌筑，层层叠叠，粗犷简朴。不同墙体的砌筑方法形成了多样的墙面纹理（图 9-31）。为防水防潮，古镇院落在外墙脚处以石块叠砌，上部再垒砌夯土，整面墙体上下在质感上形成明显对比，上轻下重，给人以沉稳的感觉。

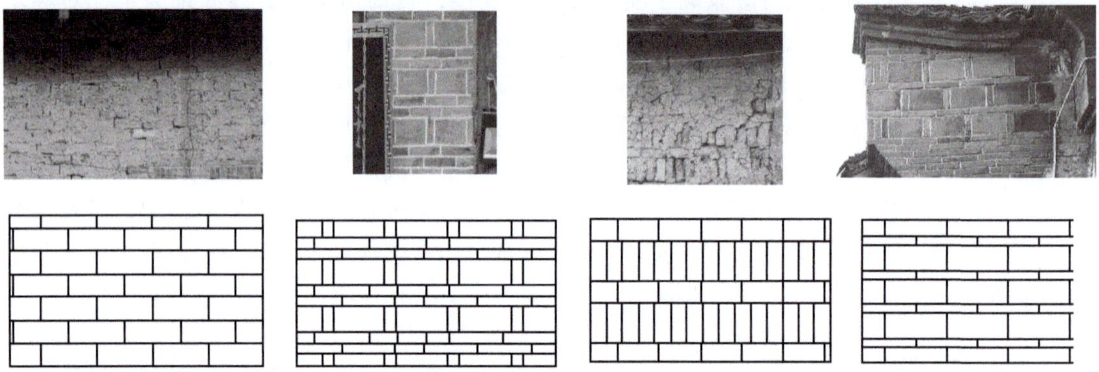

图 9-31　不同墙体的砌筑方式

（3）墀头　墀头也称为墙墀头，主要作用为承托出挑屋檐。多位于院落门房山墙与屋檐交接的地方，正房与厢房也有存在。古镇院落上的墙墀头多施以雕刻和彩绘。主要做法是用砖层层叠砌、逐层出挑，出挑部分表面贴青砖，一般有实力的大户人家都会在墙墀头处进行雕饰，主要为一些吉祥有意义的图案，如松鹿竹鹤、喜鹊戏石榴等，以表吉祥寓意[160]（图 9-32）。

图 9-32　古镇院落各式墀头

3. 檐下装饰

院落檐下的梁枋和伸出的端头也是院落装饰的重点部位。装饰雕刻多位于雀替、斜撑、挑头和柱枋上。这些部位多为木质，故装饰手法以木雕为主，镂空雕刻或平面雕刻，主题丰富，造型优美。

4. 台基

（1）建筑台基　古镇院落建筑台基有两种形式：一种是在平地院落上，以较大的石块或青砖卵石铺设 0.3~1m 高的台基，正面设几级台阶，不做抹面与雕刻装饰，造型自然；另一种是以院落内部自然高差形成建筑台基，多级台阶置于台基中央，联系庭院与建筑室内。台基的设置不仅可以防水防潮，还可以通过台基的高低区分建筑等级。

（2）柱础　古镇院落建筑柱身主要采用木料制成，防潮、防蛀能力较差。故在柱身下采用石材做柱础，起到防潮、防蛀的作用。柱础由上下、两部分组成，上部称为“踬”，下部接触地面的部分称为“础”。柱础形式多样，主要有圆鼓形、六边形、八边形、瓜棱形、方形和组合形式[161]（图 9-33）。

图 9-33　古镇各式柱础

（3）细部装饰　古镇院落装饰依据装饰手法不同，可分为粉刷、油漆、彩画、壁画和雕刻等。装饰题材主要是花鸟植物、历史故事、走兽动物等，以表达古代居民对吉祥美好生活的期盼。雕刻的应用在装饰元素中最为广泛，主要应用在院落建筑构件上。根据材料的不同，可分为木雕和砖石雕刻。木雕多表现木头本身的颜色和气味，没有多的色彩涂抹，其载体多为门窗家具，细腻精巧，造型复杂。砖石雕刻的载体多为墙体、柱子及屋脊，雕刻工艺和手法多样，有镂空雕刻、表面浮雕等，光影感强，尺度较大，古拙自然（图 9-34）。

a) 粉刷彩画一　b) 粉刷彩画二　c) 砖雕　d) 木雕

图 9-34　古镇院落装饰

总体上来看，秦岭山地古镇受外部文化影响体现在院落建筑风格上，院落建筑风貌各具特色，形式混杂，南北界限不清晰，具有很强的多样性和包容性。

9.4 建筑原型及技术原型提取

9.4.1 建筑原型

“原型”英文为“archetype”，源于希腊语，原意为“最初的、原始的模式”，是可被后来者参照的模式[162]。心理学家卡尔·荣格将其纳入分析心理学，认为原型是人类祖先的集体经验经过不断重复以后，在种族的心灵上形成所谓的“积淀”之物——“原始意象”。它们被保存在种族成员的“集体无意识”里，世世代代传不止。这样的“原始意象”就是“原型”[163]。

在当代建筑类型学中，“原型”是一种从复杂的建筑形式中提取、具有普遍意义的能显示类型特征的形态[163]。即从复杂的建筑形式中提取出公有的典型特征，该典型特征具有最简、可反复和维持传统延续的特性，这就决定了建筑原型可以表达建筑的演变过程。

传统建筑作为地域文化的物质表现，是承载当地居民生活的载体，表达着该地区居民的价值观念、生活方式、审美情趣、环境资源和建筑技术等方方面面。传统建筑原型是对应其所处特定环境，并经历当地居民不断试错，渐进形成的典型建筑形态系统。

依据前述对秦岭山地古镇院落的分析，提炼出秦岭山地古镇院落空间原型为围合式院落，在此基础上可分为窄长型和方正型两种院落空间原型。

9.4.2 技术原型

1. 技术原型的概念

技术原型，指的是建筑在外在制约条件和自身需求的影响下，持续调整适应得出的、协调其所处自然环境和经济社会发展水平的生态技术经验。调试过程即建筑技术原型完善的过程，展现了建筑原型的演化机制[164]。秦岭山地古镇院落技术原型，即由一系列古镇院落建筑性能指标构成的、展现古镇院落演化机制的“典型特征”。

2. 技术原型的内容

由于古代经济技术条件的限制，山地古镇居民尽可能利用建筑自身形式特点和空间组合方式创造舒适的居住环境。古镇院落四面围合内置庭院的空间形式，不仅可以在炎热的环境中起到通风除湿的作用，还可以抵挡冬季寒风，既阻挡了风沙又有利于院落内的空气流动，保证院落空气质量。通过控制庭院尺度，实现对阳光的控制，寒冷地区古镇院落庭院尺度宽大，有利于冬季阳光射入室内；炎热地区的古镇院落庭院狭窄，将阳光阻挡在外的同时产生了更大面积的阴影，创造出凉爽舒适的院落内环境。

3. 层级性的技术体系选取

秦岭山地古镇居民在进行院落营建过程中的技术体系选取具有层级性，即在满足生存需求的基础上，再追求归属感、求知审美观到最后的自我体现。与马斯洛针对人的需求提出“需要层次”原理十分契合[165]。古镇院落营建过程中结构体系的选取，并没有单纯地沿用抬梁式或穿斗式，而是根据地理环境使用了抬梁与穿斗结合的混合式结构体系。在屋面荷载传递方面，使用“上下双檩并置”的做法，檩条仍置于柱子之上，但相邻柱子间穿枋有大有小，檩条下加装长度相同的檩条，加强了构件的承载力，屋顶荷载的传递更为流畅。传统屋面瓦片多铺设在椽板上，其上抹一层草泥再铺瓦，屋面刚性强。秦岭潮湿炎热地区的院落更需要除湿通风，采用了在椽板上直接铺瓦的“冷摊瓦”屋面，透气的屋面更利于室内空气流通，创造出凉爽舒适的室内空间。古镇院落之间凸出屋面的高大马头墙，不仅具有精美雕刻装饰体现地域文化，还起到了防火、防盗的实际作用。

4. 就地取材、因材施用的材料选用

古镇院落墙体以砌筑材料分类，主要有竹编夹泥墙、生土墙、砖墙和石墙。由于竹编夹泥墙取材方便，制作简易，自重轻，多用在院落建筑室内的隔墙上。生土墙、砖墙和石墙则多用在建筑外墙上，或单独使用或组合使用，将耐水防潮的砖石用在墙体底部和基础上，墙体上部使用夯土砌筑。

整体来说，古镇院落营建采用松木等优质木材作为柱、梁、檩、椽等主要结构构件。次之，用于门窗及雀替等装饰构件。砖石材料具有较强的耐久性和抗压性能，并且防潮、防水。一般台基、阶梯和柱础上都普遍采用石材。砖多用在墙头、墙裙、窗台、影壁或地面铺装等易磨损、易雨淋的部位。依据不同材料的性质特征运用在院落不同部位上，以发挥材料最大使用潜力，体现了古镇院落营建的技术生态性。

9.5　本章小结

对秦岭山地古镇传统院落进行广泛调研测绘，分析院落空间演变过程，总结空间类型与特征，提取山地古镇传统院落空间与技术原型。

秦岭山地古镇传统院落分为方正型和窄长型，方正型院落的长宽比（H/W）在 1 左右，窄长型院落的长宽比（H/W）在 2 左右。窄长型院落多位于秦岭条带型山地古镇中。院落基地面积较小，院落布局多与主街垂直，沿街紧密排列。院门多开在门房中间，内部庭院空间形态高耸窄长，内部建筑围绕庭院紧密排列，屋檐相连类似于南方的天井院。方正型院落多位于秦岭团块型古镇中，院落面宽较大，院门多位于门房一角。内部庭院空间形态为浅长型，内部建筑围绕庭院布置，但相互独立，屋顶不相连。

秦岭山地古镇院落空间形态的演变规律为从方正型到窄长型，院落基地和庭院面积不断减小，长宽比增加，院落平面从开阔的横宽竖窄向横窄竖长的形式变化。院落朝向由正南正北向着自由化发展。院落从一进院落，向两进甚至多进院落组合演变，从独院式互不相连发展到同山共脊、共用侧墙的院院紧密相连形式，同时出檐深度也更加深远。

秦岭山地古镇院落共同特征为院落沿街布置，围合封闭，前店后宅，纵向延伸，多位于街道两侧，沿街垂直于街道紧密排列，平行于山体等高线。以封闭合院为空间组织单元，呈现出独院式和串联式多进院落形式。居住类核心功能空间围绕院落，沿着院落轴线排列布置，辅助类功能空间分散布置，交通功能空间连接各主要功能空间。临街院落将门房作为对外经营空间，后侧厢房与正房作为起居空间，形成了前店后宅的院落功能组合形式。竖向空间组织上，门房、厢房处设置阁楼。屋顶形式为单双坡结合，正房均为双坡屋顶，厢房多为单坡屋顶，坡向内院。建筑以木构架为主，以穿斗式、抬梁式和混合式为主。建筑材料有土、木、石和秸秆草等，人工材料多为砖、瓦、石灰等。秦岭地区多元杂糅的文化环境导致建筑风貌各具特色，形式混杂，具有很强的多样性和包容性。

秦岭山地古镇院落空间原型为围合式院落。技术原型主要为尽可能利用建筑自身形式特点和空间组合方式，创造舒适的居住环境。技术体系选取体现层级性，建筑材料选取体现就地取材、因材施用的材料选用特征。

第 10 章
传统院落空间适应性特征

第 10 章 传统院落空间适应性特征

10.1 院落空间布局适应性

整体上秦岭山地古镇院落由高大的围墙与建筑山墙、后墙相互连接围合而成，对外基本不开窗，较为封闭。院落内部向上开敞，各建筑均围绕庭院布置，面向庭院开门开窗。合院式布局是我国传统建筑最具代表性的空间形式和最基本的建筑组合方式，这种围合式的院落空间广泛分布在我国各地。例如北京的四合院、云南的一颗印式民居、安徽的天井院和西北的合院式窑洞等。由于古代秦岭交通闭塞，山峦阻隔，且古镇多为因商而兴，院落居民对其居住场所的防御性要求较高，镇上人口和民族组成复杂，居民在心理上需要更为强烈的领域感。合院这种对外封闭、对内开敞的封闭性内向型院落空间布局形式具有极强的防御性，同时给院落的居住者带来了极强的归属感和领域感，十分契合秦岭地区居民的物质和心理需求。

10.1.1 地形地貌适应性

秦岭由东往西海拔逐渐升高，陕西秦岭山脊海拔约 2km，海拔高处 2~3km，秦岭北坡急陡且多纵向峪口，而秦岭南坡势缓，河流多横向斜切形成诸多峡谷，又因丹江、洛河等河流冲积形成山间小盆地，这些河谷盆地成为孕育传统民居的摇篮。秦岭山地的褶皱地貌，决定了其间山地古镇及其院落顺应自然地形地貌的空间布局形式。

1. 平面空间布局

根据前述调研，院落平面空间形态依据长宽比的不同，大致可分为窄长型院落与方正型院落（表 10-1）。两种不同形式的院落平面空间组织与古镇所处的地形有着密切的联系。

窄长型院落多位于秦岭内呈条带状沿河或山脚蜿蜒延伸的山地古镇中。古镇内较为平整的可建设用地邻山近水，面积十分有限，为了适应地形且可以容纳更多的建筑，古镇院落空间形态呈现面宽小、进深大的窄长型特征，向着纵向发展。院落之间紧密排列，窄长型院落基地与庭院的长宽比平均值依次为 1.89 和 1.62，院落长宽比平均值为 2.4，院落面积平均值为 272.5m^2。为了节约建设用地，院落之间形成了“同山共脊”的连接方式。“同山”即为院落之间紧密排列，共用一堵院墙或建筑山墙。“共脊”则是在院落内部，建筑屋顶交错在一起共用一条屋脊。

方正型院落多分布在位于宽广的山间盆地或河谷盆地的古镇中。这类院落由于所处地区可建设用地限制较小，故院落面积和庭院面积皆大于窄长型院落，院落内各建筑之间较为松散排布，屋顶不相互搭接，院落空间布局较为舒展。院落基地与庭院的长宽比平均值依次为 1. 22 和 1. 33，院落长宽比平均值为 1. 19，面积平均值为 316. 5m^2。

表 10-1 秦岭古镇院落空间形态特征

院落空间形态	顶视图	剖透视图
窄长型院落	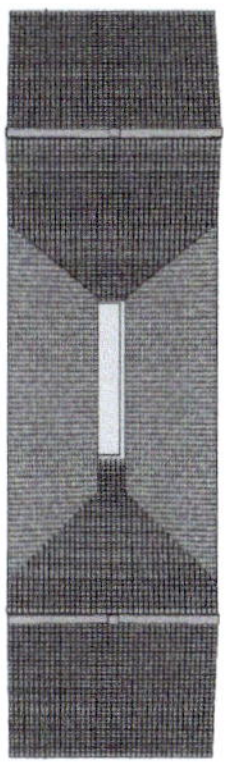	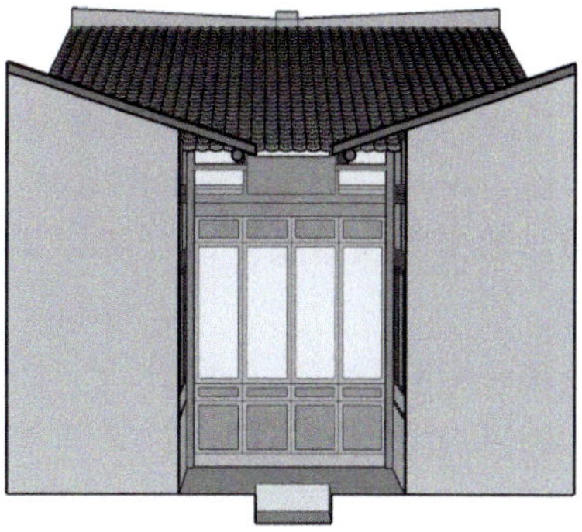
方正型院落	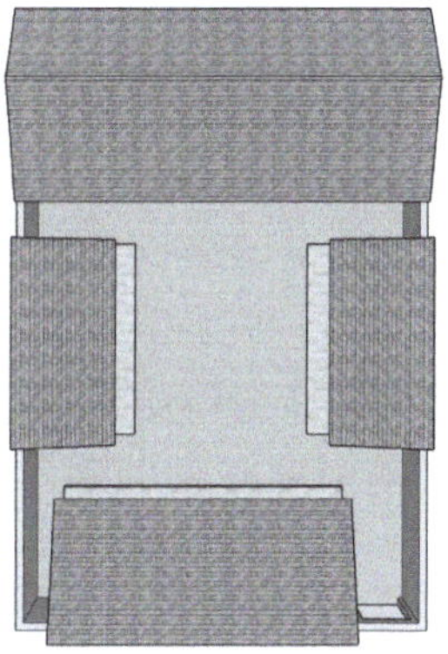	

2. 竖向空间布局

为适应山地地貌，秦岭古镇院落内部多存在高差，纵向上形成由入口至正房空间依地势逐级抬高的空间竖向布局，形成一层或多层台院，也可纵向组合形成多进台院（图 10-1）。院落内通过台阶解决高差连接问题，从而形成层次感丰富的院落空间景观。

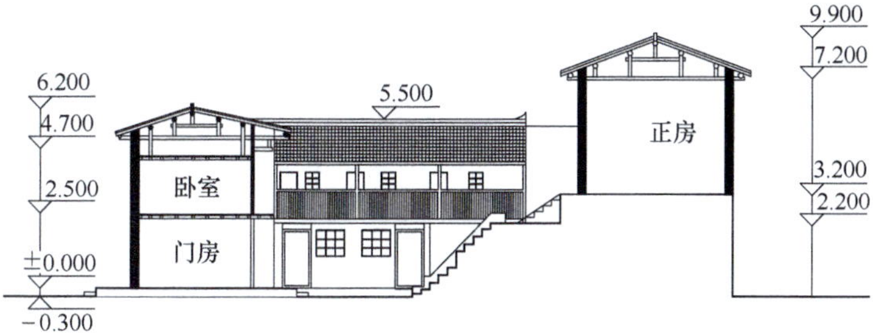

a) 青木川镇坡地台院剖面

b) 青木川镇坡地台院照片

图 10-1 院落内部高差

10.1.2 气候环境适应性

为避免风将屋面落下的雨水吹下，侵蚀建筑墙体与木构架，秦岭山地古镇院落中建筑屋檐出檐的长度应大于最小飘雨角对应的出檐长度。

最小飘雨角计算公式为[166]

$$\gamma_{\min}=\arccos\left(\frac{V_{\text{rain}}}{\sqrt{V_{\text{rain}}^2+V_{\text{wind}}^2}}\right) \qquad 式（10-1）$$

式中 $\gamma_{\min}$——最小飘雨角（°）；

V_{wind}——当地全年平均风速（m/s）；

V_{rain}——雨滴到达地面的速度（m/s），$V_{\text{rain}}=8.5\text{m/s}$。

最小飘雨角出檐长度的计算公式为

$$L=H\tan\gamma_{\min} \qquad 式（10-2）$$

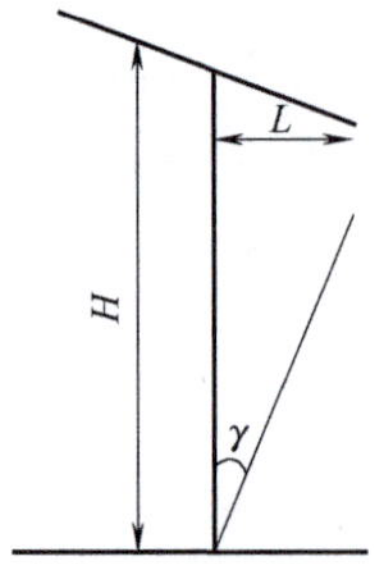

图 10-2 飘雨角计算

式中 L——出檐长度（m）；

H——檐口高度（m）；

$\gamma_{\min}$——最小飘雨角（°）。

秦岭寒冷少雨地区以街亭古镇为例，全年平均风速为 1.3m/s，由式（10-1）可得最小飘雨角 $\gamma_{\min}$ 为 8.7°，由式（10-2）得出 $L=0.15H$。

秦岭潮湿多雨地区以汉中市为例，汉中市全年平均风速为 1.7m/s，由式（10-1）可得最小飘雨角 $\gamma_{\min}$ 为 11.5°，由式（10-2）得出 $L=0.20H$。

由秦岭寒冷少雨地区出檐长度（$L=0.15H$）和潮湿多雨地区出檐长度（$L=0.20H$）可以看出，挑檐长度与檐口高度呈正相关。当建筑檐口高度相同时，秦岭潮湿多雨地区窄长型古镇院落屋顶出檐深度大于秦岭寒冷少雨地区方正型古镇院落，根据前述统计两种院落屋顶出檐平均值为 1.32m 和 1.11m，符合保证最小飘雨角对应出檐长度的规律，故古镇传统院落屋面出檐长度具有气候适应性。

根据计算结果，秦岭内方正型院落和窄长型院落保证屋面出檐长度远大于最小飘雨角的长度分别为 0.86m 与 0.48m。结合前述分析结论，秦岭古镇院落建筑屋面出檐可使得檐下空气流动速度加快，由此可见秦岭古镇屋顶出檐长度是适应当地风环境和降水条件的结果。

10.1.3 建筑材料

古镇院落营建使用的材料多就地取材，以土、木（竹）和石为主。由于材料本身的力学性能和古代技术限制无法创造大尺度空间，为了适应这一外部限制条件，古镇院落建筑平面开间尺寸在 2.4m 左右，进深 3.5~4m，多为三开间或五开间，开间数量过多，建筑空间过于狭长，不便使用。根据调研结果，古镇院落建筑层数最多为两层，一层为主要使用空间，层高较高，空间较为通畅；二层层高较低，多为储存空间，非居住使用。

10.1.4 地域文化

秦岭是中华文明的发祥地，秦岭与黄河、长江一同构成了“一山两河”的华夏轴心地带。早在远古时期，秦岭地区就有华夏先民活动的历史，此后两千多年里也是我国历朝历代的政治、经济、文化中心。华夏五千年历史长河中，秦岭地区发生过数次民族大迁徙、大融合，促成了中华民族多元一体的格局[167]。

建筑的建造在满足了最基本的居住需求后，意识观融入了建筑，建筑上升为一种艺术形式，反映着当时的社会情况、生产力水平和时代精神。院落空间的演变与文化交织在一起，受到文化影响。我国建筑空间意识受中国传统文化影响，强调二元渗透，天人合一。

我国传统文化以血缘伦理关系为核心，讲求等级制度，长幼尊卑，很大程度上影响了古镇传统院落空间布局方式，在院落建筑布局上存在着空间秩序，院落建筑排列有着明确的对称轴线关系，沿着纵深方向布局空间。用“进深”来描述，“进”不仅是院落空间序列中的空间单位，同时体现着行进、流动的空间关系，院落空间成为有节奏、有厚度、有深度的空间序列。秦岭山地古镇院落在空间布局上同样“以中为尊”，正房位于轴线尽端，位置突出，堂屋则位于正房当心间，多为祭祖等礼仪性空间，两侧侧房为长辈居住，晚辈居住在庭院两侧厢房，并以尊卑位序横向递减[168]。两侧厢房东高西低，家中兄长居住在东厢房内。厢房平面大小也体现着院落建筑的等级高低。

秦岭自古以来就是移民聚集地，外来文化渗入，秦岭内居民的地域价值认同度低于周边主要文化圈内的居民[169]。这也造就了秦岭内多元杂糅的文化特征。古镇院落主要受到西南巴蜀地区民居、北部关中地区民居、东南湖广民居的影响，结合秦岭内特殊的环境条件形成了具有自身特色的院落建筑[170]。临近关中地区的古镇院落受关中文化影响较大，建筑结构形式多为抬梁式或墙承重，外围护墙体多为厚重夯土墙。临近四川和湖北地区的古镇院落建筑结构形式受巴蜀文化和荆楚文化影响，多为灵活的穿斗式或混合式，部分陕南山区的建筑出现了近似巴蜀地区吊脚楼的形式。秦岭南麓古镇院落建筑外围护墙体形式多样，有竹编夹泥墙、砖石墙和空斗墙。院落屋顶也受安徽、两湖地区建筑影响，出现了大量的冷摊瓦屋面和各式马头墙，多样的建筑形态丰富了院落空间。

10.2 院落空间功能适应性

10.2.1 古代生产方式的适应性

1. 生产所需空间

在早期秦岭古镇居民进行院落营建的时候，人口较少，周围环境较为恶劣，生产方式以农耕为主，自给自足，为满足最基本生存需求，院落对外封闭，院落建筑形态厚重。

居民的生产活动多在院落中进行，古镇院落面积较大，在 300m^2 左右，庭院面积 70m^2 左右，宽大的院落与庭院面积可以满足生产生活的需要。秦岭中处于商贸道路上的古镇，经济水平较高，物质生活丰富，院落居民的生产生活方式不仅有农耕养殖，还有手工业生产及经商贸易，这就使得院落需要更多的储存空间。首先，古镇居民购物不便，购买的商品加工程度较低，使得居民有囤积物品的习惯，例如米面、粮油等，需要大面积的储存空间。其次，古镇居民收获的粮食需要存放与加工空间，农耕用具也需要存放空间，较大的农具多置于正房的耳房、倒座或阁楼中，小型农具多随意放置。阁楼空间较为狭小，不便居住，自然承担了储存生产工具和生产原料的功能。

2. 便于商业经营

秦岭古镇多因商而兴，古镇院落多沿商业街道布置，院落多将临街门房作为对外经营空间，后侧厢房与正房作为起居空间，以庭院分隔，形成了前店后宅的院落功能组合形式。为在有限的商业街两侧布置更多的商住型院落，这种院落开间较小，呈纵深向发展，院落之间紧密连接，同山共脊，院落朝向也取决于街道形状，生产生活方式在这里成为影响院落空间的重要因素（图 10-3）。

a) 封闭式院落

b) 商住型院落

c) 沿街布置的院落

图 10-3　生产生活方式影响下的古镇院落

前店后宅式院落门房多对外开敞，其室内热环境受室外环境影响大，这也解释了在对古镇院落进行温湿度测试时，院落厢房的夏季湿度小于门房，冬季温度和温度波动幅度均小于门房的原因。

10.2.2　古代生产力的适应性

古镇传统院落营建受经济条件影响，呈现阶段性小规模营建的特征。院落中正房是最先营建的，满足基本的居住需求，随着经济积累逐渐建造厢房及门房（图 10-4）。院落营建过程缓慢，古镇院落营建可以在长时间的基础上不断试错，与环境适应。随着现代居民经济条件大大提高，院落营建多在短时间内完成，因此新建院落需要进行预先的统一规划，保证院落建设布局的合理性与协调性。

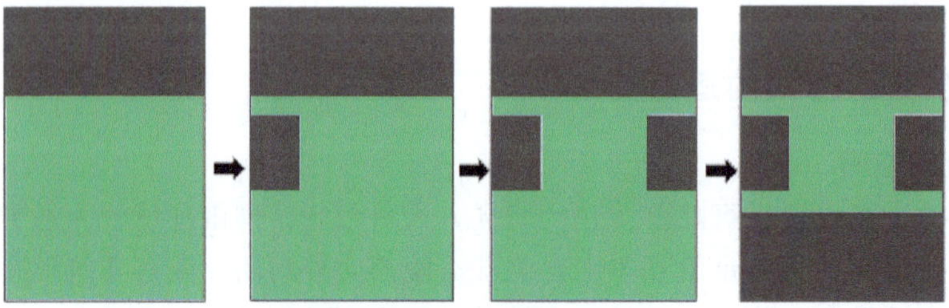

图 10-4　古镇院落营建过程

1. 功能布局

古镇院落有三大类功能空间，即居住类功能空间、辅助类功能空间和交通功能空间。根据使用频率的差异，各功能空间围绕核心庭院空间由内到外渐次扩展。总体上，居住类功能空间围绕院落沿着院落轴线排列布置，在院落中的位置突出，是院落空间主要的组成部分，面积较大，层高较高。辅助类功能空间面积小，在院落中分散布置，较为隐蔽。交通功能空间连接各主要功能空间，布局灵活，多依附在主要功能空间周围。

堂屋是古镇院落的礼仪性功能空间，主要功能有起居、祭祖供神等，空间功能公共性质强。多位于院落中位置较高、朝向较好的正房当心间，且面积较大，通高布置，层高较高。

卧室多布置在正房堂屋旁侧间或厢房。院落中厨房、厕所和储藏室等生活类辅助功能空间，多位于院落一角或独立加建，与居住类空间相隔较远，面积较小。庭院与牲畜棚等生产类辅助功能空间面积较大，开敞性高，灵活性强，可以进行多种功能转换。

2. 檐廊空间

古镇院落建筑平面基本形式为“一明两暗”三开间的“一”字形平面。在此基础上，古镇院落进行了形式变化，形成了功能丰富多样的檐下空间（图 10-5）。只当心间后退或整个建筑面宽全部后退一定距离，在堂屋前或整个建筑前形成宽大檐廊。檐廊的设置首先可以遮阳避雨，保护建筑结构与墙体。其次，随着经济发展，室内空间不能满足居民商业活动的需求，沿着商业主街布置的院落多加宽院落沿街面的屋顶出檐深度，在檐下空间进行贸易活动，成为一种具有半公共性质的功能空间。

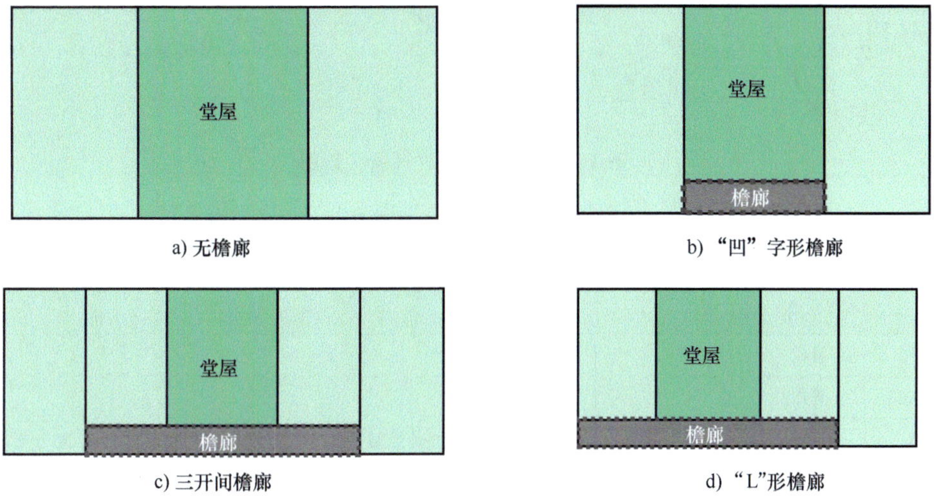

图 10-5　正房平面演变与檐廊的形成关系

10.3　院落空间热环境、风环境适应性

秦岭山脉处于气候交界区，南北两侧的降水、温度、太阳辐射方面均存在较大差异。在降水上，秦岭—淮河线是湿润与半湿润区的分界线，也是我国 800mm 年等降水量分界线。在太阳辐射上，秦岭由北向南年太阳辐射量呈现递减的趋势（表 10-2）。

表 10-2　秦岭代表城市气候特征表

地点	年平均温度/℃	最冷月平均温度/℃	最热月平均温度/℃	平均相对湿度（%）	年平均风速/(m/s)	年降水量/ml	全年主导风向
西安市	13.3	-1.3	26.7	64	1.8	604.8	东北风
汉中市	14.7	2.6	29.7	78	1.1	833.5	东风
天水市	11	-2.0	22.8	68	1.11	491.7	西南风

不同的气候条件，影响着人居聚落的布局方式与院落形态。《民用建筑设计统一标准》

(GB 50352—2019）中以极端月（1 月与 7 月）的平均气温和 7 月的平均湿度为主要指标，辅以平均温度小于或等于 5℃和大于或等于 25℃的天数，对我国建筑气候划分出 7 个一级区，20 个子气候区，针对各子气候区提出了针对性的建筑设计要求[171]。分布在广大秦岭范围内的古镇处于不同的建筑气候区划（图 10-6)，对应的建筑设计要求也不尽相同（表 10-3)。

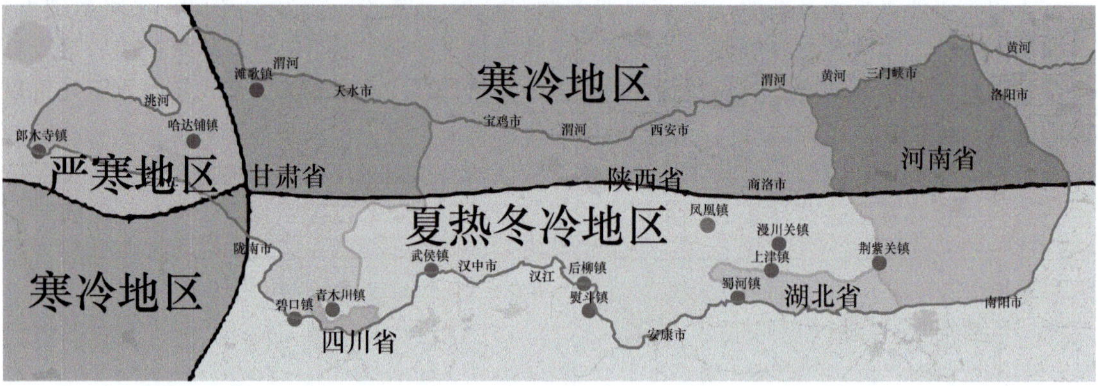

图 10-6 秦岭内建筑气候区划图

表 10-3 不同的建筑气候区划古镇院落特征与设计标准

古镇	建筑气候区划	热工分区	建筑基本要求	古镇院落特征
凤凰古镇	ⅢC	夏热冬冷地区	1. 建筑物必须满足夏季防热、遮阳、通风降温要求，冬季应兼顾防寒 2. 建筑物应防雨、防潮、防洪、防雷电 3. ⅢA 区应防台风、暴雨袭击及烟雾侵蚀	院落多沿街道分布，不严格按照南北朝向布局；院落营建主要考虑夏季通风和遮阳；院落空间纵向延伸，高耸窄长，庭院空间狭小
青木川镇	ⅢC			
蜀河镇	ⅢC			
熨斗镇	ⅢC			
上津镇	ⅢC			
漫川关镇	ⅢC			
华阳镇	ⅢC			
后柳镇	ⅢC			
哈达铺镇	ⅥA	严寒地区	1. 热工应符合严寒和寒冷地区相关要求 2. ⅥA 区的东部，建筑物应防雷电	古镇选址多在日照充足的地方；院落空间宽敞，院落建筑营建以争取冬季日照、抵御冬季寒风为主，院落朝向多南北向
滩歌镇	ⅡB	寒冷地区	1. 建筑物应满足冬季保温、防寒、防冻等要求，夏季部分地区应进行防热 2. ⅡA 区建筑物应防热、防潮、防暴风雨，沿海地带应防盐雾侵蚀	
街亭古镇	ⅡB			

来源：根据《民用建筑设计统一标准》整理。

10.3.1 热环境适应性

1. 屋顶形式对太阳辐射的适应性

院落在太阳的照射下产生阴影，形成建筑间的自遮阳。古镇院落自遮阳效果主要影响因素有建筑高度和屋顶形式。建筑高度越高，自然会产生更大的阴影面积。秦岭古镇院落屋顶形态特征为单双坡结合，正房为双坡顶，厢房设置单坡屋顶，这种屋顶形式的遮阳效果如何，需要通过进一步研究得出科学结论。

Ecotect 软件是 Autodesk 公司旗下的一款可视化建筑物理环境模拟软件，模拟结果直观性强，可与大部分建筑类软件兼容，也可以在软件内进行模型的建立。窄长型院落多位于潮湿多雨地区，主要考虑夏季遮阳且建筑高度较大，故本次模拟以秦岭内寒冷少雨地区的方正型院落为基础建立模型，改变厢房的屋顶形式，选用 Ecotect Analysis 2011 版本进行夏至日与冬至日阴影轨迹分析（表 10-4），探究厢房屋顶形式对院落自遮阳的影响。

表 10-4　不同屋面阴影轨迹

屋顶形式	夏至日阴影轨迹图	冬至日阴影轨迹图
单坡屋顶	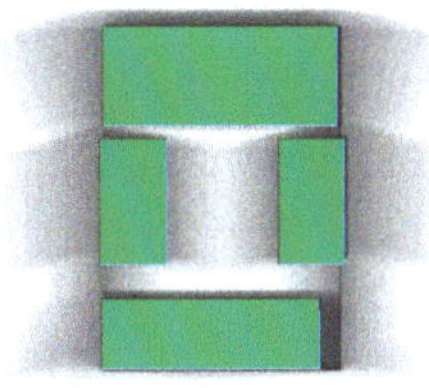	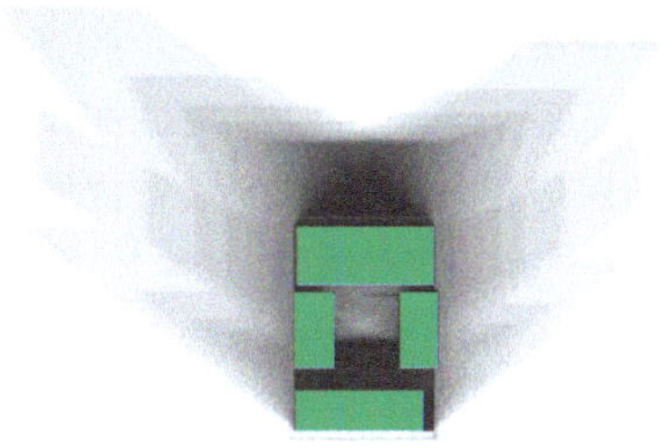
双坡屋顶	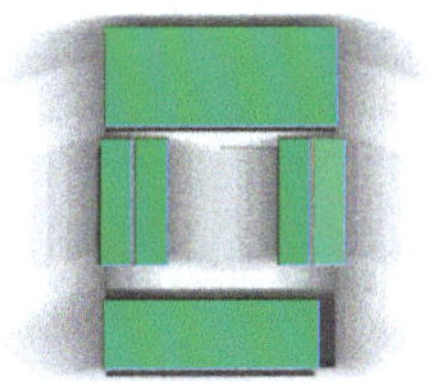	

对比夏至日与冬至日不同屋顶形式产生的阴影面积可知，在夏季，双坡屋顶与单坡屋顶对院落内的遮阳效果差距不大。在冬季，双坡屋顶对于院落内的遮阳效果要大于单坡屋顶，原因为两种屋顶完整程度不同，单坡屋顶坡度缓，屋脊在建筑一侧，只有一个坡面，屋面完整程度大，较体量变化大的双坡屋面产生的阴影面积小。单双坡结合的屋顶形式利于冬季院落采光，创造舒适的院落环境。

秦岭处于北半球，处于山地中的古镇院落东西向只有在早晨与傍晚的较短时间内能接受到日照（图 10-7）。为争取日照，秦岭内寒冷少雨地区的古镇院落东西厢房设置为单坡顶，屋面坡度缓，接受阳光照射面积大。早晨西侧厢房屋面接受日照，傍晚东侧厢房屋面接受日照，最大程度提升室内温度。可以根据不同时段的活动特征布置功能用房与东西厢房，例如将卧室布置在西侧保证夜晚室内温度，将白天活动空间布置在院落东侧厢房。

2. 屋面出檐对热环境的适应性

秦岭潮湿多雨地区降雨量大，且持续时间长，较长的屋顶出檐可以避免建筑墙面受雨水侵蚀破损。同时，檐下多设深 10cm 左右排水沟承接下落雨水，池壁排水口与院落外街道的排水沟渠相连，可以将雨水持续向外排出，尽可能保持院落内的干燥。

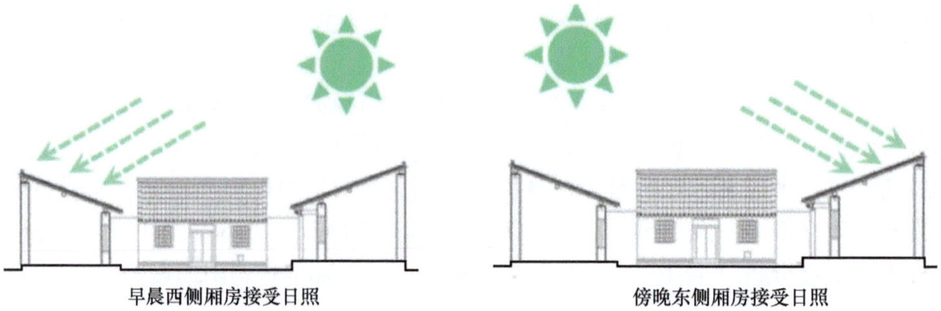

图 10-7　屋面接受太阳照射

3. 院落营建材料的热环境适应性

古镇院落营建材料多样，经过调研，院落外围护结构主要以土石为主，其他材料运用较少。通过前面对古镇院落温度测试结果分析，古镇院落外围护结构具有一定的保温性能，且与新建民居相比，古镇院落室内温度波动小，热稳定性好。古镇温度极值出现的时间错后室外 1~2h，外围护结构热惰性较大。

为进一步探究古镇院落营建材料的选取使用与地形地貌的关系，现对古镇院落建筑围护结构材料的热工性能进行计算分析。

（1）古镇院落外围护墙体热工性能分析　秦岭古镇院落常用外围护墙体形式为夯土墙与空斗墙，墙体厚度一般为 30~45cm。

单层材料的热阻 R 计算公式为

$$R=d/\lambda \qquad 式（10-3）$$

式中　d——材料层的厚度（m）；

λ——材料的导热系数［W/(m·K)］。

围护结构传热阻的计算公式为

$$R_0=R_i+R_e+\Sigma R \qquad 式（10-4）$$

式中　R_i——内表面换热阻（m^2·K/W），一般取 0.11m^2·K/W；

R_e——外表面换热阻（m^2·K/W），一般取 0.04m^2·K/W；

ΣR——围护结构各层材料热阻总和（m^2·K/W）。

热惰性指标 D 是指材料在受到波动热作用后，材料表面上温度波动的剧烈程度。D 越大，就说明材料抵抗温度波动的能力越强[172]。墙体热惰性的计算公式为

$$D=RS \qquad 式（10-5）$$

式中　R——材料层的热阻（m^2·K/W）；

S——材料的蓄热系数［W/(m^2·K)］。

通过对夯土墙热工性能的计算（表 10-5），得出 370mm 厚夯土墙的传热阻（R_0）为 0.81m^2·K/W，热惰性（D）为 5.13。

古镇院落空斗墙体砌筑方式多样，根据前面调研主要为一眠三斗和全眠无斗两种形式。针对全眠无斗和一眠三斗两种砌筑形式的空斗墙进行热工性能分析，计算时砖块尺寸设为 300mm×150mm×30mm，墙体厚度为 340mm。计算结果见表 10-6。

表 10-5　夯土墙热工性能的计算

构造层材料	d/mm	λ_i/[W/(m·K)]	R/(m²·K/W)	S_i/[W/(m²·K)]	D_i	R_0/(m²·K/W)	ΣD
草泥抹灰	20	0.15	0.13	2.79	0.36		
夯土墙	370	0.93	0.39	11.03	4.41	0.81	5.13
草泥抹灰	20	0.15	0.13	2.79	0.36		

（来源：《建筑设计技术手册》）

表 10-6　空斗墙体热工性能的计算结果

时间	砌筑方法	R_0 /(m²·K/W)	K(传热系数) [W/(m²·K)]
夏季	一眠三斗	0.168	5.959
	全眠无斗	0.235	4.248
冬季	一眠三斗	0.188	5.332
	全眠无斗	0.251	3.984

（来源：《徽州古建聚落民居室内物理环境改善技术研究》）

表 10-7 为不同类型墙体热工性能对比，可知全眠无斗空斗墙体传热系数小，保温能力强。原因是一眠三斗空斗墙体中丁砖和眠砖以及墙体中稳定高大墙体的腰铁等构件，是空斗墙中的“热桥”，影响了传统民居厚墙的整体保温隔热性能[155]。通过查阅《民用建筑热工设计规范》（GB 50176—2016），现代 240mm 普通砖墙传热阻为 0.57m²·K/W，热惰性（D）为 3.67。

表 10-7　不同类型墙体热工性能对比

墙体类型	R_0/(m²·K/W)	D	K [W/(m²·K)]
夯土墙	0.81	5.13	1.23
空斗墙	0.24	4.53	4.11
普通砖墙	0.57	3.67	1.75

（来源：《建筑设计技术手册》）

通过以上计算结果可以看出，古镇院落外围护墙体热惰性较普通砖墙高。夯土墙与青砖墙传热系数小于现代普通砖墙。古镇院落墙体可以在一定程度上保存室内热量，减少室内温度的波动，保持室内温度稳定，创造舒适室内环境。

（2）古镇院落屋面热工性能分析　秦岭古镇院落屋面主要使用一种烧制而成的青瓦。构造做法主要有两种：一种是在檩条上固定好椽板，在椽板上抹上一层草泥，然后挂瓦片；第二种是在椽子上直接挂瓦的冷摊瓦[155]（表 10-8）。新建民居以钢筋混凝土屋面板为主。

古镇院落屋面与钢筋混凝土屋面板热工参数见表 10-9，经对比可得冷摊瓦热阻最小，室内外热交换直接，屋面保温隔热性能差，但有利于散热通风。木望板基层青瓦屋面传热系数最小，保温隔热性能较好。

表 10-8　古镇院落屋面做法

屋面形式	构造做法	构造节点图		照片
冷摊瓦	椽子上直接挂瓦	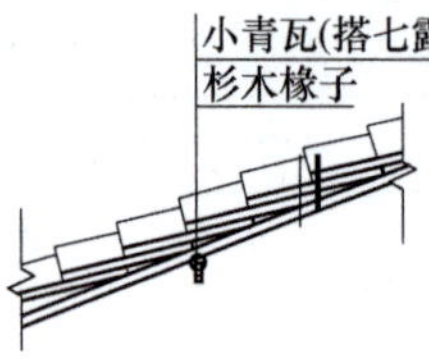	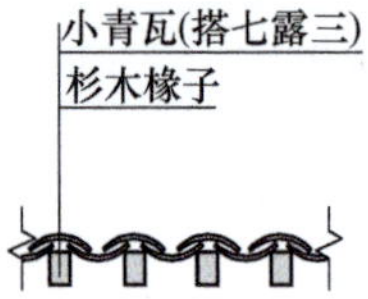	
木望板 小青瓦	檩条上架椽子， 上铺木望板， 望板上铺苫背， 其上附小青瓦	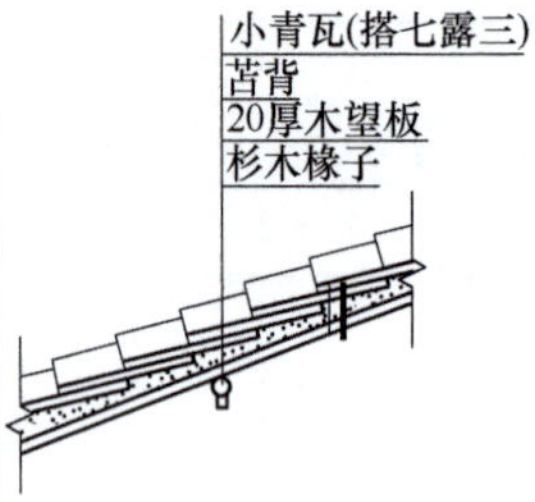	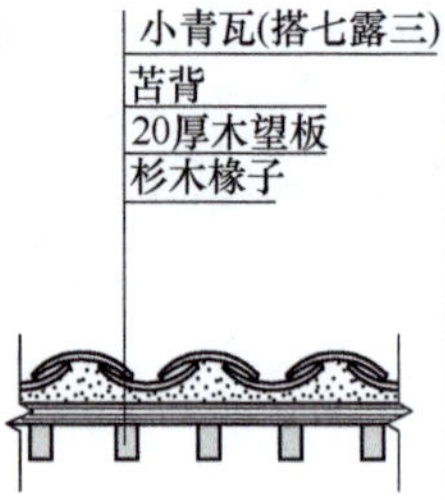	

表 10-9　院落屋面热工性能计算表

屋面构造形式	厚度 /mm	λ/ [W/(m·K)]	R_0/ $(m^2·K)/W$	K/ $[W/(m^2·K)]$
冷摊瓦	15	0.76	0.17	5.891
木望板基层青瓦屋面	75	1.66	0.365	2.738
钢筋混凝土屋面板	100	1.74	0.26	3.846

（来源：《建筑设计技术手册》）。

通过对古镇院落温度实测与围护结构热工计算，其外围护结构具有一定的保温隔热性能。经计算，古镇院落外墙填充材料热惰性较新建民居高，古镇院落温度实测中体现为室内温度峰值较室外延迟 1~2h。外墙填充材料热阻与新建民居差别不大，古镇院落通过加厚墙体的手段增加围护结构整体热阻，以达到保温隔热的目的。秦岭古镇院落屋顶木望板基层青瓦屋面因结合木望板铺设黏土苫背，热阻较新建民居屋面板热阻大，多用于秦岭寒冷地区院落。冷摊瓦屋面内外热交换过程直接，热阻很小，利于室内通风，保温隔热能力很差，多用于秦岭内潮湿多雨地区。但从古镇院落温度实测结果分析可知，院落室内温度较新建民居波动小，且与室外温度有一定的差值。因为院落屋顶阁楼充当了较厚的空气间层，变相增加了屋面热阻，阁楼具有保温隔热的作用。

虽然古镇院落具有一定的温度调节能力，古镇院落围护结构传热系数仍然较大，不能满足《夏热冬冷地区居住建筑设计节能标准》（JGJ 134—2010）和《严寒和寒冷地区居住建筑节能设计标准》（JGJ 26—2018）中的规定（表 10-10）。根据实地测试数据，传统民居院落与新建民居冬季室内平均温度均未能满足《民用建筑供暖通风与空气调节设计规范》Ⅱ级热舒适度标准。现代普通黏土砖墙对古镇院落建筑热工性能的改善有限，达不到相关规范要求。

表 10-10 国家相关居住建筑节能设计要求

地区	屋面传热系数 $K/[W/(m^2 \cdot K)]$		外墙传热系数 $K/[W/(m^2 \cdot K)]$	
夏热冬冷地区	$D \leqslant 2.5$	$D>2.5$	$D \leqslant 2.5$	$D>2.5$
	$K \leqslant 0.8$	$K \leqslant 1.0$	$K \leqslant 1.0$	$K \leqslant 1.5$
严寒 A 区	$K \leqslant 0.15$		$K \leqslant 0.25$	
严寒 B 区	$K \leqslant 0.2$		$K \leqslant 0.25$	
严寒 C 区	$K \leqslant 0.2$		$K \leqslant 0.3$	
寒冷 A 区	$K \leqslant 0.25$		$K \leqslant 0.35$	
寒冷 B 区	$K \leqslant 0.35$		$K \leqslant 0.35$	

整体上，为适应其所处环境，秦岭山地古镇院落在外围护结构材料的选取和使用上，就地取材，选取热惰性较大的土为主要材料，以抵御外界温度的变化，创造舒适安全的室内环境。

10.3.2 风环境适应性

1. 庭院比例尺度对风环境的适应性

根据前述可知，秦岭古镇院落形态特征为以合院为单元，院落内各建筑围绕中心庭院布置，对外封闭，对内开敞。针对不同庭院空间形态的风环境进行模拟，研究庭院空间形态与风环境之间的关系。

模拟选择的 Phoenics 软件是英国 CHAM 公司针对建筑及暖通空调专业设计的 CFD 专用模块。该软件与其他软件兼容性较好，可以读取所有形式的 CAD 图形文件，被广泛应用在建筑学领域[173]。在网格设置上可以局部对网格细化，保证模拟结果准确。

模拟前的准备条件：明确模拟对象所处地区的风环境条件、Phoenics 软件的场景边界划定与参数设置。汉中市位于秦岭南麓邻近四川，气候潮湿多雨。在我国建筑气候区划中属于夏热冬冷ⅢC 类气候区。选择汉中市气象数据作窄长型庭院院落夏季通风模拟参考。依据《建筑气候区划标准》（GB 50178—1993），汉中市典型气象年的平均风速为 1.7m/s，夏季风以东南风为主。进行院落风环境模拟时，对应风速为 1.7m/s，东南风。结合古镇院落实际使用情况和测试内容，院落内的门皆设为打开状态。

模拟场景边界的划定：若模型高度为 H，则模拟场景的入风口面与模拟对象的最小距离为 $5H$，模拟场景的顶面与模拟对象最小距离为 $5H$，模拟场景的出风口面与模拟对象最小距离为 $10H$（图 10-8）[174]。

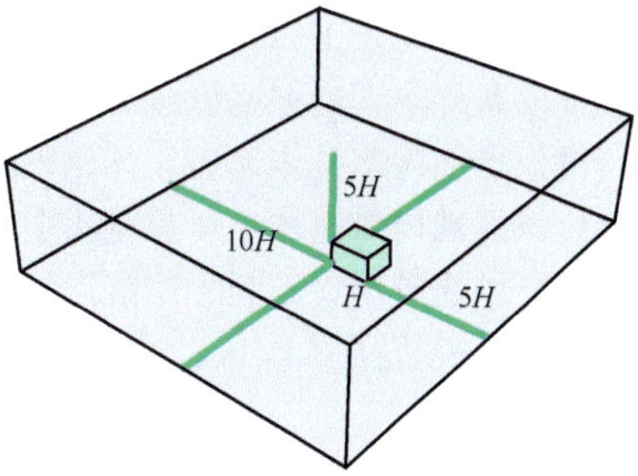

图 10-8 软件边界范围示意图

网格的设置要求：每个方向上的网格尺寸不大于模拟场景该方向上边长的 0.05。为提高模拟结果的准确性和运算效率，本次模拟对模型在场景空间中覆盖的网格进行局部加密（图 10-9），适当减少模拟场景其余空间网格数量，以提高模拟效率。

室外风环境评价依据主要为室外风速大小。在不同风速下，人体的舒适度不同（表 10-11）。

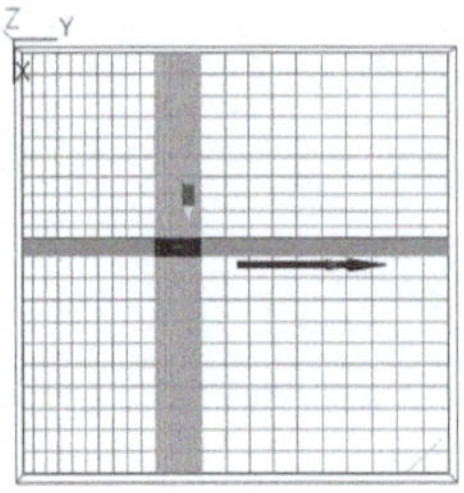

a) 场景X、Y轴网格划分

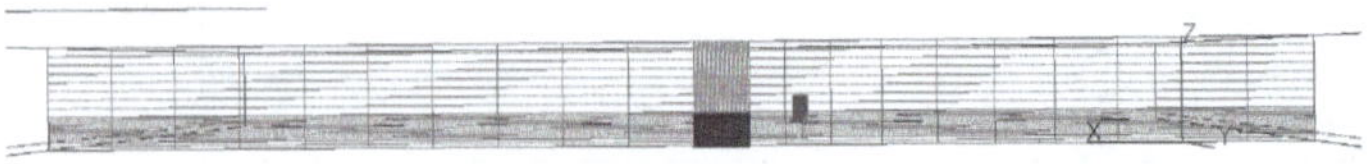

b) 场景Z轴网格划分

图 10-9 模拟网格划分

表 10-11 风速与人体舒适度的关系

风速/(m/s)	0.05	0.2	0.4	0.8	1	2
对热舒适度的影响	空气静止，感觉不舒适	几乎感觉不到风，但比较舒服	可以感觉到风而且比较舒适	感觉到较大的风，炎热夏季较为舒适	炎热干燥区自然通风适宜风速	炎热潮湿区自然通风适宜风速

（来源：《建筑设计与自然通风》）

根据前述调研，庭院宽度与门房一开间的尺寸相近，约为3m，两侧厢房多为三开间。以该组数据为基础，结合古镇院落空间营建实际情况，保持庭院宽度不变，分别设置厢房为一开间、三开间、五开间（若厢房超过五开间多设置过厅形成两进院落），对应庭院长宽比为0.8、2.4、4（图10-10）。

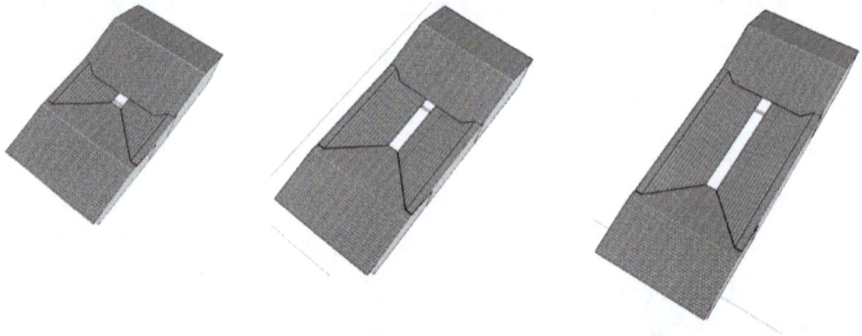

a) 0.8　　b) 2.4　　c) 4

图 10-10 不同庭院长宽比例尺度模型示意图

模拟结果见表10-12和表10-13。由1.5m处水平断面风速云图分析可得，在院落庭院开间相同的条件下，增加庭院进深形成窄长型庭院，可以有效增加门房一层的风速和正房风速，进而增加院落整体风速。其原因是外界风吹向院落，处于迎风面的建筑会在背后形成风影区，该区域内风速减小。长宽比小的庭院，院落后侧建筑与迎风面建筑距离近，处于其风影区内，风速较小，不利于院落通风。窄长型庭院的长宽比较大，院落后侧建筑与迎风面建筑距离远，避开了风影区，且窄长型空间产生狭管效应，可增加风速，有利于院落通风排湿。

为进一步观察院落庭院及其空间尺度对院落风环境的影响，下面选择凤凰古镇双进庭院院落进行自然通风模拟验证。

表 10-12 不同庭院尺度院落水平断面风环境模拟情况

庭院长宽比	1.5m 处水平断面风速云图
0.8	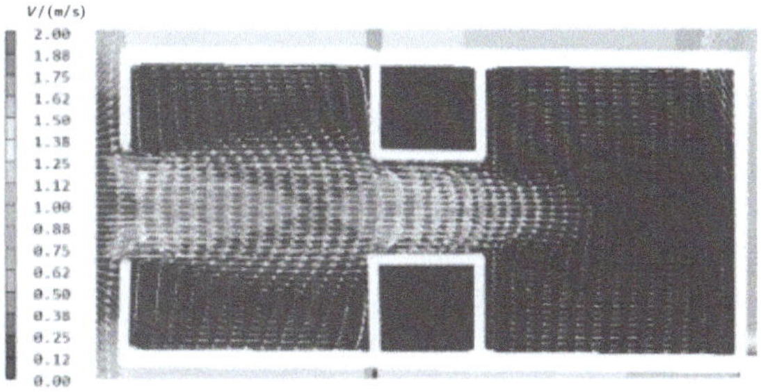
2.4	
4	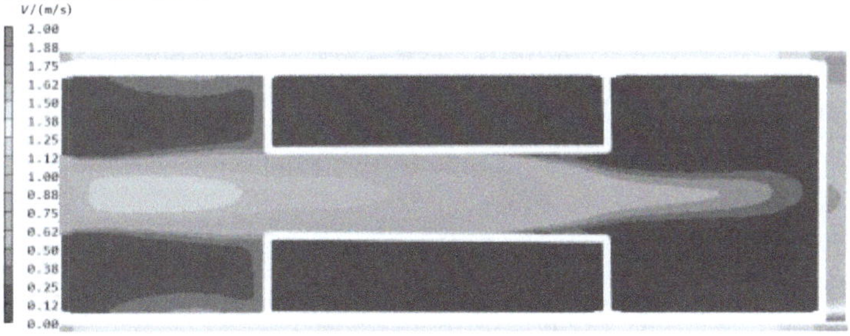

扫码看彩图

表 10-13 不同庭院尺度院落纵剖面风环境模拟情况

庭院长宽比	纵剖面风速云图
0.8	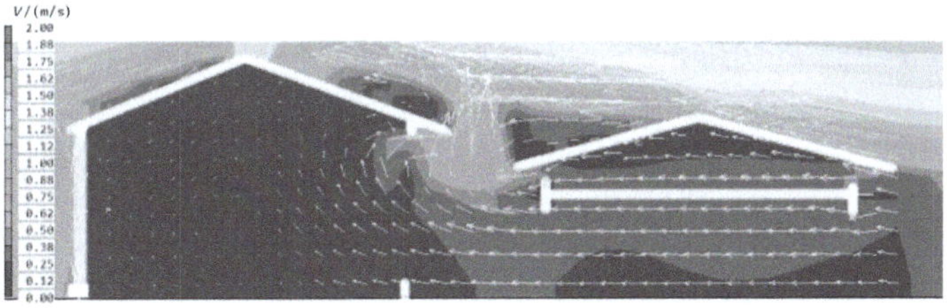
2.4	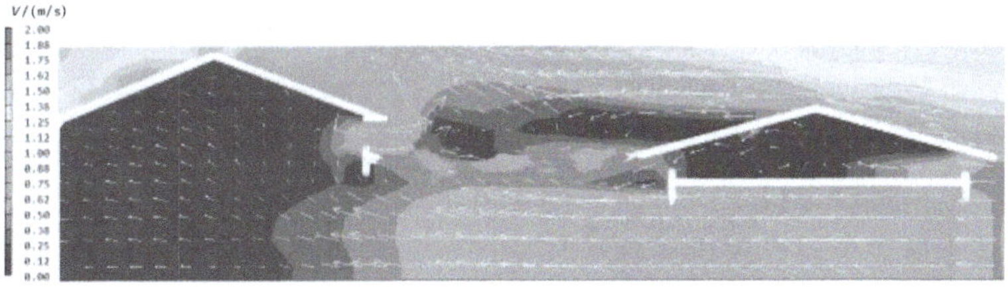

扫码看彩图

（续）

<table>
<tr><th>庭院长宽比</th><th>纵剖面风速云图</th></tr>
<tr><td>4</td><td>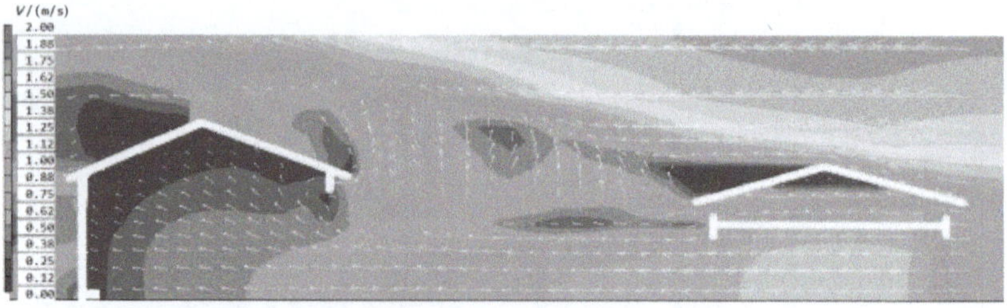
</td></tr>
</table>

模拟结果见表 10-14。由凤凰古镇两进院落 1.5m 处水平断面风速云图可以看出，院落长宽比超过 4，即厢房超过五开间形成双进院落后，院落整体风速减小，正房风速开始下降，但仍然较庭院长宽比为 2.4 的院落正房风速大。观察凤凰古镇双进院落纵剖面风速云图可以看出，院落外部风进入院落后经门房、一进庭院和过厅，整体风速呈逐渐下降的趋势，但在二进庭院上部，风速较过厅和一进庭院有所增加。综合以上模拟结果，院落庭院空间产生的狭管效应对吹进院落内的风有加速作用，有利于院落内湿气扩散。窄长庭院可以改善院落风环境，增强院落通风除湿效果。

扫码看彩图

表 10-14　凤凰古镇两进院落风环境模拟情况

<table>
<tr><th>院落断面</th><th>模拟结果</th></tr>
<tr><td>1.5m 处
水平断面
风速云图</td><td>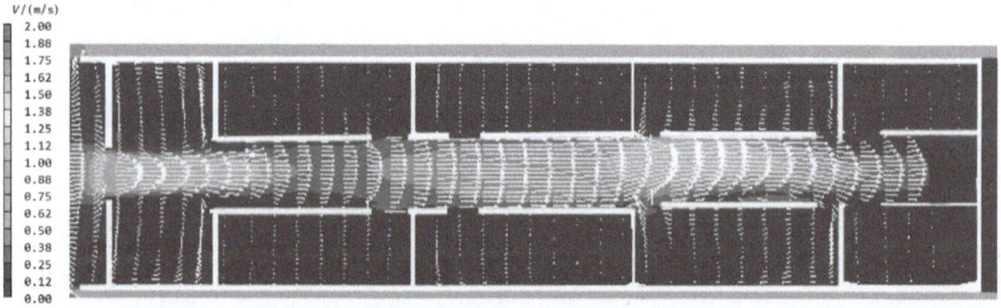
</td></tr>
<tr><td>纵剖面
风速云图</td><td>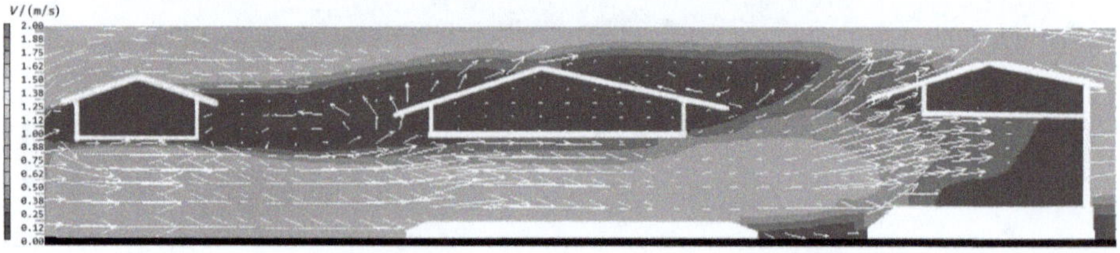
</td></tr>
</table>

综合各组模拟结果与实地调研，秦岭古镇对外封闭的围合式院落可以有效减小外界风对院落内部空间的影响，利于防风，但不利于院落通风。对内开敞的庭院空间可以弥补这一缺点，内部庭院的设置可以对吹进院落的风有加速作用。通过改变庭院空间形态，加大庭院长宽比，可减小风影区对院落内整体风环境的影响，提升院落整体风速。

2. 院落竖向空间布局对风环境的适应性

秦岭山地古镇院落阁楼间相互连通，对外开敞。下面以秦岭内潮湿多雨地区的窄长型院落为基础，建立模型，探究秦岭古镇高堂屋开敞阁楼的室内空间特征对院落风环境的影响。

扫码看彩图

模拟连通开敞的阁楼与屋顶出檐对院落风环境的影响，见表 10-15。

表 10-15　阁楼连通开敞对院落风环境影响

模拟变量	1.5m 处水平断面 院落纵剖面风速云图	庭院横剖面风速云图
模拟 a. 院门打开， 阁楼连通	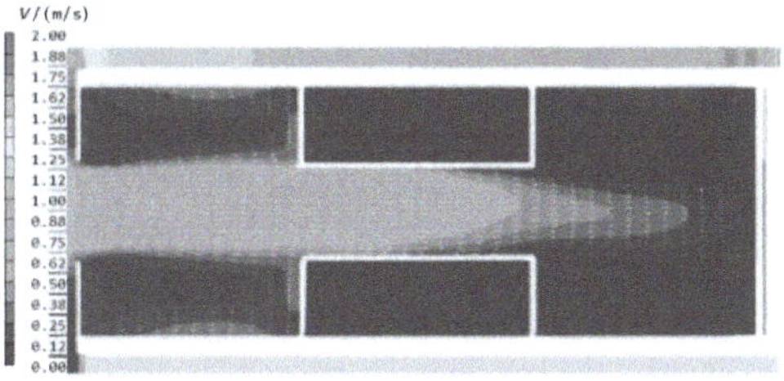 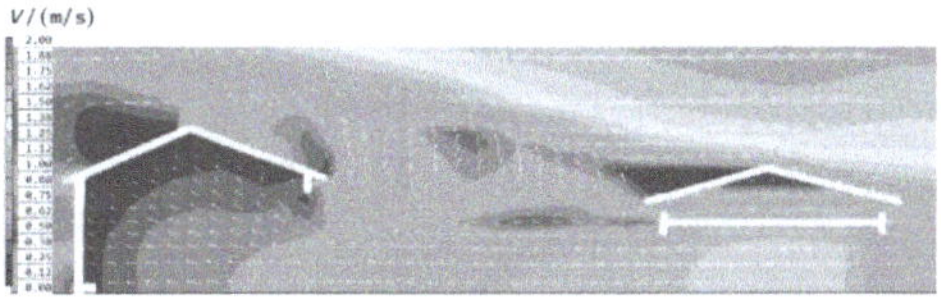	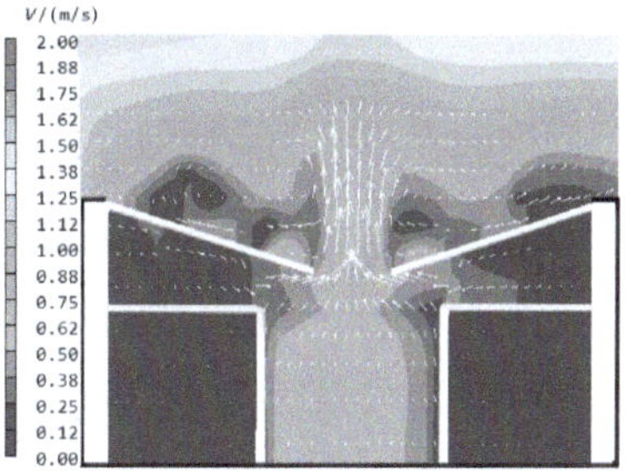
模拟 b. 院门打开， 阁楼封闭	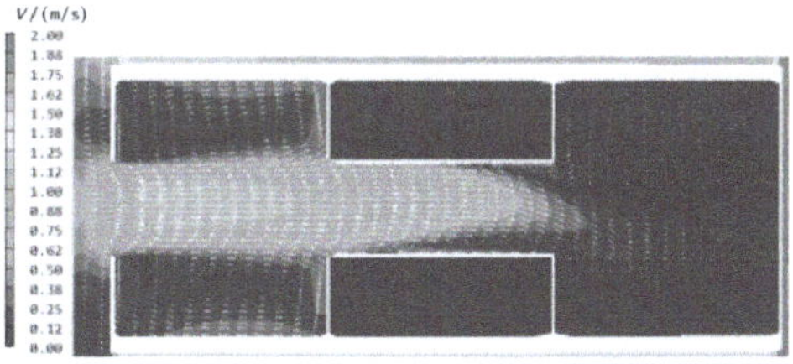 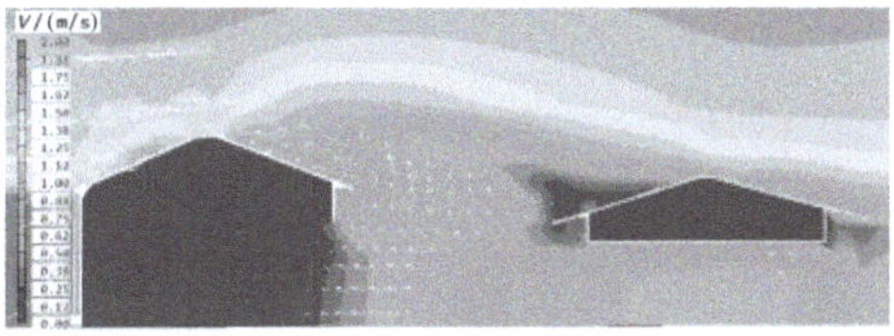	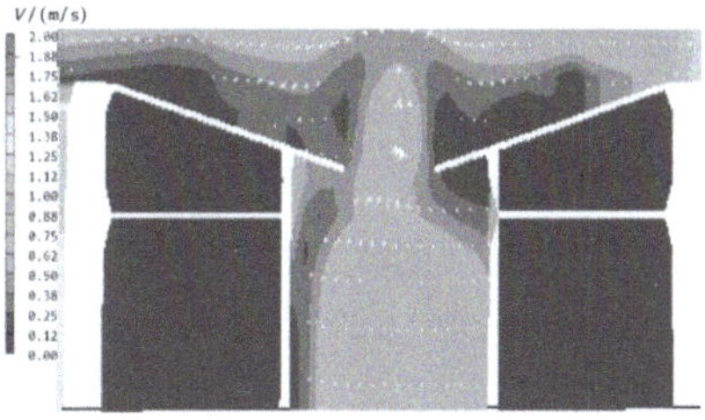
模拟 c. 院门关闭， 阁楼连通	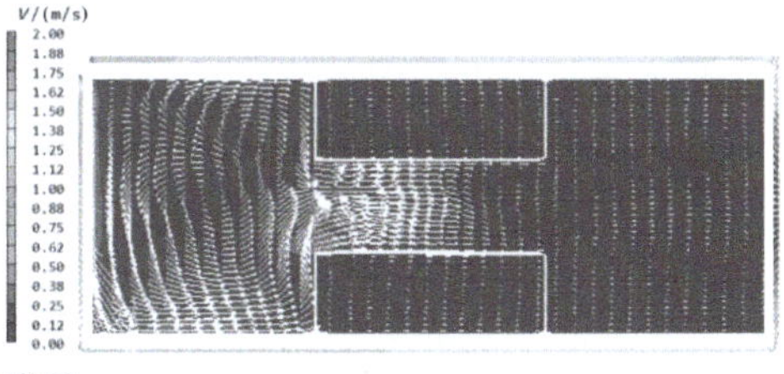 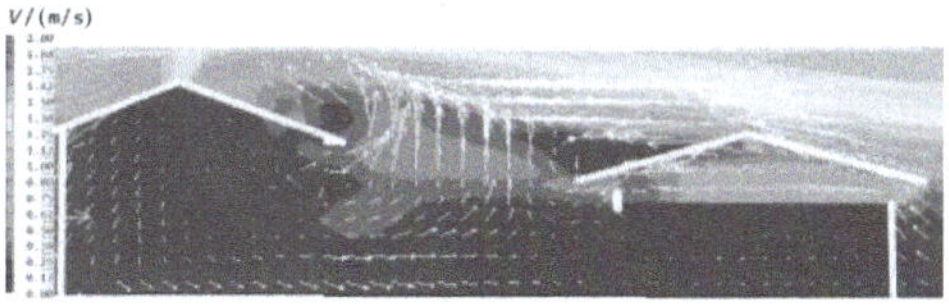	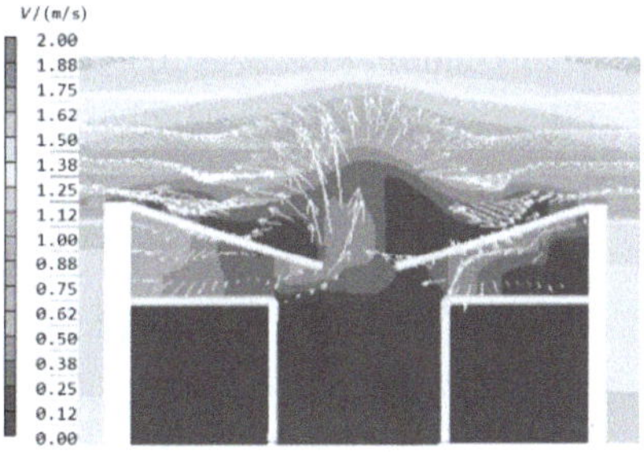

（续）

模拟变量	1.5m 处水平断面 院落纵剖面风速云图	庭院横剖面风速云图
模拟 d. 院门关闭， 阁楼封闭	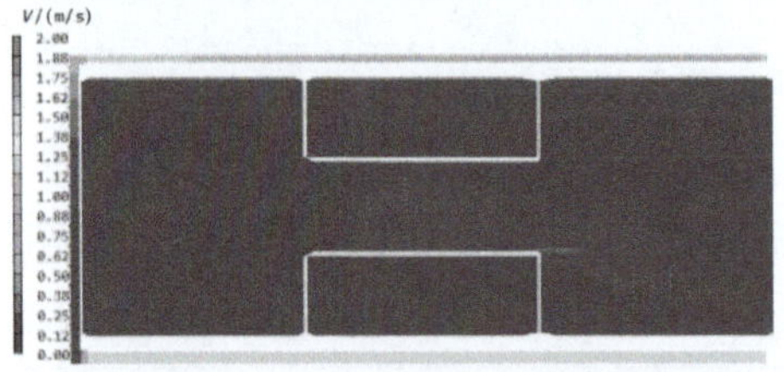 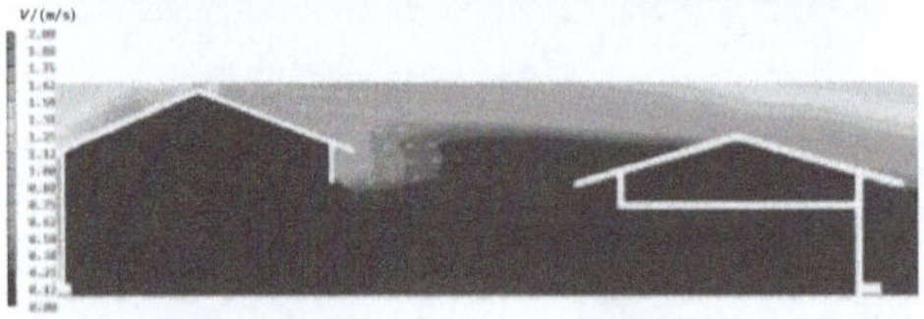	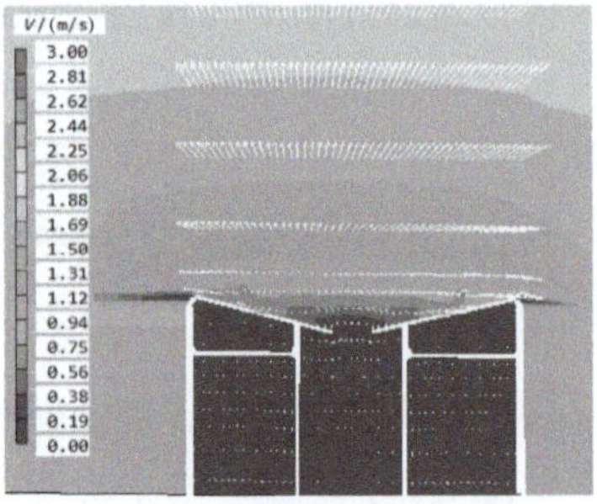

由模拟结果可知：对比模拟 a 与模拟 b，在白天院门打开时，阁楼连通，院落内整体风速明显增大。对比模拟 c 与模拟 d，在夜晚院门关闭时，院落庭院上部仍然有较为活跃的空气流动，连通开敞的阁楼空间对传统院落夜间通风有一定的促进作用。传统院落阁楼连通开敞，使得院落上部空间形成一个整体，气流交换不受遮挡，有效防止了局部空间积存热量或湿气过大，同时也节省了建筑材料。

无论院门是否关闭，檐下空间空气活跃程度较高。因为院落内部白天接受太阳辐射升温，到夜晚院落内温度高于室外形成热压差，产生了空气流动的动力，庭院上空开口为空气流动提供了必要条件。同时当空气流过屋顶檐口时会形成上下压力差、从而加速屋檐下气流速度，所以厢房及正房屋檐下风速均大于院落中部的风速。综上所述，秦岭古镇院落屋顶出檐，一方面可以避免夏季雨水对墙面的破坏，另一方面也可使院落夏季夜晚户门关闭时，屋檐下的活动空间仍具有较舒适的风环境。

10.4　本章小结

本章分别从院落空间的布局、功能和气候环境三个主要方面分析院落空间的适应性特征。

院落空间布局上，窄长型古镇院落占地面积小，院落房间紧凑，适应丘陵山地。以层级抬升的台院适应山地起伏地势。以深远的出檐遮挡日照与雨水。在院落营建上，建筑材料就地取材，使用以土、木（竹）、石为主的传统建筑材料。建筑结构与构造做法呈现多元化、实用性的特征，回应秦岭山地古镇多元杂糅的文化特征。院落空间功能上，古代为适应生产生活方式与经商需求，形成阁楼与夹层形式的储存空间和前店后居的功能布局，以及进行交易交流的沿街檐下空间。

在气候条件方面，院落厢房单坡屋顶形式可以获得更好的院落采光。院落营建使用导热系数小、热稳定性好的土木材料结合特殊构造做法进行冬季保温和夏季防热。通过 CFD 模拟软件，详细分析了在院落风环境组织方面的适应性特征，以对外封闭围合、对内开敞庭院、增加庭院长宽比、增设阁楼的方式平衡院落防风通风需求。总体上，古镇传统院落通过调整整体空间形态、屋顶出檐距离和构造做法的手段平衡冬夏季保温隔热需求，创造舒适的居住环境。

第11章 古镇院落绿色更新模式

第 11 章 古镇院落绿色更新模式

11.1 院落功能更新模式

室内空间是最直接关乎人们居住体验的空间。当下，人们对居住质量要求不断提升，居住功能更加多样，新建院落室内空间在传承古镇院落适应性特征的同时应进行一定优化，以满足现代居住需求。

11.1.1 平面布局更新

正房处于民居建筑的核心地位，是院内等级最高的房屋。现今院落中正房的重要性急剧下降，堂屋面积减小，处于院内最好位置的建筑多为生活起居用房。

古镇新建院落在延续中轴对称前店后宅的院落平面适应性同时，应结合现代居住功能需求，将正房由原来的单一空间划分为具有卫生间、厨房、客厅和卧室的多功能空间，并紧凑布置、节约用地。具体方式可以总结为对开间进深的改变（图 11-1）和竖向增高两种方式。

11.1.2 竖向功能更新

1）现代新建院落宅基地面积减小，为增加使用面积，节约用地，可在延续古镇院落高堂屋开敞阁楼的空间特征基础上，将阁楼高度增加，形成两层居住空间。同时可以考虑将客厅设置为两层通高的形式（图 11-2），保留古镇院落高堂屋的空间标志性传承特征，通高部分面积的大小可根据户型灵活调整。在开敞阁楼的空间标志性特征的传承方面，利用可自行开闭的隔窗代替古镇木质镂空隔断，在寒冷冬季关闭隔窗，阻断阁楼内空气流动，减小院落风速，形成阁楼的保温层。在潮湿炎热的夏季，打开隔窗，利于院落通风除湿。

2）新建院落阁楼空间可结合楼梯间布置，将二者连通，在冬季屋顶与楼梯间均封闭，形成了竖向的缓冲空间。夏季楼梯间对外开口，利用热压效应通风，带走阁楼热空气（图 11-3）。

3）院落屋顶出檐。古镇院落屋顶出檐有防水和通风的适应性特征。根据前述内容，秦岭古镇院落屋顶出檐长度是由最小飘雨角和风环境共同决定的。秦岭新建院落在屋面出檐大于最小飘雨角的同时，应综合风环境考虑屋顶出檐长度，潮湿多雨地区院落可适当加大屋面出檐。

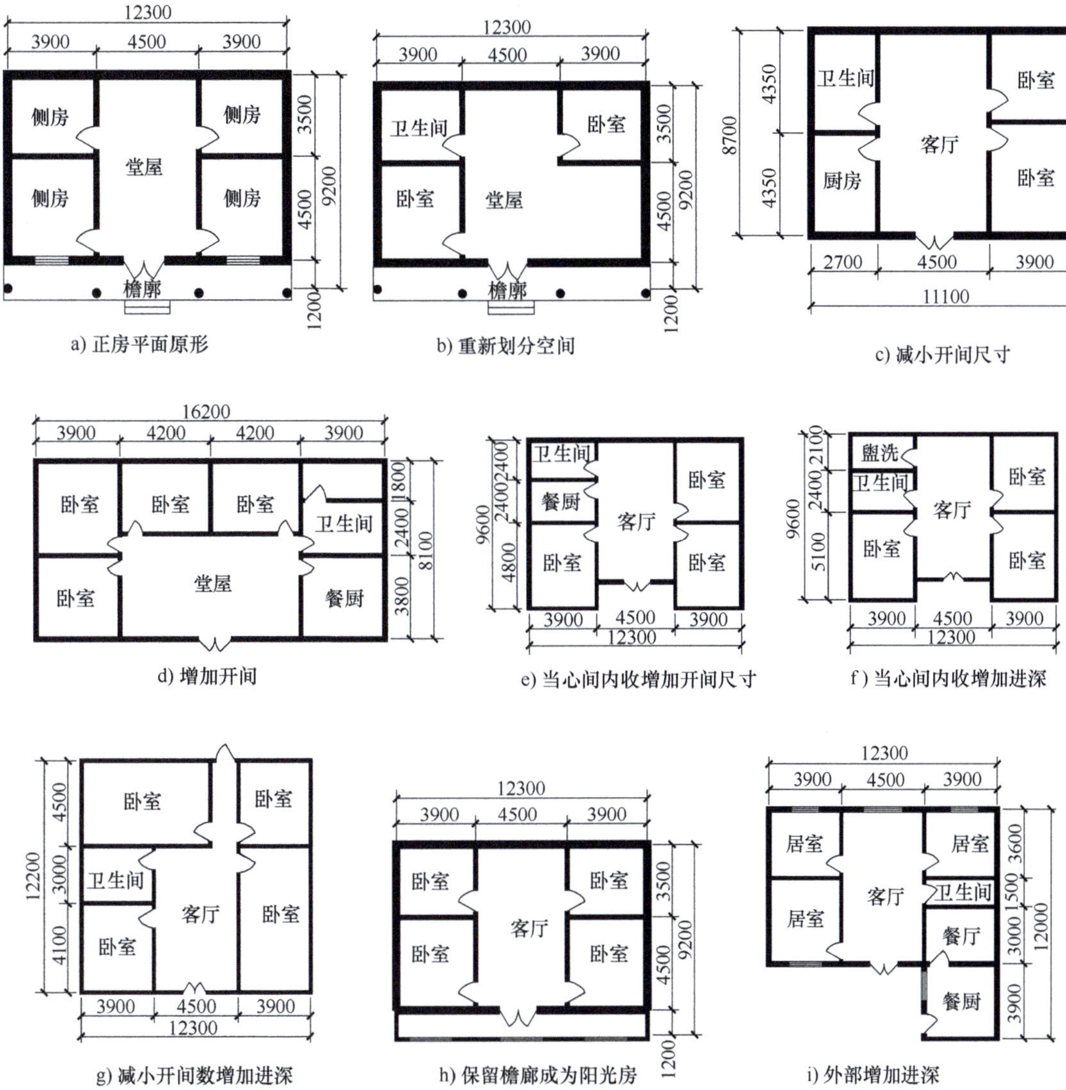

a) 正房平面原形　b) 重新划分空间　c) 减小开间尺寸
d) 增加开间　e) 当心间内收增加开间尺寸　f) 当心间内收增加进深
g) 减小开间数增加进深　h) 保留檐廊成为阳光房　i) 外部增加进深

图 11-1　新建院落正房调整方式

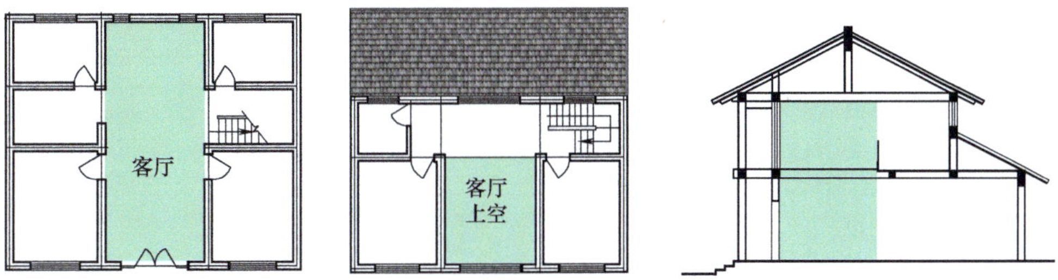

a) 一层平面　b) 二层平面　c) 客厅剖面

图 11-2　院落高堂屋传承方式

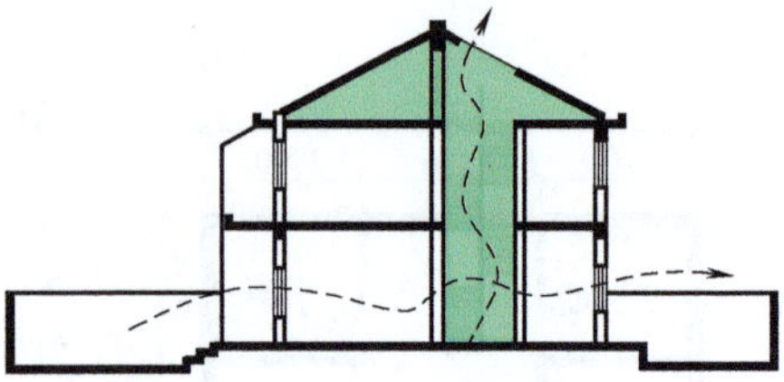

图 11-3 楼梯间结合阁楼通风

新建院落延续古镇屋面出檐形式，为保证冬季采光，屋面出檐长度不应过长，保证不大于冬至日中午阳光刚好能通过窗口的上边沿时的出檐长度[175]（图 11-4）。

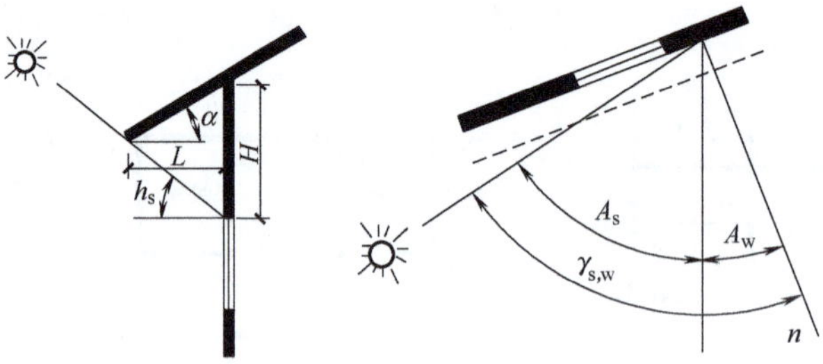

图 11-4 挑檐长度计算（来源：《广西壮族传统民居的再生研究》）

注：图中字母注释同式（11-1）和式（11-2）中字母注释。

任意朝向窗口的水平遮阳板挑出长度，按下式计算[176]：

$$L=H\cot h_S\cos\gamma_{S,W} \qquad 式（11-1）$$

式中 L——水平遮阳板挑出长度（m）；

H——水平遮阳板下沿至窗台高度（m）；

h_S——太阳高度角（°）；

$\gamma_{S,W}$——太阳方位角与墙方位角之差（°）。

$$\gamma_{S,W}=A_S-A_W \qquad 式（11-2）$$

式中 A_S——太阳方位角（°）；

A_W——墙方位角（°）。

任意朝向的挑檐长度 L 则可按下式计算[175]：

$$L=H'\cot h_S\cos\gamma_{S,W}/(1+\tan\alpha\cot h_S\cos\gamma_{S,W}) \qquad 式（11-3）$$

式中 L——挑檐长度（m）；

H'——窗口上沿到屋面内表面的高度（m）；

α——屋面坡度（°）。

11.2 院落空间更新模式

影响院落空间形态的因素有院落布局、庭院的比例尺度、院门位置和屋顶形式等。新建院落生产储存空间缩小，宅基地面积减小，居住人口较少，为适应现代功能需求，其布局形式、尺度和功能都应进行一定优化，在延续古镇院落适应性的同时，做到院落布局紧凑、功能区分合理、空间利用充分。

现代古镇人口增加，宅基地面积减小，生产方式发生变化，生产与储存空间缩小，故在传承古镇院落空间适应性的基础上形成“一”字形、“L”形、“U”形和“口”字形的封闭合院，通过优化院落排列布局方式、院落朝向与当地主导风向的关系、院落功能设置的方式及屋面形式，秦岭古镇传承了院落庭院灵活的合院空间、中轴对称前店后宅的院落平面和单双坡结合的屋顶形式。

11.2.1　“一”字形合院传承模式

“一”字形合院传承模式适用于人口较少、宅基地面积较小的新建院落，保留院落主要居住的正房，庭院可置于院落空间一侧，形成“一”字形封闭合院。将院落开间较小的一面垂直于主导风向，形成窄长的庭院空间，该种布置方式适用于秦岭潮湿多雨地区。院落开间较大的一面垂直于主导风向，形成浅长型庭院，此种院落布置方式适用于秦岭寒冷少雨地区。新建院落为商住型，可将阁楼部分加高形成两层居住空间，首层设置临街店铺（表 11-1）。

表 11-1　“一”字形封闭合院

<table>
<tr><th>院落空间组织</th><th>院落组合方式</th><th>特征</th></tr>
<tr><td>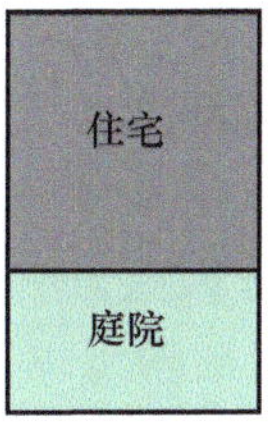

院落平面布局
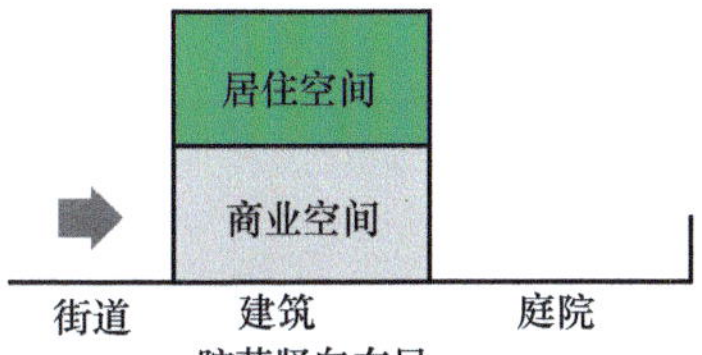

院落竖向布局</td><td>
潮湿多雨地区院落组合方式
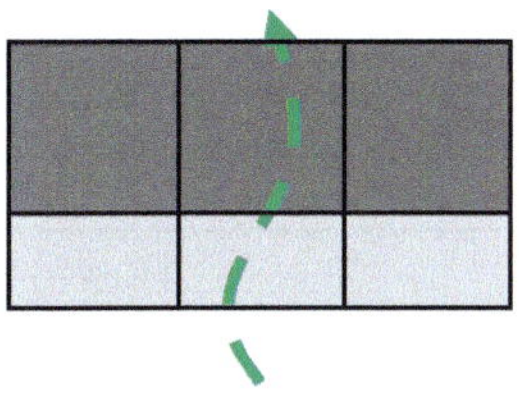
寒冷干旱地区院落组合方式</td><td>院落功能简单，功能分区明确，布局紧凑，节约用地，流线简洁，联系方便</td></tr>
</table>

11.2.2　“L”形合院传承模式

“L”形合院传承模式适用于面积稍大的新建院落，较“一”字形封闭合院可以容纳更多功能，功能布置更为灵活，围合程度也更高。院落开间小的一面垂直于主导风向，形成窄长型庭院，适用于秦岭潮湿多雨地区新建院落。院落开间大的一面垂直于主导风向，形成浅长型庭院，适用于秦岭寒冷干旱地区新建院落。商住型院落可将临街部分形成商业空间，居住空间置于院落一侧或临街二层部分（表 11-2）。寒冷干旱地区新建院落东西向建筑屋顶可设置为单坡形式。

表 11-2 “L”形封闭合院

院落空间组织	院落组合方式	特征
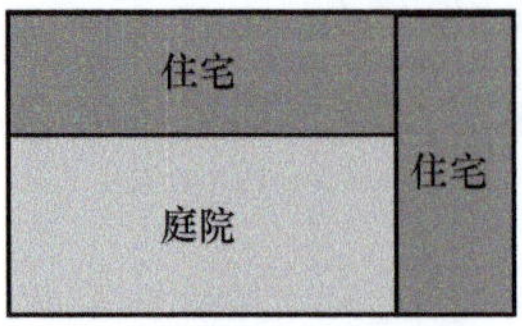 院落平面布局 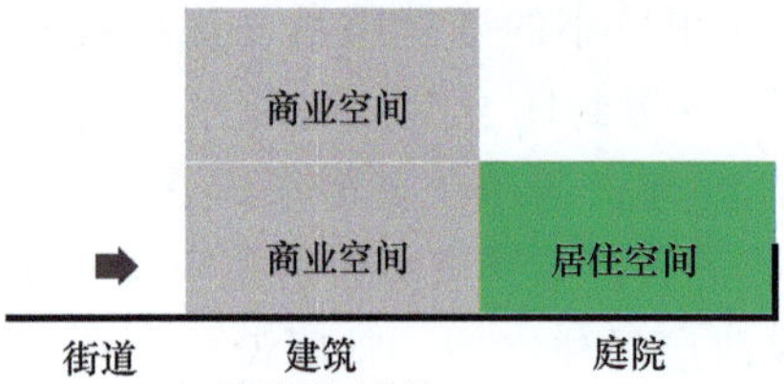 院落剖面布局	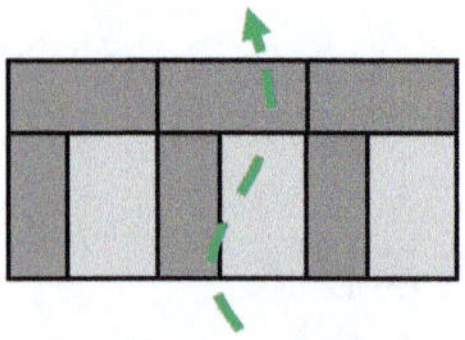 潮湿多雨地区院落组合方式 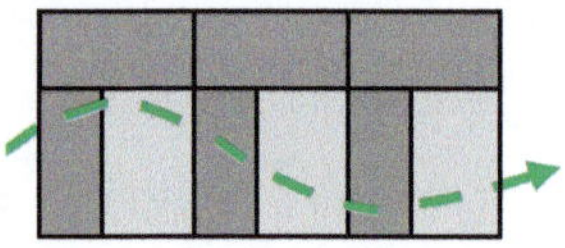 寒冷干旱地区院落组合方式	院落功能分区更加明确，互不干扰。布局紧凑，节约用地，空间丰富，流线简洁，交通便利

11.2.3 “U”形合院传承模式

院落基地面积进一步扩大，院落两侧布置辅助功能，与主要居住空间联系。庭院可位于前侧或前后两侧，形成“U”形院落。院落容纳功能更加多样，流线也更加复杂。功能布置需经过细致规划，院落围合程度进一步加强，院落开间小的一面垂直于主导风向，形成窄长型庭院，适用于秦岭内潮湿多雨地区新建院落。院落开间大的一面垂直于主导风向，形成浅长型庭院，适用于秦岭内寒冷干旱地区新建院落。商住型院落可以形成分区更为明确的前店后宅式布局，商业功能布置于临街建筑中，院落一侧及后部建筑功能可依据需求灵活布置（表 11-3）。寒冷干旱地区新建院落东西向建筑屋顶可设置为单坡形式。

表 11-3 “U”形封闭合院

院落空间组织	院落组合方式	特征
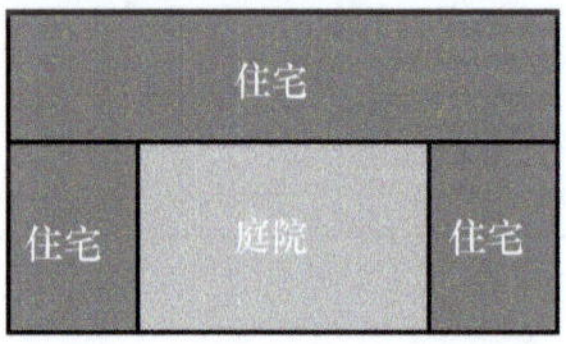 院落平面布局 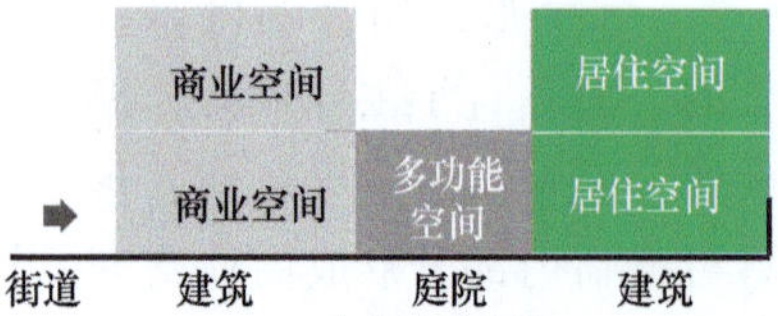 院落剖面布局	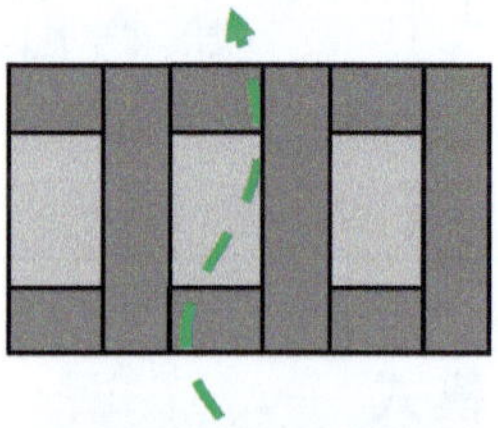 潮湿多雨地区院落组合方式 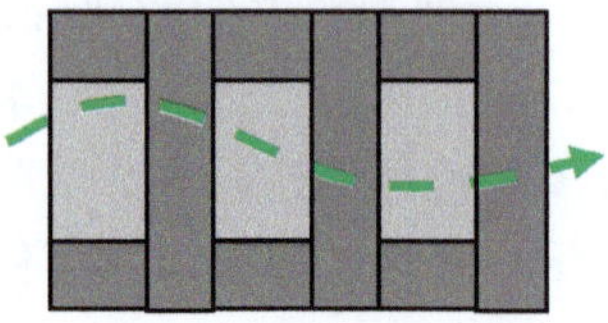 寒冷干旱地区院落组合方式	院落占地面积较大，围合性更强，更加独立。院落有明显轴线，主次功能分区明确，容纳功能更加多样，各功能之间关系需细致考虑

11.2.4 “口”字形合院传承模式

在各种院落组合形式中，“口”字形封闭合院占地面积最大，围合程度最高，空间形态与古镇院落最为相近。院落内功能形式更加多样，流线更复杂，形成大规模综合性院落。但应注意的是，由于其占地面积较大，数量不宜过多，且在设计过程中应详细规划院落各功能布局，避免功能混杂、流线混乱、浪费土地面积。内部庭院空间形态可依据气候条件灵活设置为窄长型或浅长型，秦岭冬季寒冷多风地区院落可将大门设置在院落一侧偏于一角的位置，既有利于冬季防风，又有利于夏季通风。同样，商住型院落可以形成分区更为明确的前店后宅式布局，院落两侧建筑功能可依据需求灵活布置（表 11-4）。寒冷干旱地区新建院落东西向建筑屋顶可设置为单坡形式。

居住型新建院落空间布置以适应居住和农业生产为主，要保证居住空间的安静和生产空间的合理尺度。院落宅基地面积紧张，可采用“一”字形封闭合院形式，院落宅基地面积充足可考虑“L”形和“U”形封闭合院，在方便容纳辅助功能的同时兼顾今后扩改建的可能。

表 11-4　“口”字形封闭合院

空间组织	院落组合方式	特征
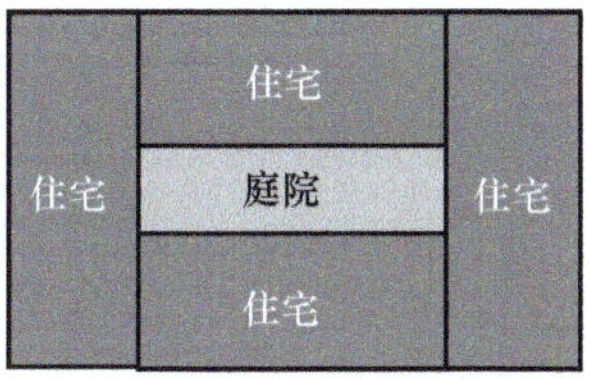 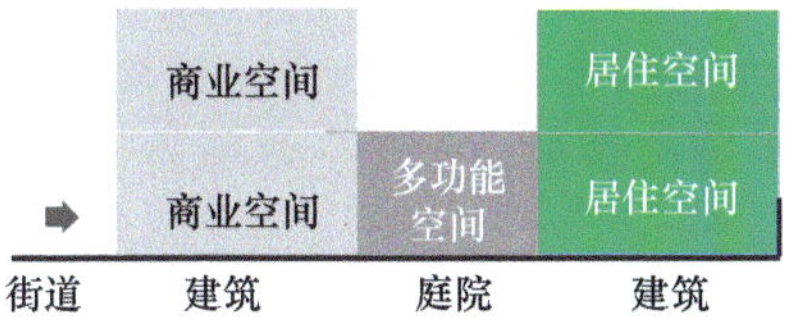 	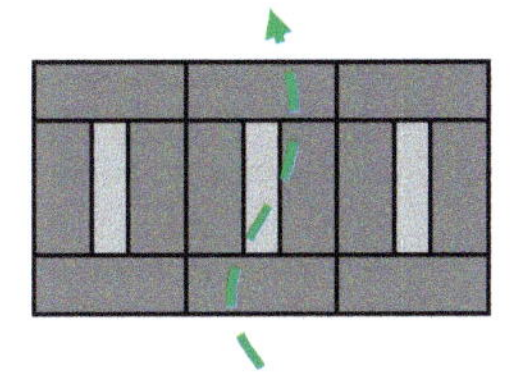 潮湿多雨地区院落组合方式 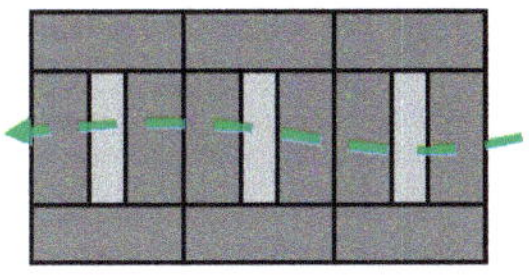 寒冷干旱地区院落组合方式	院落占地面积大，围合性强，中心庭院更加突出。院落有明显轴线，适用于用地规模大、生活用房面积需求大、附属功能较多的家庭

商住结合型新建院落最大的特点是要保证对外联系畅通，将院落建筑临街。宅基地面积充足时，首先考虑“口”字形封闭合院形式，以内部庭院分隔居住与经营功能空间，传承古镇院落前店后宅的典型院落形式，也可增加后院，在方便容纳辅助功能的同时兼顾今后扩改建的可能。宅基地面积紧张时，考虑“L”形和“U”形封闭合院形式，为使商铺临街，可将前院转化为侧院，方便经营活动。居住空间可置于二层或三层，与经营空间分隔。

11.3 院落文化传承模式

11.3.1 院落营建的传承模式

古镇院落中就地取材的特征具有地形地貌的适应性。传承古镇传统院落营建适应性的要求，秦岭地区新建院落建筑材料应首先从当地储量大、易运输、造价低、可回收的材料中选取，结合材料本身性质进行应用，利用传统材料，体现地域特色。

通过对古镇院落的调研、温湿度环境实测和外围护结构热工参数计算，古镇传统院落建筑虽然具有一定的保温性，墙体热惰性较大，但传统院落与现存新建建筑存在围护结构材料传热系数偏大、冬季室内温度偏低的问题。在使用传统材料的同时，应在建筑构造设计方面，注意外围护结构的保温性能提升，降低建筑围护结构的传热系数。

1. 主体结构

可选用砖混或钢筋混凝土框架结构，承重主体为梁、板、柱，保证建筑安全。在非承重部位使用可以表现院落地域风貌特征的木结构，如檐廊和屋盖。

2. 外围护墙体

就地取材的传统院落营建材料的选取与使用具有典型的可传承性，但根据古镇院落温度测试和热工参数计算的结果，秦岭古镇院落冬季室内温度均达不到规范要求。新建院落在传承古镇院落营建适应性特征的基础上，应结合现代保温材料进行外围护结构设计，提升冬季院落室内温度。

在材料的选取上，以体现地域特征的石墙、砖墙作为新建院落承重墙，非承重墙体可采用地方传统材料，如木板、石板、竹编和土坯等。通过院落室内温度测试和围护结构热工参数的计算，古镇院落采用的夯土墙体热惰性较普通砖墙高，传热系数小于现代普通砖墙，可以在一定程度上保存室内热量，减少室内温度的波动，具有适应性特征，且现代黏土砖对环境污染较大，并与古镇整体风貌不兼容，但生土材料仍存在力学性能差、耐久性差等缺点。

新建院落在传承传统建筑材料选取使用的基础上，应该确保建筑材料有一定的保温性能。可以考虑将生土墙体进行改良，发挥其优势。西安建筑科技大学在技术上对传统夯土墙进行了改良，将草泥土坯与混凝土密肋相结合，形成新型生态复合墙体。该墙体抗震性能相较于传统夯土墙抗震性能提升明显，防水防潮、保温隔热性能同样明显优于黏土砖墙[177]。秦岭古镇院落外墙多采用空斗墙的做法，在延续古镇院落外墙风貌的基础上，将原有填充材料置换为保温材料，提升外墙的保温隔热性能。

另外基于现代的发展和国家的环保政策，结合农村居住建筑节能设计相关规范和经济的考虑，在外墙加设保温层。按照保温材料在墙体中的位置大致可分为内保温、外保温和夹芯保温等多种类型（图 11-5）。各种外墙保温形式的特点见表 11-5，秦岭地区新建民居院落应根据不同地区的气候特点选择外墙保温方式。

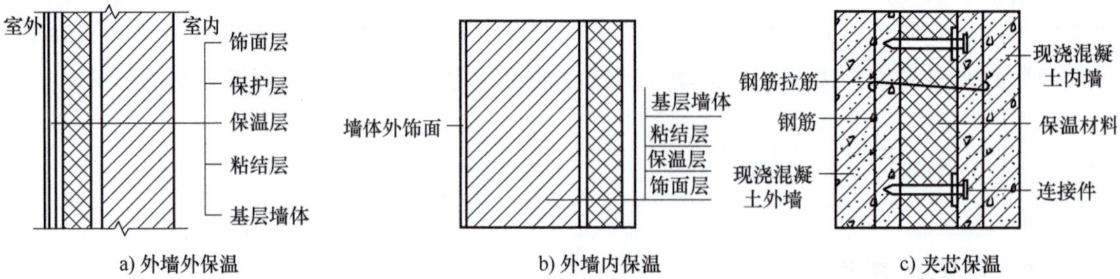

图 11-5　外墙保温构造

表 11-5　外墙保温形式的特点

保温类型	优点	缺点	常见保温材料
外墙外保温	1. 适用范围广泛 2. 保护建筑墙体与结构，延长建筑使用寿命 3. 扩大建筑室内可利用空间 4. 不易产生结露现象 5. 有效避免热桥影响	1. 面层受室外环境影响大，对保温材料选择要求较高 2. 施工技术要求较高	XPS 挤塑板、EPS 聚苯板和发泡水泥岩棉等
外墙内保温	1. 施工技术成熟，工艺简单 2. 保温材料要求低，经济性高 3. 室内温度升高迅速	1. 室内外温度差较大时易产生结露现象，损害建筑本体 2. 易产生热桥，增加热量损失 3. 占用室内空间	水泥珍珠岩板、聚苯乙烯板、充气石膏板、岩棉板或者保温砂浆等
夹芯保温	1. 有效保护保温材料与内墙片 2. 可进行装配预制，工期较短	1. 抗震性能较差 2. 保温层内外墙面温差较大，对墙体易产生结构性破坏 3. 墙体内部易产生空气对流	聚苯乙烯、玻璃棉以及脲醛现场浇筑材料等均可使用

由于冬季集中供暖，寒冷及严寒地区新建民居院落室内外温差较大，可采用外墙外保温方式，避免热桥或冷桥造成外墙整体传热系数增大，增加传导热损失；另一方面相较于外墙内保温可避免墙体结露。

在秦岭夏热冬冷地区冬季无集中采暖，室内外温差常年较小，不易产生结露现象，同时由于该地区居民采暖多使用间歇空调运行模式，能耗的特征与寒冷及严寒地区不同，使得外墙外保温与外墙内保温两种形式外墙整体传热系数相差很小，建筑能耗几乎相同。所以秦岭夏热冬冷地区新建民居院落可采用外墙内保温形式，保温性能较好。

保温层的厚度依据当地规范要求确定，应选取导热系数小、吸湿率低、高效轻质的保温材料。常用保温材料有挤塑聚苯乙烯板、膨胀聚苯乙烯板、岩棉板和喷涂硬泡聚氨酯等。

秦岭夏季炎热地区新建建筑设计应考虑建筑外墙的隔热，总体来说可以从减少对太阳辐射的吸收、使用利于散热的材料和构造以及减少外围护结构传热几方面入手。

外墙色彩选取浅色饰面（太阳辐射吸收率小于 0.4 的饰面材料），减少对太阳辐射的吸收。采用垂直绿化的方式来增加外墙的传热阻（R_0）和热惰性（D），从而降低外墙内表面的温度和温度波动幅度，同时美化建筑立面。

3. 建筑门窗

外窗是围护结构中热工性能较差的部位，其耗能占围护结构总耗能的一半，大部分能耗为夏季太阳辐射得热和冬季通过窗框和玻璃的对外传热和冷风渗透。提高窗户的保温性和密闭性，窗框可采用断桥铝合金、塑钢或实木。玻璃可采用中空塑钢外窗、中空 LOW-E

玻璃塑钢外窗，降低窗户的传热系数，提高建筑冬季保温性能。为兼顾经济性，新建院落节能外窗可考虑使用木框双层中空玻璃。为兼顾夏季遮阳，秦岭部分夏季炎热地区在窗户室内侧安装百叶窗，根据需求可将百叶窗改进为推拉式，可随用户需求开启或关闭。百叶窗在阳光照射下可以产生极富韵律的光影效果，美化建筑外观。几种不同类型窗户的传热系数见表 11-6。

表 11-6　几种不同类型窗户的传热系数

窗户类型	传热系数/[W/(m^2·K)]
单层玻璃木框窗	4.7
单框双玻璃木窗，空气层厚 9mm	2.6
中空断桥铝合金窗，空气层厚 9mm	3.2
中空塑钢窗，空气层厚 12mm	2.6
中空塑料窗，空气层厚 12mm	2.7

（来源：《陕南传统民居绿色建筑设计与节能改造实例分析》）

门窗框可进行色彩喷涂处理，使其与院落整体风貌统一协调。窗套和窗花等传统装饰可根据需要，设置在门窗玻璃外侧、内侧和双侧玻璃之间。

针对古镇院落建筑室内采光较差的问题，秦岭寒冷及严寒地区新建院落，在保证室内热舒适度的条件下，尽量增加墙面采光面积，比如在门上面设置门联窗等。窗户尺寸的设置上，应综合不同地区相关规范标准，综合确定（表 11-7）。

表 11-7　窗户尺寸确定相关要求

<table>
<tr><th>规范标准</th><th>夏热冬冷地区</th><th>寒冷地区</th><th>严寒地区</th><th>《住宅设计规范》</th><th>《农村住宅卫生规范》</th></tr>
<tr><td>南向窗墙面积比</td><td>≤0.45</td><td>≤0.5</td><td>≤0.45</td><td rowspan="3">满足自然通风的窗户可开启面积大于或等于 1/20 的地板面积，且满足日照的窗口宽度≥0.6m</td><td rowspan="3">窗地比主室 1/7～1/6、副室 1/10～1/8</td></tr>
<tr><td>北向窗墙面积比</td><td>≤0.4</td><td>≤0.3</td><td>≤0.25</td></tr>
<tr><td>东西向窗墙面积比</td><td>≤0.35</td><td>≤0.35</td><td>≤0.3</td></tr>
</table>

4. 院落屋顶

根据古镇院落温度实测与屋面热工性能计算得出，传统院落与新建民居皆具有一定的保温性能，但围护结构传热系数较大，室内温度远未达到相关标准要求，应对建筑防寒保暖能力进行提升。屋顶是民居围护结构的重要组成部分，对室内热舒适有很大的影响。可通过设置保温层和进行屋面绿化的方式提高屋顶的保温性能。

为提升新建院落冬季室内舒适度，在屋顶构造中可以通过设置保温层的方式，确保热工性能满足需求，尤其是在比较寒冷的冬季，可以通过保温层的设置来减少热量损失。一般情况下，保温层设置选择的主要材料有 EPS 板和 XPS 板。铺设方式可选择在屋面椽子下铺设保温板，加厚保温板的厚度，使得保温板与椽子之间紧密连接，减少热损失，利于保留古镇院落原有屋面风貌。

利用植物的蒸腾作用调节屋面温度，减小屋顶得热，利用土壤保温性能，减小室内温度波动，保持温度恒定。在炎热的夏季，屋面土壤可吸收留存屋面雨水，通过植物的蒸腾作用改善院落空气质量。

11.3.2　院落风貌传承

1. 装饰

院落装饰上，延续古镇院落风貌特征，在建筑主体和宅门的屋脊、山花、檐口、门窗洞口、门头、勒脚等部位恰当运用砖雕、木雕、石雕和粉饰彩绘的手法，传承地域文化特征。装饰材料可选择木、石、砖等地方材料，也可使用金属等现代材料，展现院落时代特征。建筑小品的设置与日常使用功能相结合，材料就地取材。

2. 材料

院落建筑外表皮材料可传承古镇院落就地取材的特点，使用地方材料（如毛竹、木材、夯土和毛石等）（图 11-6），与古镇院落建筑材料色彩协调，避免突兀。也可将地方材料和现代材料有机结合，采用多样的搭建方式，在延续古镇院落原有材料色彩的基础上进行创新，体现乡土文化地域特征。

图 11-6　院落形象风格效果

11.4　本章小结

在传承秦岭古镇院落绿色营建经验与文化的基础上，提出适应经济技术发展，符合现代化生产生活方式，满足居民居住需求的秦岭古镇绿色更新模式，指导具有秦岭地域特征的绿色民居建筑设计。

在院落功能更新模式上，延续中轴对称前店后宅的院落形式，对原有空间重新进行功能划分与组织。院落空间组织上，依据朝向与主导风向灵活合理布置，形成“一”字形、“L”形、“U”形和“口”字形封闭合院。平面上改变开间与进深尺寸，将单一空间重新划分，适应当下居民功能需求。竖向空间上增加阁楼高度，承载更多功能兼顾保温隔热性能。屋顶形式延续坡屋顶，以适应秦岭气候特征。

传承古镇院落营建就地取材、因材施用的特征，在使用传统材料传承地域文化特征的同时，提升围护结构的保温隔热性能，考虑在外墙加设保温层，根据不同地区的气候特点来选择外墙保温方式，在保证室内热舒适性的条件下，尽量增加墙面采光面积，符合当地建筑设计规范要求。选用砖混或钢筋混凝土框架结构，外墙选取石墙、砖墙作为新建院落承重墙，以体现地域特征。非承重与建筑细部使用木结构，配合砖雕、木雕、石雕和粉饰彩绘的手法，表现院落地域风貌特征。

第12章 结论

第 12 章 结论

12.1 研究结论

秦岭山地古镇是地域文化的宝贵资源，在由历史文化名城、名镇、名村及传统村落所构成的文化体系中，起着空间衔接、内涵承接及管理对接的枢纽作用。其科学有序的发展，对于传承地域文化、促进旅游产业、推动地方经济和实施乡村振兴具有重要的现实意义。

秦岭具有中国南北分界线的气候条件、河谷型山地环境、移民性人口构成，以及多元化文化背景，使得众多古镇各具特色，且古镇在长期历史演变过程中出现了各自不同的发展问题，尤其表现在文化保护与经济发展的协调关系方面更具有一定的普遍性。通过对秦岭地区陕、甘、鄂、豫等省 7 个国家级、11 个省级历史文化名镇及多个传统古镇的深入调查和分析，发现普遍存在着核心文化遗产退化、街巷空间物理环境较差、空间尺度不能满足现代生活需要、镇区空间无序扩张破坏自然生态环境等问题。尤其是新建街道空间的扩展，其空间尺度比例不合理，空间风貌缺少对历史街巷空间层次感的延续，缺少对古镇空间的形成、现状、发展等问题的深入研究、科学预测及合理规划。在传统民居院落方面，现状居住环境品质较低，难以满足人们更高生活品质的需求，新建民居缺乏对地域气候环境的适应性传承。

针对秦岭山地古镇在发展建设中存在的普遍问题，通过对镇区空间演变机理、镇区空间拓展预测、街巷物理环境提升、街巷空间要素及延展模式，以及传统民居院落的适应性传承策略的研究，得出具有地域普适性的观点与结论，具体如下：

1. 镇区无序扩张及街巷、院落忽视历史延续是空间发展的核心问题

镇区空间快速扩张打破了古镇原有的空间肌理，使古镇新的空间结构与历史传统空间体系结构难以快速协调，从而导致了空间肌理上的断裂。另外，空间无序扩张，对山地地貌的随意改造和填挖，破坏了生态平衡，增加了自然灾害的发生。

秦岭山地古镇传统街巷、院落中，历史风貌被破坏，生活居住环境品质不高；在新建街巷、民居院落中，以现代化的模仿为主，忽略了传统文化特色的延续。

2. 提出镇区空间演变的“类年轮演变机理”特征及三种空间发展模式

通过调查及资料分析汇总，秦岭山地古镇的发展演变过程可划分为清朝及以前的发展期、清中后至民国的繁荣期、中华人民共和国成立初期至改革开放时期，并具有因地制宜的渐进演变、从小到大的离散演变、由低向高的竖向演变和自单趋全的多元演变等特征。

秦岭山地古镇的发展受多种因素的影响和决定，秦岭特殊的交界区气候影响了镇区布局、建筑形态和街巷形式；河谷型山地制约着空间规模；闭塞的交通阻隔了对外联系与商贸交易；迁移的人口形成了各自不同的生活方式；多元化生活孕育了丰富的文化习俗；山林式经济决定着产业结构与发展方向；革命性社会导致了不同时代的兴衰更替。

秦岭山地古镇的形成演进、空间增长、历史记忆，以及通过影响因素的改变而调整空间的增长等特征，与树木年轮的增长和特征有着极大的相似性，具有“类年轮演变机理”。空间发展演变与树木年轮的生长、记录信息具有相似性，其生长或扩展都有向着有利的方向发展的趋势，镇区各个历史阶段空间形态反映着当时各个影响因素的特征，街巷空间物质要素记录着各个历史时期的风格特点。“类年轮演变机理”的特征要素可由“核—形—度”描述。其中，“核”即秦岭山地古镇的历史文化遗存，包括物质文化遗产和非物质文化遗产；“形”即秦岭山地古镇的空间形态，包括镇区的平面形状和立体形态；“度”即空间量度，包括空间尺度和发展速度。

通过对秦岭山地多个古镇的空间演变调查研究，总结提炼出其空间发展的三种基础模式：集中式、条带式和分散式。这三种发展模式既是秦岭山地古镇空间的现状静态空间形态，也是其空间演变的不同阶段，并针对不同的发展模式分析总结其街巷延展特征，提出在秦岭山地特殊背景条件下适合其各自特征的功能布局。

3. 提出秦岭山地古镇镇区空间扩展机制

以具有代表性的陕西省柞水县凤凰古镇为典型案例，应用多种软件综合模拟分析方法，进行土地适宜性评价和空间拓展预测，研究影响古镇空间扩张物质实体影响因素的重要性排序，为镇区规划与空间管制提供依据。

（1）以 ArcGIS10.2 为软件平台的土地适宜性评价　确定了高程、坡度、河流、交通、建成区及古街区六个评价指标；以 ArcGIS10.2 与 GeoSOS 为软件平台，基于神经网络元胞自动机（ANN—CA）的镇区空间发展预测。模拟确定的影响秦岭山地古镇空间演变的坡度、高程、距河流距离、距干道距离、距建成区距离及距历史街区距离六个空间变量因素，在通过对不同年代的土地利用转换规则模拟提取的基础上，扩散系数为 3，转换阈值为 0.6 时，对未来空间扩展的预测结果模拟精度可达到 90%以上。模拟确定的空间变量因素、扩散系数及转换阈值，对秦岭山地其他古镇的空间发展预测具有借鉴意义。同时，可为镇区未来发展生态红线、农田保护线及城市建设用地边界线三线的控制和划定，提供科学合理的方法。

（2）影响建设用地空间扩张的物质实体因素的重要性方面　由不同历史阶段提取的用地演变规则中，各个影响因素的排序为建成区⩾古街区>道路⩾河流>坡度⩾高程。不管是组团状还是带状发展古镇，建设用地对外扩张时，距离建成区和古街区越近，非建设用地更易转变为建设用地；在距离古街区和建成区较远的地方，道路和河流对建设用地的扩张影响度最大。虽然是山地古镇，但是坡度高程等地形地貌，对古镇用地扩张的影响度相比其他影响因素较小，更多的是在古镇用地空间形态的影响上。

4. 满足舒适物理环境的新建街巷空间尺度研究

针对秦岭山地湿度大、街巷风环境差、新建街巷日照环境差等问题，在秦岭山地传统街巷宽高比 D/H 的前提下，通过街巷风环境、日照环境的测试和软件模拟，确定拥有舒适风环境和日照环境的新建街巷比例尺度，以加速街巷湿气扩散，改善街巷通风和日照环境，从而提高当地人居环境的舒适度。

通过对宽高比 D/H 在 0.4~1.5 内，不同初始风速条件下模拟分析结果显示，建筑高度在9~18m，对应建筑间距在9~15m，$D/H<1$，街巷空间风环境较舒适。通过众智日照分析软件分别对1~6层南北向建筑模型进行日照分析表明，对于建筑高度在3~6层，街道以南建筑高度控制采用$H \leqslant D/1.40$来确定建筑限高，可保证街道北侧建筑满足日照要求。

因此，对于秦岭山地古镇的新建街巷，同时满足舒适风环境和日照要求的宽高比宜为$D/H=0.6\sim1.0$。

5. 提炼出街巷空间延展要素为“功能、结构、尺度、节点、界面”

通过对秦岭古镇街巷空间特征的解构，其特征可用街巷功能、街巷结构、街巷尺度、街巷节点和街巷界面五个要素描述。

（1）街巷功能　包括文化功能的历史街巷、交通性街道和生活性街道等。

（2）街巷结构　具有“两街多巷，顺势延伸”的特点，包括历史街、新建街和具有联系作用的巷道，其特征为新建街巷依历史街巷顺势延伸。

（3）街巷尺度　历史街巷的宽高比D/H为0.4~1.5，新建街巷应按此尺度并综合生活功能、交通组织、物理环境及视觉空间等因素确定。

（4）街巷节点　包括交通节点、标志建筑、祭祀场所、戏楼广场等，是公共功能、生活服务交通组织的汇集点。

（5）街巷界面　包括由街侧建筑形态、材质和色彩形成的侧界面，由街巷宽度、地面铺装、绿化小品及公共设施形成的底界面，由建筑屋顶、天际轮廓等形成的顶界面。各种界面围合形成了街巷的空间感。

6. 街巷延展可为“类圈层、主轴向、多组团”模式

秦岭古镇的发展方向是延续历史文化、保护自然生态、改善人居环境、拓展镇区空间，其结果必将是以街巷延展为导向，研究结果提出了以下三种街巷空间的延展模式：

（1）类圈层延展　以历史街巷为核心，新建街巷大体平行于历史老街或顺应山河走势的方向呈不规则的年轮圈层形态延伸，是用地较为宽裕且建筑相对集中镇区的延展模式。

（2）主轴向延展　以历史街巷为核心，新建街巷顺老街一端或两端向外延伸形成主轴，也可在主轴上沿河道生成副轴而多向发展，是河谷型带状镇区的延展模式。

（3）多组团延展　历史街巷为核心保护区，新建街区独立发展形成外围组团，是用地分散或河流交汇镇区的延展模式。

街巷空间的营造可通过道路分级、延续格局、传承文化及保护界面等途径，使秦岭山地古镇既可以体现历史文化氛围，又能够满足现代居民生活需求。

7. 山地古镇传统院落适应性特征及传承策略

通过实地调研、归纳总结、定性分析和定量分析的方法，对秦岭山地古镇传统院落空间特征进行分析总结，提取其空间传承要素特征，分析传承要素与影响因素之间的关系，结合现代居民生活生产方式和居住需求，提出秦岭山地古镇传统院落的空间适应性传承策略，具体如下：

1）通过实地调研分析得出，秦岭山地古镇传统院落空间特征表达主要体现在院落形态、功能布局、营建技术和院落风貌等方面。

秦岭山地古镇传统院落空间基本形式为前店后宅对称布置的封闭合院，在此基础上可分为窄长型院落和方正型院落。院落竖向空间为通高的堂屋、开敞的阁楼和深远的出檐，院落屋面形式为单双坡结合，院落营建特征为就地取材，院落风貌多元杂糅。

窄长型院落多位于秦岭中东段潮湿多雨的地区，长宽比平均值为 1.89，庭院长宽比平均值为 1.62，高宽比平均值为 0.93，屋面出檐平均值为 1.32m。建筑结构体系为穿斗式与穿斗抬梁混合式。

方正型院落多位于秦岭西段寒冷少雨地区，长宽比平均值为 1.22，庭院长宽比平均值为 1.33，高宽比平均值为 0.34，屋面出檐平均值为 1.11m，建筑结构体系为抬梁式与墙承重式。

2）通过对秦岭山地古镇传统院落空间的适应性机制分析得出，传统院落的庭院空间形式、院落竖向形态及院门位置，与所处地区的风环境具有良好的适应性；院落空间的大小与屋面形式和太阳辐射相关；地形地貌因素决定着古镇院落竖向布局及院落营建技术；人文与社会因素决定着古镇院落功能布局和院落风貌。

3）古镇院落空间适应性传承策略上，在建筑空间组织方面，根据现代宅基地面积及功能需求，形成“一”字形、“L”形、“U”形和“口”字形封闭合院，通过院落排列布局方式、改变院落建筑开间进深及竖向形态的方式，传承古镇院落空间形态特征。在院落营建上，传承古镇传统院落营建特征并结合现代材料与技术，从院落建筑结构体系的选取、施加外墙保温、设置屋面保温层或屋面绿化、提高门窗保温性和密闭性等方面来提升院落的安全性与舒适性。在院落风貌上，现代材料与本土材料结合，运用当地装饰手法，从院落装饰和材料两方面传承古镇院落地域风貌特征。

12.2　主要创新

经过近十年对秦岭古镇的调查，收集测绘的大量第一手资料是研究的基础。经过对秦岭山地古镇镇区空间扩展、街巷空间、传统民居院落气候适应性内容的研究，达到了预期的研究目的、得出了关键问题的研究结论，也具有一定的创新之处，具体如下：

1）发现了秦岭山地古镇空间演变规律，提出了类年轮演变机理，为小城镇空间理论增加了新的观点。

2）揭示了秦巴山区传统乡镇镇区空间的扩张机制，提出镇区空间扩张发展模式及空间发展预测方法。从时间维度入手，通过决策树元胞自动机（DT—CA）提取秦岭古镇典型传统乡镇快速城镇化阶段镇区空间的演变规则，探索各物质实体要素对镇区空间扩展的影响机制，并对各影响因素的重要性进行排序：建成区 ≥ 老街区 > 道路 ≥ 河流 > 坡度 ≥ 高程。该研究结论打破了传统研究认为山地城镇扩张受地形地貌的影响最大的观点。

基于人工神经网络元胞自动机模型，模拟确定的影响秦岭山地古镇空间演变的空间变量因素、扩散系数值及转换阈值，在通过对不同年代的土地利用转换规则模拟提取的基础上，可对秦岭山地其他古镇的空间扩展进行较为精确的预测，该方法可为国土空间规划提供新思路。

3）提出了秦岭山地古镇街巷空间延展要素及模式，为历史街巷保护与镇区建设提供了新策略。

4）掌握了秦岭山地古镇传统民居院落的地域气候适应性规律，提出了民居院落的气候适应性传承策略。

12.3 展望

通过对秦岭山地古镇空间演变、街巷延展、传统民居院落适应性的研究，结合国家文化复兴、生态文明及和美乡村战略等一系列政策，进行以下两方面展望：

（1）针对秦岭山地古镇的深层次研究　在空间演变规律和空间拓展预测的基础上，研究镇域及镇区的空间融合、国土空间规划、镇区用地布局、居住环境质量提升等，促进秦岭山地古镇的高品质、深层次发展。

（2）秦岭山区历史文化网络及其辐射效应研究　以秦岭地区的历史文化名城、名镇为一级节点，以传统古村镇为二级节点，以普通乡村为网面，构建秦岭山区历史文化网络，以物质和非物质文化遗产为内涵，研究区域性文化遗产保护、跨地域性秦岭文化旅游、文化网络的辐射效应等，促进秦岭区域全面、协调、可持续发展。

综上所述，我们发现尚有很多内容需要研究。科学无止境，科研无止境。

参 考 文 献

[1] 余池明. 习近平文化遗产保护思想及其指导意义述论 [J]. 中国名城，2018 (4)：4-10.

[2] 张维亚，喻学才，张薇. 欧洲文化遗产保护与利用研究综述 [J]. 旅游学研究，2007，2：266-271.

[3] STEINBERG F. Conservation and rehabilitation of urban heritage in developing countries [J]. Habitat International, 1996, 20 (3): 463-475.

[4] STRANGE I. Local politics, new agendas and strategies for change in English historic cities [J]. Cities, 1996 (13): 431-437.

[5] MOHIT R S, KAMMEIER H D. Opportunities for an effective urban conservation strategy in Bombay [J]. Cities, 1996, 13 (6): 387-398.

[6] Bindajiam, Ahmed, et al. lssues regarding the design intervention and conservation of heritage areas: The Historical Pedestrian Streets of Kuala Lumpur [J]. Sustainability, 2020, 12 (10): 4028. DOI: 10.3390/su12104028.

[7] LEE L M, LIM Y M, NOR'AINI Y. Strategies for urban conservation: A case example of George Town, Penang [J]. Habitat International, 2008, 32 (3): 293-304.

[8] SARVARZADEH S K, ABIDIN S Z. Problematic issues of citizens'participation on urban heritage conservation in the historic cities of Iran [J]. Procedia - Social and Behavioral Sciences, 2012, 50 (10): 214-225.

[9] KOOROSH S S, SZA I, AHAD F. Evaluating citizens'participation in the urban heritage conservation of historic area of Shiraz [J]. Procedia-Social and Behavioral Sciences, 2015, 170: 390-400.

[10] CONZEN M R G. Alnwick, Northumberland: a study in town-plan analysis [M]. London: Institute of British Geographers, 1969.

[11] 张健，田银生，谷凯. 伯明翰大学与城市形态学 [J]. 华中建筑，2012，30 (5)：5-8.

[12] 克罗基乌斯. 城镇与地形 [M]，钱治国，等译. 北京：中国建筑工业出版社，1982.

[13] PIJANOWSKI B C, TAYYEBI A, et al. A big data urban growth simulation at a national scale: Configuring the GIS and neural network based land transformation model to run in a High Performance Computing (HPC) environment [J]. Environmental Modelling & Software, 2014, 51 (20): 250-268.

[14] SALVATI, L. Lost in complexity, found in dispersion: "perpheral" development and deregulated urban growth in Rome [J]. Cities, 2015, 47: 73-80.

[15] PAULSEN K. Yet even more evidence on the spatial size of cities: Urban spatial expansion in the US, 1980-2000 [J]. Regional Science and Urban Economics, 2012, 42 (4): 561-568.

[16] FNA C, MYINT S A. comparison of spatial autocorrelation indices and landscape metrics in measuring urban landscape fragmentation [J]. Landscape and Urban Planning, 2014, 121: 117-128.

[17] 陈志华. 关于楠溪江古村落保护问题的信 [J] 建筑学报，2001 (11)：52-53.

[18] VAZ E D N, NIJKAMP P, PAINHO M, et al. A multi-scenario forecast of urban change: A study on urban growth in the Algarve [J]. Landscape and Urban Planning, 2012, 104: 201-211.

[19] HAMIDI S EWING R. A longitudinal study of changes in urban sprawl between 2000 and 2010 in the United States [J]. Landscape and Urban Planning, 2014, 128 (3): 72-82.

[20] GILLI F. Sprawl or reagglomeration the dynamics of employment deconcentration and industrial transformation in Greater Paris [J]. Urban Studies, 2009, 46: 1385-1420.

[21] MO L. Research of the relationship between industrial structure and spatial layout based on GIS [C] //2015 International Conference on Intelligent Transportation, Big Data and Smart City (ICITBS), Halong Bay, Vietnam, 2015: 617-621.

[22] SOARES-FILHO B S, MOUTINHO P, NEPSTAD D C, et al. Role of Brazilian Amazon protected areas in climate change mitigation [J]. Proceedings of the Nationnal Academy of Science of the United States of America, 2010, 107 (24): 10821.

[23] ALMEIDA C M, GLERIANI J M, CASTEJON E F, et al. Using neural networks and cellular automata for modeling intra-urban land-use dynamics [J]. International Journal of Geographical Information Science, 2008, 22 (9): 943-963.

[24] WATKISS B M. The SLEUTH urban growth model as forecasting and decision-making tool [J]. Retour Au Numero, 2008, 168 (5): 5061-2.

[25] AHMED S BRAMLEY G. How will Dhaka grow spatially in future? Modelling its urban growth with a near-future planning scenario perspective [J]. International Journal of Sustainable Built Environment, 2015, 4 (2): 359-377.

[26] 赵勇，张捷，章锦河. 我国历史文化村镇保护的内容与方法研究 [J]. 人文地理，2005 (1): 68-74.

[27] 陈立旭. 欧美日历史文化遗产保护历程审视 [J]. 中共浙江省委党校学报，2004 (2): 49-54.

[28] 芦原义信. 街道的美学 [M]. 尹培桐，译. 江苏：江苏凤凰文艺出版社，2017.

[29] 张鲜明. 上海市郊区历史地段街巷空间保护研究 [D]. 上海：上海交通大学，2010.

[30] 阮仪三，邵勇，林林. 江南水乡城镇的特色、价值及保护 [J]. 城市规划汇刊，2002 (1): 1-4; 79.

[31] 赵勇，张捷，秦中. 我国历史文化村镇研究进展 [J]. 城市规划学刊，2005 (2): 59-64.

[32] 巫清华，肖红. 中国历史文化村镇保护体系研究述评 [J]. 内蒙古农业科技，2010 (4): 6-8.

[33] 阳建强，冷嘉伟，王承慧. 文化遗产推陈出新：江南水乡古镇同里保护与发展的探索研究 [J]. 城市规划，2001 (5): 50-55.

[34] 吴承照，肖建莉. 古村落可持续发展的文化生态策略：以高迁古村落为例 [J]. 城市规划汇刊，2003 (4): 56-60.

[35] X Su. Urban conservation in Lijiang, China: Power structure and funding systems [J]. Cities, 2010, 27 (3): 164-171.

[36] 孙斐，沙润，周年兴. 苏南水乡村镇传统建筑景观的保护与创新 [J]. 人文地理，2002 (1): 93-96.

[37] 李和平. 山地历史城镇的整体性保护方法研究：以重庆涞滩古镇为例 [J]. 城市规划，2003, 27 (12): 85-88.

[38] 方波. 山地历史城镇街巷空间特征及其保护研究 [D]. 重庆：重庆大学，2005.

[39] 武艳文. 基于聚类分析的历史文化村镇动态监测系统数据库研究 [J]. 西安建筑科技大学学报（自然科学版），2012 (5): 756-760.

[40] 张万玲. 历史文化村镇保护的经济途径研究 [D]. 广州：华南理工大学，2013.

[41] 黄家平. 历史文化村镇保护规划技术研究 [D]. 广州：华南理工大学，2014.

[42] 李小波. 中国古代风水模式的文化地理视野 [J]. 人文地理，2001, 16 (6): 64-68.

[43] 刘沛林. 古村落：和谐的人聚空间 [M]. 上海：三联书店，1998.

[44] 彭一刚. 传统村镇聚落景观分析 [M]. 北京：中国建筑工业出版社，1992.

[45] 王娟，王军. 中国古代农耕社会村落选址及其风水景观模式 [J]. 西安建筑科技大学学报（社会科学版），2005 (3): 17-21.

[46] 伍家平. 论民族聚落地理特征形成的文化影响与文化聚落类型 [J]. 地理研究，1992, 11 (3): 50-57.

[47] 韩冬青. 类型与乡土建筑环境：谈皖南村落的环境理解 [J]. 建筑学报，1993 (8): 52-55.

[48] 罗德启. 中国贵州民族村镇保护和利用［J］. 建筑学报，2004（6）：7-10.
[49] 陈伟. 徽州乡土建筑和传统聚落的形成、发展与演变［J］. 华中建筑，2000，18（3，4）：123-125.
[50] 陆林，凌善金，焦华富. 杨兴柱徽州古村落的演化过程及其机理［J］. 地理研究，2004，23（5）：686-694.
[51] 吴勇. 山地城镇空间结构演变研究［D］. 重庆：重庆大学，2012.
[52] 龙瀛，沈振江，毛其智，等. 基于约束性 CA 方法的北京城市形态情景分析［J］. 地理学报，2010，65（6）：643-655.
[53] 黎夏，叶嘉安. 知识发现及地理元胞自动机［J］. 中国科学，2004，34（9）：865-876.
[54] 刘勇，吴次芳，岳文泽，等. 基于 SLEUTH 模型的杭州市城市扩展研究［J］. 自然资源学报，2008（5）：797-807.
[55] 张珂，赵耀龙，付迎春，等. 滇池流域 1974 年至 2008 年土地利用的分形动态［J］. 资源科学，2013，35（1）：232-239.
[56] 杨建军，周文，钱颖. 城市增长边界的性质及划定方法探讨——杭州市生态带保护与控制规划实践［J］. 华中建筑，2010，28（1）：122-125.
[57] 沙鸥. 山地城市增长边界划定研究：以湘西自治州花垣县城为例［J］. 规划师，2011，27（s1）：23-28.
[58] 苏伟忠，杨桂山，陈爽，等. 城市增长边界分析方法研究：以长江三角洲常州市为例［J］. 自然资源学报，2012，27（2）：322-331.
[59] 张星星. 基于 ABM 模型的重庆主城城市增长边界划定［D］. 重庆：西南大学，2016.
[60] 盖尔. 交往与空间［M］. 何人可，译. 北京：中国建筑工业出版社，2002.
[61] 江川. 江南传统街巷空间构成及现代启思［D］. 合肥：合肥工业大学，2013.
[62] 胡月萍，传统城镇街巷空间探析：以云南传统城镇为例［D］. 昆明：昆明理工大学，2001.
[63] 张仲军，等. 传统街道空间界面尺度与比例解析［J］. 小城镇建设，2010（5）：92-95.
[64] 史秋实. 街巷空间设计尺度探讨：从行为学的角度体验城市空间［J］. 建设科技，2012（23）：75-77.
[65] 杨聆，徐坚. 基于空间句法的历史街区空间形态研究：以成都宽窄巷子街区为例［J］. 四川建筑，2016（5）36：16-18；21.
[66] 冯玖华，曹治. 旅游特色小镇在提升街巷空间品质上的环境空间设计研究［J］. 建材与装饰，2018（37）：85-86.
[67] 虞志淳. 线性街巷公共性与边界研究［J］. 建筑与文化，2017（12）：190-191.
[68] 田文波，郝琼. 基于空间句法的山东南阳古镇街巷空间特征研究［J］. 四川水泥，2018（3）：301.
[69] 霍珺，邹雁南，朱喆. 基于空间句法分析的镇江历史风貌区街巷空间更新设计研究［J］. 设计，2018（5）：20-22.
[70] 耿大磊，邹雁南. 基于三视图下的历史街区街巷界面几何形态特征保护研究［J］. 设计，2018（3）：68-69.
[71] 李慧芬. 福建省古镇名村保护实践与思考［J］. 福建行政学院学报，2013（4）：60-63.
[72] 胡天新，杨汝万. 西方城镇内部空间结构研究的理论进展［C］. 香港：香港中文大学出版社，1998.
[73] 成受明. 山地城市空间扩展动力机制及扩展模式研究［D］. 重庆：重庆大学，2003.
[74] 汪成丽，车震宇. 中小旅游城市空间形态演变研究：以西双版纳景洪市为例［J］. 华中建筑，2018，36（7）：78-82.
[75] 马宇钢. 文化景观视角下西南山地历史城镇街巷空间演进研究［D］. 重庆：重庆大学，2014.
[76] 马文娜. 陕西旅游局：乡村旅游促发展［J］. 中国品牌，2015（12）：66-67.

[77] 刘振伟，高帆，刘天坤．三省联防机制构筑平安格局：淅川县荆紫关镇派出所工作纪实［J］．决策探索（下半月），2013（8）：84-85.
[78] 刘志宏，再游哈达铺［J］．椰城，2011（8）：34-35.
[79] 衣笑．漫川关古镇空间形态演化及其规律研究［D］．西安：西安建筑科技大学，2015.
[80] 李丹．秦岭河谷型乡镇空间形态类型研究［D］．西安：长安大学，2013.
[81] 高琳．柞水凤凰镇古村落研究［D］．西安：西安建筑科技大学，2008.
[82] 王振宏．柞水县凤凰镇传统民居及民间艺术的保护研究［D］．西安：西安建筑科技大学，2007.
[83] 王小宁．秦岭醉美在商洛 商洛醉美凤凰镇［N］．陕西日报，2018-01-30（14）.
[84] 杨军，苏军．商洛花鼓与商洛渔鼓之比较研究：兼论商洛地方戏剧的生态模式［J］．黄河之声，2011（5）：89-91.
[85] 柞水渔鼓．中国非物质文化遗产名录数据库系统［EB/OL］.
[86] 萧正红．清代汉江水运［J］．陕西师大学报（哲学社会科学版），1988（4）：73-79.
[87] 陈卓．论汉江流域交通与近代陕南商业的发展［J］．安康学院学报，2007（2）：43-46.
[88] 黄强．晚清陕西与湖北双边贸易研究——以陕西为中心［D］．西安：陕西师范大学，2002.
[89] 容岚．抗日时期（1931—1945）国民政府开发西北交通问题研究［D］．西安：西北大学，2004.
[90] 成受明．山地城市空间扩展动力机制及扩展模式研究［D］．重庆：重庆大学，2003.
[91] 吴勇．山地城镇空间结构演变研究［D］．重庆：重庆大学，2012.
[92] 巫发洸．赣南生态化新农村村庄建设对传统经验的借鉴［D］．赣州：江西理工大学，2012.
[93] 亢亮，亢羽．风水与建筑［M］．天津：天津百花文艺出版社，1992.
[94] V FNAG C，LI G，WANG S. Changing and differentiated urban landscape in China：Spatiotemporal patterns and driving forces［J］. Environmental Science and Technology，2016，50：2217-2227.
[95] 张京祥，洪世键．城市空间扩张及结构演化的制度因素分析［J］规划师，2008，24（12）：40-43.
[96] 贺申泰，周泊远，杨卫军，等．顾及空间交互的城市群空间扩张驱动因子分析［J］．地理空间信息，2021，19（5）：127-130；6.
[97] YU W J，ZHOU W Q. The spatiotemporal pattern of urban expansion in China：A comparison study of three urban megaregions［J］. Remote Sensing，2017，9：45-63.
[98] DENG X，HUANG J K，ROZELLE S，et al. Economic growth and the expansion of urban land in China［J］. Urban Studies，2010，47：813-843.
[99] 王旭熙，彭立，刘守江，等．中国西南山区城市建设用地扩张特征及其驱动机制［J］．生态学杂志，2021，40（9）：2895-2903.
[100] MA T，ZHOU Y K，ZHOU C H，et al. Night-time light derived estimation of spatio-temporal characteristics of urbanization dynamics using DMSP/OLS satellite data［J］. Remote Sensing of Environment，2015，158：453-464.
[101] ZHANG Z X，L N，WANG X，et al. A comparative study of urban expansion in Beijing，Tianjin and Tangshan from the 1970s to 2013［J］. Remote Sensing，2016b，8：496.
[102] TAN M H. Uneven growth of urban clusters in megaregions and its policy implications for new urbanization in China［J］. Land Use Policy，2017，66：72-79.
[103] STORPER M，SCOTT. A J. Rethinking human capital，creativity and urban growth［J］. Journal of Economic Geography，2009，9（2）：147-167.
[104] 穆博，张若兰，穆涛，等．地形梯度视角下郑州城镇建设用地扩张格局时空动态特征［J］．地域研究与开发，2022，41（5）：133-138.
[105] ZHANG X R，BAI Z K，FAN X. Urban expansion process，pattern，and land use response in an urban mining composited zone from 1986 to 2013［J］. Journal of Urban Planning and Development，2016a，

142：4-16.

[106] WANG Z W, LU C H. Urban land expansion and its driving factors of mountain cities in China during 1990—2015 [J]. Journal of Geographical Sciences, 2018, 28: 1152-1166.

[107] 邓伟，方一平，唐伟. 我国山区城镇化的战略影响及其发展导向 [J]. 中国科学院院刊，2013，28（1）：66-73.

[108] 董晓. 秦岭山地古镇空间演变及街巷延展研究 [D]. 西安：长安大学，2019.

[109] 李学伟，孙有发，吴今培. 一种新的元胞网络模型 [J]. 五邑大学学报（自然科学版），2011（4）：14-21.

[110] 曾明如，王从庆，刘公法，等. 基于元胞自动机的移动机器人路径规划 [J]. 南昌大学学报（工科版），2012，34（3）：287-290.

[111] 黎夏，叶嘉安. 约束性单元自动演化 CA 模型及可持续城市发展形态的模拟 [J]. 地理学报，1999，54（4）：289-298.

[112] 柯新利. 分区异步元胞自动机模型及其应用 [M]. 北京：科学出版社，2016.

[113] 郑擎. 基于城市增长边界的城市空间扩展及调控研究 [D]. 杭州：浙江大学，2018.

[114] 建华，张启斌，YANG Di，等. 基于 MCR-ANN-CA 模型的包头市生态用地演变模拟 [J]. 农业机械学报，2019，50（2）：187-194.

[115] ALMEIDA C M, GLERIANI J M, Castejon E F, et al. Using neural networks and cellular automata for modelling intra-urban land-use dynamics [J]. International Journal of Geographical Information Science, 2008, 22 (9): 943-963.

[116] 张亦汉，刘小平，陈广亮，等. 基于最大熵的 CA 模型及其城市扩张模拟 [J]. 中国科学：地球科学，2020，50（3）：339-352.

[117] LI X, YEH A G O. Data mining of cellular automata's transition rules [J]. International Journal. Geographical Information Science, 2004, 18: 723-744.

[118] 毛健，赵红东，姚婧婧. 人工神经网络的发展及应用 [J]. 电子设计工程，2011，19（24）：62-65.

[119] OPENSHAW S. Neural network genetic and fuzzy logic models of spatial interaction [J]. Environment & Planning A, 1998, 30 (10): 1857-1872.

[120] 田静，邢艳秋，姚松涛，等. 基于元胞自动机和 BP 神经网络算法的 Landsat—TM 遥感影像森林类型分类比较 [J]. 林业科学，2017，53（2）：26-34.

[121] 黎夏，叶嘉安，刘小平，等. 地理模拟系统：元胞自动机与多智能体 [M]：北京：科学出版社，2007.

[122] 马晶，徐月，冯云飞，等. GeoSOS 在城市扩展中的应用 [J]. 测绘通报，2018（7）：116-120.

[123] 岳瑞红. 基于 MODIS 数据的蒙古高原土地覆盖分类研究 [D]. 呼和浩特：内蒙古师范大学，2010.

[124] CONGALTON R G, MEAD R A. A quantitative method to test for consistency and correctness in photointerpretation [J]. Photogrammetric Engineering and Remote Sensing, 1983, 49 (1): 69-74.

[125] 唐万，胡俊，张晖，等. Kappa 系数：一种衡量评估者间一致性的常用方法 [J]. 上海精神医学，2015（1）：62-67.

[126] 孟飞，孟祥金，陈有川，等. 基于 ANN-CA 的城市用地扩张模拟优化：以潍坊市城区为例 [J]. 山东建筑大学学报，2019，34（3）：9-15.

[127] PONTIUS R G, BOERSMA W, CASTELLA J C, et al. Comparing the input, output, and validation maps for several models of land change [J]. The Annals of Regional Science, 2008, 42 (1): 11-37.

[128] 白佩芳. 晋中传统村落信仰文化空间研究 [D]. 西安：西安建筑科技大学，2014.

[129] PEARCE P L，PANCHAL J H. The integration of health as a travel motive factor in the travel career pattern (TCP) model [J]. 16th Asia Pacific Tourism Association Annual Conference. Macao，China：Asia Pacific Tourrisum Association，2010，112-123.
[130] GNOTH J. Tourism motivation and expectation formation [J]. Annals of Tourism Research，1997，24 (2)，283-304.
[131] BELLO D C，ETZEL M J. The Role of Novelty in The Please Travel Experience [J]. Journal of travel research，1985，24 (1)，20-26.
[132] 张阳. 绿色建筑室外风环境模拟分析 [J]. 天津建设科技，2013，23 (2)：1-5.
[133] 朱颖. 建筑环境学 [M]. 北京：中国建筑工业出版社，2005.
[134] 柳孝图. 建筑物理 [M]. 北京：中国建筑工业出版社，2010.
[135] 石邢，李艳霞. 面向城市设计的行人高度城市风环境评价准则与方法 [J]. 西部人居环境学刊，2015，30 (5)：22-27.
[136] 马铁丁. 环境心理学与心理环境学 [M]. 北京：国防工业出版社. 1996.
[137] 丘银英，李乐园，路启，等. 城市道路功能分类新说 [C] //中国城市规划学会. 城市规划和科学发展——2009 中国城市规划年会论文集 [出版地不详：出版者不详]，2009：9.
[138] 武贤慧. 小城镇道路横断面规划设计与路面典型结构研究 [D]. 西安：长安大学，2008.
[139] 凯文・林奇. 城市意象 [M]. 方溢萍，何晓军，译. 北京：华夏出版社，2001.
[140] 黄翔，王冬. 戏台形成及其演变 [J]. 建筑与文化，2018 (1)：191-192.
[141] 雅各布斯. 伟大的街道 [M]. 王又佳，金秋野，译. 北京：中国建筑工业出版社，2008：256-304.
[142] 代士乐. 徽派建筑马头墙研究 [D]. 合肥：安徽大学，2014.
[143] 李雅楠，王成新. 城市建设用地扩张与经济增长的动态关联研究：以山东省为例 [J]. 华东经济管理，2018 (2)：30-34.
[144] 本特利，等. 建筑环境共鸣设计 [M]. 大连：大连理大学出版社：2002.
[145] 芒福汀. 街道与广场 [M]. 张永刚，陆卫东，译. 北京：中国建筑工业出版社，2004：148.
[146] 阮仪三，袁菲. 论江南水乡古镇的保护与合理发展 [J]. 城市规划学刊，2008 (5)：52-59.
[147] 肖东. 哈达铺的铺 [J]. 古建园林技术，2004 (3)：59-62.
[148] 袁晓羚. 渭河上游流域传统聚落及民居建筑形态研究 [D]. 西安：长安大学，2016.
[149] 孙笙真. 关中民居院落空间形态分析及应用 [D]. 西安：西安建筑科技大学，2011.
[150] 谢晖，周庆华. 秦岭北麓冲洪积扇区环境影响下传统村落布点特征初探 [J]. 干旱区资源与环境，2016，30 (12)：66-72.
[151] 刘泽华. 秦岭南麓传统村落民居建筑营建与更新 [D]. 西安：西安建筑科技大学，2017.
[152] 苏康. 秦岭山地传统民居生态因子传承策略研究 [D]. 西安：长安大学，2020.
[153] 王涛. 建筑物的符号化地图与权利秩序：宅基地测量与不动产登记中的乡村空间现代性 [J]. 探索与争鸣，2022 (2)：53-73；178.
[154] 王之怡. 中国木结构民居的结构类型与空间特征研究 [D]. 西安：西安建筑科技大学，2016.
[155] 饶永. 徽州古建聚落民居室内物理环境改善技术研究 [D]. 南京：东南大学，2017.
[156] 祁剑青. 陕西传统民居地理研究 [D]. 西安：陕西师范大学，2017.
[157] 郭晓颖. 陕南传统民居区系特征图谱及保护传承策略研究 [D]. 西安：长安大学，2021.
[158] 薛蕾蕾. 商洛地区传统民居地域性研究 [D]. 西安：长安大学，2017.
[159] 郑辰. 汉中城固县传统民居研究初探 [D]. 西安：西安建筑科技大学，2015.
[160] 李百浩，刘炜. 湖北古镇空间 [M]. 武汉：武汉理工大学出版社，2013.
[161] 李熙. 安康传统民居型制及建筑细部意匠探究 [D]. 西安：西安美术学院，2012.

[162] 荣格. 原型与集体无意识［M］. 徐德林，译. 北京：国际文化出版公司，2011.
[163] 邹颖，刘靖怡. “原型” 的思考［J］. 天津大学学报（社会科学版），2008，10（1）：14-18.
[164] 杨柳，刘加平. 黄土高原窑洞民居的传承与再生［J］. 建筑遗产，2021，22（2）：22-31.
[165] 马斯洛. 动机与人格［M］. 许金声，等译. 北京：中国人民大学出版社，2007.
[166] 张俭. 传统民居屋面坡度与气候关系研究［D］. 西安：西安建筑科技大学，2006.
[167] 姚亚聪. 陕南山地传统民居生态建筑经验与模式研究［D］. 西安：西安建筑科技大学，2019.
[168] 徐辉. 巴蜀传统民居院落空间特色研究［D］. 重庆：重庆大学，2012.
[169] 闫杰. 多元文化视野下的陕南民居［D］. 西安：西安建筑科技大学，2007.
[170] 郑辰. 汉中城固县传统民居研究初探［D］. 西安：西安建筑科技大学，2015.
[171] 何文芳. 秦岭山地传统民居生态化演进研究［D］. 西安：西安建筑科技大学，2010.
[172] 姚亚聪. 陕南山地传统民居生态建筑经验与模式研究［D］. 西安：西安建筑科技大学，2019.
[173] 许灵钰. BIM 技术在绿色建筑设计中的应用［J］. 山西建筑，2018，44（4）：229-231.
[174] TOMINAGA Y，MOCHIDA A，YOSHIE R，et al. AIJ guidelines for practical applications of CFD to pedestrian wind environment around buildings［J］. Journal of Wind Engineering and Industrial Aerodynamics，2008，10：96.
[175] 陈楚康. 广西壮族传统民居的再生研究［D］. 西安：西安建筑科技大学，2018.
[176] 刘加平. 建筑物理［M］. 4 版. 北京：中国建筑工业出版社，2013.
[177] 周涛. 天水地区传统民居绿色经验研究［D］. 西安：西安建筑科技大学，2020.